八幡製鐵所史の研究

長野 暹【編著】

九州国際大学社会文化研究所叢書 2

日本経済評論社

はしがき

日本の製鉄業はいま世界の最高レベルにあるといわれている。近年では韓国や中国の製鉄業の発展が著しく、東アジアの経済成長を進展させているが、その技術展開には日本の製鉄業が大きく関わってきた。

一方、一九世紀中期頃における日本の製鉄業の状況は欧米とかなりの差があった。この差を決定的に認識させられたのが、嘉永六（一八五三）年六月三日のペリーが率いるアメリカ東インド艦隊四隻の浦賀への来航であった。艦隊が積載していた大砲は、まさしくアメリカ製鉄業の威力を示すものであった。

明治維新後さらに発展の差を認識させられたのが、岩倉大使一行の欧米視察であった。『米欧回覧実記』によって、使節団の様相をうかがうことができるが、生産力の点からみれば、著しい格差の認識が示されている。

幕末期・明治初年の状況からすると、現今の生産力の発展は著しいものがある。この発展に大きく関連しているのが、明治三四（一九〇一）年一一月一八日に作業開始式を行い、操業を始めた八幡製鐵所である。

八幡製鐵所については、三枝博音・飯田賢一編『日本近代製鉄技術発達史――八幡製鉄所の確立過程』などによって解明されてきたが、同所文書の閲読が容易でなかったこともあって、検討も制約されていた。近年、文書の一部が開示されるようになったので、これを受けて、九州国際大学社会文化研究所では、文書のデジタル化を行う作業を続けてきた。作業が一段落した段階で、八幡製鐵所文書の研究を中心とする研究会を結成し、以後検討を進めてきた。本書は研究成果の一端をまとめたものである。

本書は五章よりなるが、各章の視点とその解明は以下のようである。

第1章は、幕末期から明治中期における製鉄状況の解明である。西欧との差は否めないが、その発展度を考察するために、本書では、鉄製大砲の鋳造状況を中軸にして検討し、佐賀藩と大阪砲兵工廠について分析している。

第2章は製鐵所設立過程の分析である。これまで色々検討されてきたが、本書では「臨時製鉄事業調査委員会」と「製鉄事業調査会」に焦点をあて、陸海軍の動向、鉄道敷設による需要、議会との関連を検討している。

第3章は、製鐵所第二代長官和田維四郎についての分析である。和田が果たした役割についても、これまで数多く検討されてきたが、本書では、製鐵所文書を基軸にしながら、和田の任官と免官の経緯、製鐵所建設構想について分析している。

第4章は、製鐵所への原料供給問題の解明である。原料問題については、中国からの供給や財閥系資本による調達が明らかにされているが、本書では、筑豊地域との関連を原料供給と地元実業家に焦点を当てて考察している。

第5章は、第二次大戦末期の製鐵所の状況についての考察である。戦争末期の製鐵所については、若干解明されてきたが、本書では、空襲と製鐵所との関連を近年開示されたアメリカ側の資料を基に検討している。

本書は、以上のような視点とそれに対する分析であるが、製鐵所文書の検討による八幡製鐵所についての体系的な解明としては緒についたばかりの状況にある。膨大で詳細な内容の製鐵所文書を検討することによって、今後多くのことが明らかになると思われるので、さらに解明を続け、成果の発表を行ってゆくことにしている。

一九世紀から二〇世紀末までの鉄鋼産業の展開は著しい。とりわけ日本では顕著な展開がみられた。この過程を八幡製鐵所について分析してゆくことによって、さまざまな教訓を汲み取ってゆくことができるであろう。

本書は九州国際大学社会文化研究所の刊行費を得ての刊行である。

二〇〇三年九月末日

長野　暹

目次

第1章　幕末～明治中期における鉄製大砲鋳造

——佐賀藩と大阪砲兵工廠について——

長野　暹

Ⅰ　佐賀藩の多布施反射炉と大砲鋳造

はじめに

アメリカ東インド艦隊司令長官ペリーの嘉永六（一八五三）年六月三日の浦賀来航とその後の江戸湾進入は、幕府に大きな衝撃を与えた。幕府は軍艦四隻による軍事力が強大なことを認識させられ、急遽防備体制の強化に努めた。この防備強化に活用されたのが、佐賀藩の反射炉による鉄製大砲の鋳造力であった。

佐賀藩は城下町西域の築地《ついじ》に反射炉を築造し、嘉永四（一八五一）年一二月から鉄製大砲の鋳造を始め、試行錯誤の中で、長崎の台場に配備できる鉄製大砲を鋳造するまでになっていた(1)。

ペリーの来航で急遽対応を迫られた幕府は、海防体制の整備を急ぎ、嘉永六年七月に佐賀藩に大砲二〇〇門の鋳造を依頼した。この幕府の申し出に応じて、佐賀藩は城下町西域の多布施川沿いの岸川町に反射炉を築造し、大砲を鋳造した。外患に対する直接的対応であった。幕府は嘉永六年八月二四日に品川台場の築造に取り掛ったことから、そこに配備される大砲の鋳造が急がれた。この年の七月一八日にはロシア極東艦隊司令官プチャーチンが長崎に軍艦四隻を率いて入港したので、佐賀藩は長崎警備担当ということもあってプチャーチンへの対応も行った。このように佐賀藩が外患を極度に認識させられたのが嘉永六年であった。この点からすると、海防体制を強めるために、鉄製大砲を鋳造するという築地反射炉築造時の政策をより強化する必要性が強まり、幕府の注文はそれを促進させるものとなったとみられる。

ペリーの再度来航による嘉永七（一八五四）年三月三日の日米和親条約の締結と、それによる下田・箱館の開港は、鎖国体制を大きく転換させ、それはまた海防体制の変容を迫るものとなった。佐賀藩は嘉永七年以降も反射炉での大砲鋳造を続け、それは安政六（一八五九）年四月まで行われた。

安政三（一八五六）年一〇月のアメリカ駐日総領事ハリスの下田来着と通商条約締結を目指しての動きは、政局に大きな影響を与え、安政五（一八五八）年六月の日米修好通商条約の調印によって政治状況は激動化した。

通商条約の調印は、海防体制の転換を余儀なくさせたが、条約勅許をめぐって政局は激変していった。この過程における佐賀藩の多布施反射炉の築造の経緯について検討しよう。

築地反射炉の築造は佐賀藩独自の判断によるものであり、それは強烈な対外的危機意識に基づくものであった。ペリーの来航はまさしく、危機が現実化したことだった。幕府からの大砲鋳造の依頼は、対外的危機に直接的に対応することを迫られるものとなり、長崎警備と相まって、佐賀藩はより緊迫した中で対処してゆかざるをえなかった。

佐賀藩は築地反射炉の築造と大砲鋳造には多くの苦労を要したが、この経験が多布施反射炉にどのように活用されたかが課題になる。技術史的には反射炉築造に関する事項として、レンガ焼立、反射炉築造、反射炉で溶かす原材料、火力源、労働力などの解明が必要とされよう。これは多布施反射炉で使用された鉄はたたら製鉄で鋳造された和鉄であったか、また燃料は白炭だったかについての吟味である。[2] 和鉄であり、白炭であったとすれば、たたら製鉄の技術が反射炉にも適応され、在来技術が活用されたことになる。また、これはすでに操業が行われていた築地反射炉の技術史的な検討にも関連するであろう。つまり、築地反射炉の築造と鋳造の経験が多布施反射炉にどのように反映されたかである。築地反射炉は長崎の台場に配備される鉄製大砲を鋳造するために築造された。一方、多布施反射炉は幕府が築設する品川台場の配備用であった。ペリーの浦賀来航によって、対外危機が現実的になり、より真剣に取り組まざるをえなかったためであるので、この様相についても検討しよう。

第一節　幕府の政策と佐賀藩

ペリーの浦賀来航に対して、幕府は防衛体制を強めるため、海辺の検視を嘉永六年六月八日に目付堀織部（利忠）に命じ、同月一八日には勘定奉行川路左衛門尉（聖護）と目付戸川中務少輔（安鎮）に本多越中守（忠徳）に従っての海岸検視が仰付けられた。[3] 一九日には江川太郎左衛門（英龍）が勘定吟味役格として海岸検視を命じられた。[4]

同年七月には、佐賀藩に対して、

今般於江府阿部伊勢守殿ゟ田中忠左衛門御呼出ニ而被相達候者、公儀御用鉄製御石火矢二百挺此御方江御引受御鋳造可被御付候

と、[5] 老中阿部正弘から鉄製大砲二〇〇門鋳造の依頼が佐賀藩に対して出された。また、同年八月二日には、江戸内海台場普請について、勘定奉行の松平河内守（近道）、川路左衛門尉と勘定吟味役の川内清太郎（保徳）、および勘定吟味役格の江川太郎左衛門に対して「内海江御警衛御台場御普請等之儀、急速取掛候様被仰出」[6] と、江戸湾内の警固台

場の普請が命じられ、江川太郎左衛門には「右御台場取建方且据付候大砲鋳立之儀者太郎左衛門江引請被仰付候[7]」と、台場の建設と台場に配備する大砲の鋳造が命じられていた。八月四日には松平河内守等は上申書を出し、台場普請における石材の調達について「私共ゟ断次第無差支差出候様[8]」と求めた。

江戸内海での台場築造の段取が嘉永六年八月初旬にすすめられていることから、嘉永六年七月に老中阿部正弘が佐賀藩に鉄製大砲二〇〇門の鋳造を依頼したことは、ペリーの浦賀来航と江戸湾内へ進入によって[9]、防備体制の強化を認識させられ、急いで注文したものとみなされる。嘉永六年八月初旬には、老中阿部正弘をはじめ若年寄、勘定奉行、勘定組頭、同吟味役、徒目付などに品川沖に台場一一カ所を築造することが命じられ[10]、八月二八日には勘定奉行川路左衛門尉、目付堀織部、勘定吟味役格江川太郎左衛門ら五人に台場普請と大砲鋳造の任務が与えられている[11]。

ペリー来航のことが佐賀に知らされたのは、嘉永六年六月一七日であった。

同月一七日佐賀表ゟ急使者、去ル三日相州浦賀ニ異船三艘相見ヘ候段、江戸御留守居ゟ申来候

とあり[12]、江戸から至急便で知らされている。佐賀藩はペリー艦隊が長崎に立廻るかもしれないとして、同日、急いで長崎の伊王島と神島に増兵する体制をとった。

同日に御番方からとして、

去ル三日相州浦賀沖江異国船数艘致渡来候段御留主居ゟ申来候、右者長崎表可被差廻哉も難計ニ付、深堀島之議猶又被入御念ヘ半而不相叶ニ付而左馬助義御内輪限在勤被仰付方為御座間敷哉

一、同断ニ付、御番方相談、其外扨又御火術役並御筒打等両島増詰被差越

とあり[13]、佐賀藩番方から六月三日に異国船が浦賀に来航したこと、長崎に廻航するかもしれないので警備体制を整える必要があり、伊王島と神島に火術方と筒方が増派されたとある。

六月一七日の段階では、長崎防備体制の強化が中心であった。幕府は異国船が来航した折は、長崎に廻航させ薪炭、

水、食糧の供給を与える政策をとっていた。それゆえ、ペリー艦隊が長崎に来航すると佐賀藩は予測し、その対策を講じたのであった。佐賀藩内の人々にも六月下旬にはペリー来航のことが伝わっていた。佐賀藩内牛津の商人日記には「六月下旬、異国船江戸品川江渡海するとや、江戸大そふどふ」「同末比、比舟出舟スル、アメイカ《アメリカ》ト言者也ト、大舟四五艘来ル也ト」とあり[14]、この記事は六月一七日から二九日の間に書かれているので、六月下旬にはアメリカ船の来航の情報を入手している。

佐賀藩は幕府の依頼に対応するため、長崎にいた本島藤太夫を佐賀に呼び戻した。その時のことを記した文の中に、

佐賀表ゟ急便着、急成御用ニ而早速罷帰候様御内外ゟ申来候付、御台場御警固向且御増築筋之儀、役〻相談置、早速御屋敷渡海前断急成御用申来候間、出立罷帰候段、池田偖又聞番へも申達、出立夜通ニ〆諫早着之処、干汐ニ而出船不相叶、不得止汐間相待、暫時休息、翌晩出船、同夜半過本庄津着船帰宅、翌六日朝御城罷出御用之趣相伺候処

とある[15]。長崎にいた本島藤太夫は至急帰佐することが命じられ、七月六日に帰佐した本島藤太夫は幕府老中阿部正弘から二〇〇門の大砲注文があったことを告げられた。

佐賀藩への火砲二〇〇門鋳造の申し出は、佐賀藩の反射炉築造と鋳造が他藩よりも抜きんでていたことと、佐賀藩と江川太郎左衛門との関係によるものとみなされる。

嘉永六年八月の段階で反射炉が築造されて、大砲の鋳造が行われ、なおかつその大砲が配備されていたのは佐賀藩だけであった。

佐賀藩では「子九月八日追〻鋳立之大砲先者十五挺程出来立候ハ、（略）当十月比迄ニ神島御備付相成候様被仰付候[16]」と、嘉永五年九月八日頃には、大銃製造方で鋳造された青銅製・鉄製の大砲も一五門ほどできる見込みがあったこと、嘉永六年三月二〇日には「当時出来立大砲調并弾薬積」として、鉄製で三六ポンド砲四門、青銅製で一五〇ポ

ンド砲一門、八〇ポンド砲六門、二〇ポンド砲一〇門、一二ポンド砲七門の計二八門が鋳造されていた。(17)

これに対して、薩摩藩では、反射炉の築造が開始されるのは嘉永五年秋で、操業を始めたのは嘉永六年秋とされている。(18)水戸藩では「反射炉当七月中迄ニハ大半成就ニモ可相成見込」(19)と、安政二年七月中に完成が見込まれている状況であった。

ペリー来航時の江戸湾台場に配備されていた大砲は九九門で、その多くは一貫目砲であったとされ、ペリー艦隊は四艦で六貫目以上の大砲六三門を装備していたのに対して、これに相当する砲は一九門にしかならないと指摘されている。(20)火力の圧倒的な差は明確であった。

鉄製大砲を諸藩に先駆けて鋳造していた佐賀藩においても、三六ポンド砲を四門ようやく鋳造できたという段階であった。アメリカとの火力の差を実感させられた幕府は、急遽防備体制を整えるために、品川台場の築設と配備する大砲の鋳造を急ぎ、それが佐賀藩への鉄製大砲二〇〇門の鋳造依頼になった。

鍋島直正はオランダ軍艦バレンバン号に天保一五年九月一九日に乗艦し、軍艦の装備を見聞していた。その後欧米諸国は軍事力を強化し、軍艦の威力も増していた。ペリー艦隊四艦の全装備は著しいものがあった。また、長崎に入港したプチャーチンが率いるロシア艦隊四艦の存在も大きな圧力となり、天保一五年の段階とは決定的に異なる事態であった。しかし、この事態に対しても、鍋島直正は攘夷打払いの立場にあった。

また、鍋島直正は江川太郎左衛門との関わりを重視し、嘉永元年三月二四日に三島宿本陣で面談し(21)、嘉永三年一月に長崎砲台の増築に関して本島藤太夫を江川太郎左衛門の所に派遣し、増築について色々と教授を得た。(22)築地反射炉の築造に際しては、江川氏抱職人長谷川刑部他一名が同三年九月に佐賀に来領して支援した。(23)また、築地反射炉の築造と大砲の鋳造開始後には、嘉永六年六月一七日に江川氏家来八田兵助が佐賀に来て、反射炉築造などに関する問い合せを認めた江川の書を呈し(24)、二二日に長崎で本島藤太夫に会い、二四日には神島の砲台・大砲・火薬庫を検分している。

以上のことからすると、ペリー来航で幕府は海岸の防備体制を強化することを迫られて、急いで品川台場の築設をすすめ、そこに配備する大砲は鉄製であることが必要であるとし、江川太郎左衛門などにより、佐賀藩の築地反射炉での大砲鋳造のことを知っていた阿部正弘が、取り急ぎ佐賀藩に鉄製大砲二〇〇門の鋳造したと解される。この鉄製大砲二〇〇門の佐賀藩への鋳造依頼に、ペリー来航によって受けた幕府の衝撃の大きさが現われている。

ペリー艦隊の嘉永六年に来航があることは、オランダ商官長クルチュウスが呈したオランダ東インド総督の書簡から幕府は嘉永五年六月には知っていた。そして同年八月にはアメリカ使節来航が予定されていることを諸大名に通知していた。しかし、幕府は防備体制の強化など積極的な対策をとらなかった。

佐賀藩ではすでに嘉永三年六月に反射炉築造と大砲鋳造の役方を設け、同年七月には反射炉築造にかかり、同年一一月には一基を完成させていた。また、嘉永四年一〇月には伊王島の増築に着手し、嘉永五年閏二月には神島と四郎島の間に連続堤を完設させ、そこに配備する大砲の鋳造を急ぐために、同年四月には反射炉二基の築造を終え、以後鋭意に大砲鋳造とその配備をすすめていた(25)。

佐賀藩が防備体制を強めるために、反射炉の築造と台場を増築したこのような動きは、幕府や諸藩より抜きんでたものがあった。

幕府は長崎防備でも湾内の内目増強策で消極的な方針をとり、外目防備を主張した佐賀藩の動きと対照的であった。この幕府の弱点がペリー来航で一挙に顕在化した。佐賀藩に対して鉄製大砲二〇〇門の鋳造を急遽依頼したことは、まさしく幕府の対処の遅れを示す象徴的な動きであり、動揺の現われであった。

本島藤太夫を中心に佐賀藩の銃製造方は、幕府の依頼について吟味し、その結果、次のような文書を提出した。

今度公儀御用鉄銃二百挺御引請鋳造可被仰付、御支之否急ニ取調致御達候様被相達吟味候処、一体鉄銃御鋳立

之作形之通御取掛相成居、当今ニ而ハ先ツ可也出来立既ニ両島御備付ニも相成儀ニ候得共、一体鉄銃之儀ハ銅製ト違、鉄湯之溶解火度之適否ニゟ出来立之砲身剛柔一ゝ相変、職方ニおいても未一定之致し覚相付兼候付、尚又精ゝ試験研究之半ニ有之、尤当時出来立之御筒未試放不相整分も有之良否不相分候得共、最早通常之装薬ニ而ハ実用之上ニおいて御案之筋有之間敷哉ト到吟味候、併公儀御用御引請御鋳造之儀御治定被仰達候儀ハ猶厚被遂御吟味候様有御座度、比段致御達候、以上

とある。(26) 鉄製大砲を鋳造してきたが、現況では「可也出来立」とかなり鋳造できるようになり、また伊王島と神島への配備もなされているとした上で、鉄製大砲鋳造の難しさについて触れている。青銅製と異なって「鉄湯之溶融火度の適否」によって、鋳造された大砲の「剛柔一ゝ相変」と強度が違い、このためまだ鋳造法が確定できていないので、「試験研究之半ニ有之」とまだ試行中であるとしている。しかし、鋳造された大砲について試射していない分もあり、良否が不明確であるとしながらも、通常の火薬量であれば、実用の場合も「御案之筋有之間敷」とそれほど心配することはないと述べて、幕府依頼の大砲鋳造については、更に吟味するようにとしている。

築地反射炉で鋳造された大砲は、伊王島と神島に配置されていることなどから、鉄製大砲の鋳造については、ある程度の自信を持つようになっていることが窺える。

七月に大銃製造方はさらに次のような書状を出している。

公儀御用鉄製砲二百挺御引請御鋳造之御沙汰相成候ニ付、来年中凡出来立之見渡取調致御達候様被相達調合候処、凡別紙之通御座候、物シテ鉄製砲ノ儀ハ最前も致御達候通職方ニ而も未不呑込之筋ニ而、鋳換等も可有之ニ付、御注文之御筒数大総之儀ニ而中ゝ急埒仕間敷、就而ハ御書付之趣を以ハ何程か銅製ニ而も不苦哉ニ相見候ニ付而ハ銅鉄取交御鋳造ニも相成候半者年数も相縮可申、惣而御筒玉目御伺出相成候処、於公辺も未相決居不申、一体海岸御備之御筒ニ付御家ニ而ハ兼而利用之筋御見込も可有御座ニ付、右を以御伺出相成候而も可然旨被相達候ニ付、其心

得を以利用之処取調致御達候様被相達、右従公辺御沙汰之趣を以ハ何連房相内外之海岸へ御備之御用ニも可有之哉之処、実地不案内ニ而ハ容易差極難及御達儀ニ候得共、当時西洋諸国海岸其外ニ相備候ハ八十ポンド、三十ポンド砲等殊ニ奏大功候趣ニ付而ハ、凡別紙之通共ニ而者何分可有御座哉ト吟味合候、此段致御達候、以上

とある。[27] 幕府の鉄製大砲二〇〇門の鋳造は容易ではないので、銅製大砲も鋳造すれば対応できるとしている。幕府においては、大砲数を明確に決定したのではなかった。佐賀藩は海岸防備については、従来から担当してきたので、この経験が活用できるとし、西洋諸国で海岸防備に用いられているのは主に八〇ポンドと三六ポンド砲であるとして、八〇ポンドと三六ポンド大砲一〇〇門の原料鉄量を示している。

これによれば、大銃製造方では、幕府の大砲二〇〇門の鋳造は、短期間では困難なこと、そのため青銅製と鉄製両方の鋳造が必要なこと、海岸防備には八〇ポンドと三六ポンド砲が適切なことが述べられており、幕府の注文に積極的に対応しようとしていることが窺われる。

嘉永六年八月一五日、幕府は佐賀藩に対して、鉄製大砲五〇門を車台とともに製造することを申し出た。この旨は急便で通報され、九月三日に佐賀に着便した。九月七日には、諸役所から次の書状が出された。

公儀御石火矢御製造之儀ニ付、先般御内意有之候未、去月十五日御老中阿部伊勢守殿ゟ御呼出ニ而別紙御書付而通被相達候、尤一体之処者比御方江御委任御頼相成事故、思召を以如何様共御製造被仰付可然旨尚委細之儀者田中善右衛門追〻含越候段旁可申越候、比段達上聞候

とあり、[28] 幕府の書附は

内意之趣別紙之通鉄製大筒五拾挺車台共、肥前守方ニ而引請製造被仰付候間、成丈差急致出来候様、将又玉薬等之儀、追而相達ニ而可有之候事

一鉄三十六ポンド砲　二十五挺

一鉄二十四ポンド砲　　二十五挺
合五拾挺車台共　但ニューウヱ、ヘスキ《チ》ング、ヱン、キエストアツホイト

とあった。[29] 鉄製でカノン砲で三六ポンド砲二五門、二四ポンド砲二五門の鋳造依頼であった。

大砲二〇〇門の注文が五〇門になったことは、その間に台場築設が検討され、最終案が作定されたことによるとみなされる。

幕府は嘉永六年八月三日には作事奉行、普請奉行、小普請奉行に対して、江戸内海台場普請のために石工の提供を命じており、[30] 品川台場築設の最終案がまとまったのが同年八月中であり、台場方一基から三基の起工が同年八月二一日に行われたとされている。[31] 品川台場の築設決定に基づき、そこに配備する大砲の数が定められたので、[32] 体制が整い佐賀藩に大砲五〇門の鋳造を依頼したとみなされる。当初の二〇〇門の鋳造依頼は、まさしくペリー来航による幕府の混乱状況を示したものであったが、その後の江戸防備のための台場築設の検討の中で次第に体制が整えられ、それが八月一〇日の注文になったもので、佐賀藩においても本格的に取りかかることが必要になってきた。

再度の来航が予測されるペリー艦隊に備える、というより直接的な課題への対応となった。また、国家的威力を示す事業ともなったことから、佐賀藩はより強力な体制をとらざるを得なくなり、それが新しい反射炉築造につながった。これが多布施反射炉である。

ペリー来航に関する鍋島直正のこの当時の認識を、アメリカ側国書に対する幕府への上書からみると、以下のようであった。[33]「通商之事ハ素より御仕来之旨も有之、御許容可被為在筋決而無之候」と通商拒否であり、「断然御打払ニ被相決」と攘夷の立場であった。アメリカに通商を認めれば、ロシア、イギリス、フランスなどにも承認を与えなければならず、通商だけでなく、「後々如何様なる御難題出来致間敷者ニも無之」と難題が起こり、「後来不側之大警戒御引出し被成候儀先無疑儀ニ御坐《座》候」と将来必ず大害が引き起こされるからであるとしている。

このような意見は当時多くの大名が持っていたが、打払いの主戦論を唱えたのはそれほど多くない。諸大名の意見を整理された原剛氏によれば、六六大名の中で主戦論を主張したのは一八大名、平和的拒絶論は二四大名、許容論一六大名、開国論は三大名のみが唱えたとされている[34]。意見をよせた大名の中で主戦論を主張したのは三分の一たらずであった。また、長崎警備を佐賀藩とともに担当した福岡藩において、藩主黒田長溥は開国論を主張していた。

鍋島直正が長崎警備に力を入れたのは、強烈な対外危機意識に基づいていたことが、ここからも窺われる。ペリーの来航は、より一層危機意識を強めるものとなったとみられる。この点からすると、幕府の鉄製大砲二〇〇門の鋳造依頼については、まさしく積極的に対応すべきことになる。長崎防備を堅め、鉄製大砲を鋳造して配備する体制をすすめてきたことからすると、直正は自分の先見性が示されたものとして受け取っていたともみれよう。

九月二八日には鍋島直正の直達として、「公儀御石火矢鋳立方頭人　志摩」として鍋島志摩が責任者に任命された[35]。この日には、「先以御参勤方を始江戸方一式当年ゟ十ヶ年之間、諸事格外之御仕組相整候様被仰出候[36]」と、参勤と江戸費用の削減が計画され、取調懸合に年寄の牟田口藤右衛門他一名が任命された。「従来御臨時之筋多、御目安向被相立兼候処、長崎表異船渡来猶更莫大之御入費ニ付[37]」と、臨時の出費が多く、また、長崎への外国船の来港で多額の経費を必要としたことが理由としてあげられている。幕府注文の大砲鋳造でさらに出費を迫られることが支出削減策となった。

嘉永六年一〇月一日は、「御石火鋳立方相談役兼帯　多久七郎太夫」と公儀石火矢鋳立方の人事が進められ[38]、同月二日には、次のような書状が御備方から出された。

公儀御用鉄製御石火矢鋳立被仰付候付而者、反射炉併又附台床之儀石井又蔵屋敷西脇本川所加両庭江取飾相成方ニ者有御座間敷哉之旨、最前委囲奉伺候所、外之場所見立候様被仰候付、其段相達置候、然末岸川町北裏本川江戸立仕部、土居内江反射炉扨又附台其外相飾度旨、今又御石火矢鋳立方ゟ申達候、右者御囲堀満浅之場所ニ而追ミ堀浚相整候手筈相付居候、土居外低ク兼而満水之恐有之候上、戸立仕部於相成者定水猶又相嵩リ土居之弱等ニも相成方不被相好義御座候得共、掘浚手捌も未行届兼修覆申之訳ニ付、外場所も有之兼候趣無余儀右場所一順被差免、西岸土居築副等有之候様申達候方ニ可有御座旨吟味仕、比段奉伺候

とある。[39]これによれば、公儀石火矢鋳立のための反射炉の築造場所は、最初に石井又蔵屋敷の西脇が候補地としてあげられたが、他の場所を探すことが求められ、その末、岸川町北裏の所に定められたことが窺われる。この場所は低地で水に没する恐れがあるゆえ、戸立を設ければ水かさが増し、ひいては堤を弱めるので、好ましい所ではないが他の場所もないので、ここに定めるとしている。

公儀石火矢鋳立の場所が定まったことから、一〇月八日には「御石火矢鋳立方立入申談候様　安房」と鍋島安房も相談役に加わった。[40]鍋島安房は執政として藩の運営の中軸にいた。この折に請役相談人数名に兼務が命じられた。公儀火矢鋳立に佐賀藩が力を入れたことが窺える。

第二節　多布施反射炉の築造・鋳造経費の見積

幕府からの鉄製大砲五〇門の鋳造依頼に対して、佐賀藩は製造に必要な費用を算定して幕府に届け出た。嘉永六年九月には、鉄製・青銅製大砲の鋳造に必要な原材料の見積書を提出した。

「公儀御頼入鉄銃五十挺鋳立ニ付御入用凡積」によれば、三六ポンド砲一門の鋳造に要する費用は、表1－1のように見積られている。

三六ポンド砲の鋳造では「銑《ずく》地金」が一万九五〇斤（約六・五トン）を使うとしている。[41]「銑地金」とあることから、たたら炉で鋳造された鉄を利用することになる。幕府用鉄製大砲の鋳造でもいわゆる和鉄の使用が前提となっている。

このことは嘉永四年に築造され、鋳造を行っていた築地反射炉で使用された原料鉄も、和鉄が使用されていたことを裏付けるものとなる。砂鉄の赤目を原料として鋳造された銑鉄は、鉧《けら》押法によるものよりも比較的多く鋳造されたことから、これが原料鉄として使われることは、原料鉄調達に特に支障をきたすものでなかったとみられる。

燃料は白炭を一二〇〇俵必要としている。炭化温度が一〇〇〇度ほどの高温で、発熱量も多い白炭が使われた(42)。このことは燃料源としては築地反射炉においても白炭が用いられていたことを意味しよう。また、いわゆるコークスの使用は前提になっていない(43)。

番子を三二〇人、日雇を四五〇人必要としている。鍛冶作業に重要な役割を担う番子を多数使うことが前提になっている。

表1-1　36ポンド砲1門当りの鋳造見積

	原材料ほか	費　用
銑地金	10,950斤	銀3貫613匁8分
目　砂	1,600斤	〃2貫144匁4分
上　土	1,824斤	〃　209匁7分6厘
炉　木	226杷	〃　124匁3分
白　炭	1200俵	〃7貫833匁6分
番　子	320人	〃1貫100匁
日　雇	450人	〃　950匁

出典：「大小銃製造録二」より作成.

表1-2　24ポンド砲1門当りの鋳造見積

	原材料ほか	費　用
銑地金	9,060斤	銀2貫989匁8分
目　砂	1,100斤	〃　196匁5分
上　土	1,959斤	〃　167匁2分
炉　木	180杷	〃　99匁4分
白　炭	980俵	〃6貫266匁
番　子	300人	〃1貫335匁
日　雇	420人	〃　924匁

出典：表1-1に同じ.

三六ポンド砲一門を鋳造するのに銀一四貫七五匁五分六厘を要するとしている。幕府注文の二五門では銀三五一貫八八九匁になると見積っている。

二四ポンド砲についても見積っており、表1-2のようになる。ここでも銑地金として九〇六〇斤が計上されている。また、白炭も九八〇俵、番子が三〇〇人、日雇四二〇人としている。三六ポンド砲の折よりも量や人数は少ないが原材料などの構成は同じである。

二四ポンド砲と三六ポンド砲の鋳造も原料

表1－3　反射炉二双と鋳坪一カ所その他の費用

内　訳	銀　額
湯受炭掻其外機械一通代銀	銀　9貫610匁
土台角其外材木一通代銀	〃 11貫189匁3分
土角赤石砂利其外代銀	〃 44貫834匁7分7厘
浚錐火門錐小屋材木其外代銀	〃　1貫190匁
鋳坪上雨覆又炭乾木屋材木其外代銀	〃　1貫235匁
コロ車小屋木小勢美鈌縄其外鋳形取扱用小道具一通代銀	〃　2貫340匁
烟窓輪金其外金物一通代銀	〃 24貫937匁1分
縄藁其外代銀	〃　2貫123匁5分3厘
諸職日雇賃代銀	〃 23貫152匁7分
鋳形板金物其外一通代銀	〃　9貫669匁6分3厘
鋳坪一カ所材木其外諸職日雇賃代銀	〃　4貫245匁3分

出典：表1－1に同じ.

は銑鉄、火力は白炭を用いるとしている。築地反射炉の鋳造経験が生かされたとみられる。二四ポンド砲二五門の鋳造費用を銀二九一貫九二二匁五分と見積っている。

大砲鋳造では溶融した鉄を鋳型に流し込むことが必要であったのが、この経費も計上されている。「三拾六封度鉄外形弐組」として「入具銀拾九貫三匁」「同鋳内形壱組　同拾弐貫九百二拾四匁五分」とあり、銀三一貫九二七匁五分が必要としている。

公儀反射炉築造に関する費用として表1－3のように計上されている。費用で多いのが、「土角赤石砂利其外代銀」としての銀四四貫八三四匁七分七厘である。土角をレンガと解すれば[44]、反射炉用レンガ費用の計上となる。「土台角其外材木一通代銀」として銀一一貫一八九匁三分が示されている。反射炉用土台費用である。「烟窓輪金其外金物一通代銀」として銀二四貫九三七匁一分が出ている。反射炉煙突の外側を所々金物で巻き安全性を保つための費用などである。溶融された銑鉄を流し込む鋳坪の面覆いに銀一貫二三五匁、鋳坪増築費に四貫二四五匁三分が必要とされている。鋳造された大砲の中ぐりを行う鑽錐用の小屋に銀一貫二三五匁が計上されている。「鋳形板金其外一通代銀」として銀九貫六六九匁六分三厘が計上されている。これよりすれば、板金が造られることになっている。これは反射炉燃焼炉の外側を補強するためのものとみなされる。

反射炉と鑽錐小屋・鋳坪・鋳形などの費用は銀一九一貫余になる。この他に「反射炉弐双外家鉄板金物ニテ仕整」

として銀一九一貫一八一匁二分が計上されており、これに「鉄地金・白炭・番子賃」などがある。

鋳造された大砲の中ぐりを行う鑽錐器の製作費用が計上されている。鑽錐器六台の製造費用であり、表１－４のようである。銀二七〇貫七四三匁六分六厘を要するとしている。鑽錐器に銀七七貫三六四匁、鑽錐器回転用の木車に銀七七貫四九〇匁九分八厘が計上されている。公儀用鉄製大砲鋳造のために新しく鑽錐器の製作が行われる。

二四ポンド砲の鋳形では外形二組費として「入具銀拾五貫弐百三十五匁六分」内形一組として「同拾貫六百八匁」が計上され、銀二五貫八四三匁六分を要するとしている。

鋳造された大砲は台車に載せる必要があった。その一台分の費用は表１－５に示したが、砲台車製作に鋳鉄・鍛鉄を区分して作成するとしている。砲台は二〇分の一の側面縮図がつくられ、それぞれの部分の長さ、幅、厚みが計上されている。[45]また、「平視図」として二五分の一の縮図も作成されている。二四ポンド砲についても、同様に長さ、幅、厚みが記入されている。

表１－４　鑽錐器製作の費用（二カ所新出来）

内　訳	銀　額
初鑽錐浚錐鈩錐竿横手其外仕上道具一通代銀	銀 77 貫 364 匁
槻樫其外材木一通代銀	〃 12 貫 666 匁 6 分 2 厘
地伏石釘縄藁其外代銀	〃 3 貫 843 匁 1 分 1 厘
木車輪金銓釘鈑鉄金物一通代銀	〃 27 貫 263 匁 7 分 9 厘
木車真金其外鋳鉄鈌物一通代銀	〃 77 貫 490 匁 9 分 8 厘
砥石・荏胡油・辛子油・蝋燭代銀	〃 2 貫 310 匁
諸職日雇代銀	〃 22 貫 574 匁 5 分
戸樋一通材木并諸職日雇其外賃銀	〃 14 貫 564 匁 2 分 9 厘
戸立一通材木并諸職日雇賃銀	〃 5 貫 166 匁 3 分 7 厘
錐台木屋弐ケ所新建入銀	〃 19 貫 500 匁

出典：表１－１に同じ.

表１－５　台車製作の費用

内　訳	銀　額
材木一通代銀	銀 1 貫 488 匁 5 分 5 厘
大工賃銀	〃 575 匁
鋳鉄金物代銀	〃 1 貫 533 匁 1 分
鍛鉄金物代銀	〃 6 貫 479 匁 6 分
合　計	（マ　マ）10 貫 18 匁 7 分 5 厘

出典：表１－１に同じ.

表1－6　佐賀藩の大銃製造方と増築方の支出費

	支出銀額	
	大銃製造方	増築方
嘉永元年	—	—
2	—	—
3	—	272 貫 165 匁 2 分
4	1,460 貫 225 匁 9 分	745 貫 506 匁 2 分
5	1,945 貫 954 匁 1 分	1,088 貫 207 匁 1 分
6	672 貫 344 匁 2 分	560 貫 240 匁 8 分
安政元年	433 貫 619 匁 9 分	175 貫 613 匁 4 分
2	469 貫 798 匁 4 分	5 貫 782 匁 6 分
3	148 貫 11 匁 2 分	81 貫 354 匁 7 分
4	220 貫 820 匁 2 分	152 貫 702 匁 6 分

出典：「御物成并銀御遣方大目安」各年度より作成.

幕府から三六ポンド砲二五門、二四ポンド砲二五門、計五〇門の大砲鋳造の注文のため、台車五〇台の製作が必要とされる。この五〇台車製作費を「合銀五百貫九百三拾七匁五分　右ハ御筒車台五十挺分入具銀〆高前」とあり、銀五〇〇貫余が必要と見積っている。

これら費用以外の経費をみると、銀四貫四〇〇匁が「新地床開方部《ハマリ》日雇二千人賃」として計上され、銀一三貫九八九匁六分七厘が「在来ノ反射炉半双御築直シ修理人具」と計上されている。

以上のように、幕府注文の大砲鋳造に要する経費が見積られているが、その総額が、

総合正銀千八百八拾貫二百六拾二匁八分二厘

但金壱両六拾五匁替　金二〆弐万八千九百弐拾七両壱合弐勺也

とある。この額自体の規模を当時の米価との関連でみれば、米一石につき、嘉永六年が九〇・九匁、安政元年が八八・八匁とある。[46] 嘉永六年の米価からすれば米二万一三四石になり、安政元年では二万四九八石に相当する。佐賀藩財政との関係でみれば、嘉永六年の藩の売米量は九万七二四八石九斗七升三合で、その販売代銀は銀九五四二貫四三八匁七分とある。[47] 幕府注文の大砲鋳造に要する総合経費銀一八八二貫二六二匁八分二厘は、嘉永六年の佐賀藩米販売代銀の一九・七％に相当する。膨大な経費が必要とされることが窺われる。

嘉永元年から安政四年までの反射炉と増築方の支出額をみれば、表1－6のようである。

嘉永元年、二年には大銃製造方、増築方には銀は支出されていない。嘉永三年になると増築方に銀二七二貫一六五

匁二分が支出され、同四年には、大銃製造方に銀一四六〇貫二二五匁九分、増築方に銀七四五貫五〇六匁二分が支出されている。嘉永四年に築地に反射炉が築造されたが、その経費が莫大であったことがここからも窺える。増築方にも銀一〇八八貫二〇七匁一分が支出され、鋳造大砲の配備体制が整えられていたことが反映した内容になっている。同五年にも大銃製造方に銀一九四五貫九五四匁一分が出され、前年と同じように反射炉に多大の費用が支出されている。この年は増築方にも銀一〇八八貫二〇七匁一分が出され、増築方にも力が入れられていたことが窺える。嘉永六年になると、大銃製造方では銀六七二貫三四四匁二分と前年の三分の一程度になり、増築方も銀五六〇貫二四〇匁八分と前年より半減している。安政期になると大銃製造方、増築方は次第に支出額が減り、安政三年は大銃製造方に銀一四八貫一一匁二分と嘉永五年の十分の一程度となり、増築方も銀八一貫三五四匁七分とこれも十分の一以下になっている。安政三年には反射炉による大砲鋳造が一段落していることが窺われる。

これより表1‐6からすると、多布施反射炉の築造とそれによる大砲鋳造費は計上されていないとみられる。「公儀御頼入鉄銃五十挺御鋳立ニ付御入用見積」では[48]、反射炉築造と大砲鋳造では銀一八八二貫二六二匁八分二厘が見積られていた。嘉永六年九月七日に幕府から注文があり、同年一〇月には反射炉設置の場所の検討が行われ、安政元年には「三十六封度葛農二十五挺鋳造次序」として「安政元甲寅四月十八日鋳立、同九月二十五日試放破裂」とあり、安政元年四月には鋳造が開始されている。安政元年の大銃製造方の費用は銀四三三貫六一九匁九分であり、築地反射炉が製造された嘉永四年は銀一四六〇貫二二五匁九分、翌年も銀一九四五貫九五四匁一分で多額の費用を要している。これよりすれば安政元年の大銃製造方の費用は築地反射炉分とみなされる。多布施反射炉と大砲鋳造費見積による経費は「御物成并銀御遣方大目安」には記載されていないとみなされる。多布施反射炉の築造と反射炉による大砲鋳造の費用は、幕府の注文ということもあって、幕府費用であったのだろう。

多布施反射炉は「公儀御用石火矢鋳立方」の役方の下で運営され、嘉永六年一〇月初めに反射炉築造の場所が定められた。

第三節　鋳造技術の探求

幕府の大砲注文に対して、佐賀藩は準備に取りかかった。嘉永七年七月にオランダ人に鉄鋳造の知識を得るため、直接会って色々と尋ねる段取をとり、「閏七月十九日明日より一七日蘭館出入不苦」とオランダ館への出入が認められた(49)。七月二二日に本島藤太夫は、長崎奉行に次のような誓詞を提出した。

公儀御用鉄製石火矢主人肥前守方へ引請製造被仰付、私儀右鋳造方懸り被申付候付、廉〻蘭人江為相尋度段主家ゟ相願候付、手附之者両人召連館内出入御免被仰付候上ハ、公儀御法度之儀堅相守、対談之節〻役人立会を請面談可仕候事

一、切支丹宗門儀ハ不及申、阿蘭陀人江書状又ハ通信等之儀親子兄弟好知音之者より頼受候とも一切取次仕間敷候事

附、召連候供人ハ二人ニ限り、尤御法度筋堅相守候様申付、不法等無之様可申付候事

一、右御用筋対談仕候外、対阿蘭陀人物而ハ雑談等ハ勿論交易調物又ハ音信贈答等一切仕間敷候事

但、御用向面談相済候ハ早速退散仕、尤検使立会無之時者御用筋たり共対談仕間敷候事

右之条々唯為一事於違犯者罰文略

七月廿二日　　御名内 本島藤太夫

とある(50)。長崎奉行所に対して、厳格な誓詞が出されている。オランダ人への直接対話ということからくるものである。許可になったのも幕府注文の鉄製大砲を鋳造するからであった。なお本島藤太夫の供人は杉谷雍介と中村奇輔であっ

た。杉谷雍介は築地反射炉の築造と鋳造に重要な役割を果たしていた。中村奇輔は精煉方で火薬やガラスなどの製造に従事していた。

閏七月二〇日午前八時頃に本島藤太夫と杉谷雍介、中村奇輔等一行はオランダ館に赴き、大砲鋳造についてオランダ艦長に「鋳砲之儀色々質問[51]」したが、その内容は以下のようであった。「当時相用来ル鉄地金并鋳鉄破裂之小片為見ル処[52]」と築地反射炉で鋳造し、試砲して破裂した鉄片を示し艦長に質問をした。これに対して艦長は「地鉄ハ白色剛ニ過、鋳鉄ハ黒色ニ過ル由申ル[53]」と答えたとある。大砲鋳造に用いる地鉄は「白色剛ニ過」とする。これよりすれば、地鉄は硬すぎるし、鋳造された鉄は柔かすぎるとしているが、たたら製鉄で鋳造された鉄は白先鉄が主であるとされていることから[54]、地金を原料としている点に難点があり、鋳造された鉄は、大砲に用いるには硬さが足りないと指摘されたとみなされる。その後、鉄性は分析しなければ判定できないので、「今少し大塊持参候様申候[55]」といわれたとある。

閏七月二三日にもオランダ館に行っている。この折に「ギーテイレ書持行船将へ為見ル処[56]」とある。オランダのリエージ（ロイク）王立大砲鋳造所長で砲兵少将であったウルリッヒ・ヒュギューニン（Ulrich Huguenin）が著した『ロイク王立鉄製大砲鋳造所における鋳造法』（*Het Gietwezen in's Rijks I jzer Geschutgieterij te Luik*）を佐賀藩の伊東玄朴・杉谷雍介などが翻訳して、築地反射炉の築造と鋳造を行った基本書となったものを持参し、この書物について質問をした[57]。これに対して、出版後年数が経っているので、多少いまとは異なる点もあるが基本的なことは異ならないので、「矢張此書中之法則ニ拠、鋳造ル方可然申ル[58]」とこの書に依拠して鋳造してよいと指摘されている。そして「此書中ニ記し有之ルロイク鋳砲所ニ今鋳造有之候[59]」と王立ロイク鋳造所が稼動中であることを述べている。これからすると、佐賀藩が基本としたヒュギューニンの著書の有効性が確認されたことになる。

続いて次のように記されている。

「新著砲書中砲之表一紙相与へ候[60]」と新書にある大砲の表を与えたとある。これは「砲尺等改革之物も有之有益之表ニ付[61]」とあり、砲尺などで改良されたものがあり有益だとしている。この砲尺を用いて鋳造を行えば、最新式の大砲を鋳造することになるので、佐賀藩にとっては有益な資料になったとみなされる。また「船中火薬室之図一紙[62]」が与えられ、「石火矢ドンドル打金物見セ申候、外ニフーヂー管五六持帰候様相与候[63]」と雷管式銃を見せ、雷管を五、六個与えるとされたとある。これに対して佐賀藩は艦長に「比方持出候ギーテイレ写本ハ船将へ遣シ[64]」とヒュギューニンの写本を与えたとある。佐賀藩は写本を作成していたことが窺える。また「大砲試放之薬量相尋候処[65]」と大砲を試射する際の火薬の量について尋ねている。「丸量三分一より打始、其一倍を以強装之極度とす[66]」とあり、試射に際しての火薬量についても回答を得ている。

同月二六日午前八時にもオランダ館に出向いている。「鋳砲ニ付反射炉鎔鉄実験之次事等杉谷演舌質問[67]」と反射炉で鋳造を行った折のことなどを述べて質問したとある。質問の内容については記されていない。

大砲を載せる台車のことも質問し、台車の縮図を示したとある。ペキサンズ砲が用いられるようになり、「其善良ナル台架あり[68]」と最新式の砲台について知らされ、「当蒸気船六十ポンド、ペキサンス砲ヲ架スルモノ則是也[69]」としている。これを聞いて本島等が示した縮図の砲台車について「最早廃物トハ相成候哉[70]」と尋ねたのに対して、「矢張当時城中海岸等普通之砲ニ者此台相用候[71]」と普通の大砲には使用していると述べている。

海岸防備の大砲としては「カロナーデ砲之如き短砲ハ海岸之備ニハ利用無之[72]」と短砲では効果がないとの答えを得ている。その中で、「六十ポンド以上之ペキサンズポムカノンを貴重致し候、六十ポンドボム弾ハ一発ニ而船を沈没せしむる事を得候故甚恐るべきものニ有之候[73]」との話が出ている。六〇ポンド以上の大砲に用いられる破裂弾は船を一発で沈没させる能力があるとしている。ここから破裂弾の使用が重要なことを認識させられている。

長崎警備についても重要な指摘を得ている。長崎警備で備えつけられている大砲をみたとして、この装備では、只今之御備ニ而ハ蒸気船ニ而十分蒸気を強くし、迅速乗入候ハヽ、一二三発位ハ放発間ニ合申かニ候得共、ケ様之小砲ニ而何程打連候而も船ニ少〻疵受候迄ニ而、少も恐候事無之候、依て早〻ペキサンズポムカノンを多く御備替相成
度再三申候

とある(74)。蒸気船が火力をあげて乗り入れれば、長崎台場にある大砲ではほとんど役に立たないことが指摘され、大口の口径で破裂弾が使用できる大砲に転換することが推められている。

この指摘は本島藤太夫や杉谷雍介等に大きな影響を与える内容だったとみられる。築地反射炉で鋳造された鉄製大砲があまり役立たないこと、また、幕府が注文した鉄製三六ポンド砲や二四ポンド砲も効果が少ないことを知らされたことになったからである。

本島藤太夫等が艦長との面談する期限になったことから、質問事項が残っているとして、佐賀藩は延期願いを提出した。

公儀御石火製造ニ付、家来之者共蘭人江為質問蘭館出入被差免置候処、今日迄ニ而満日相成候処、質問之廉〻未相済ニ付、今又明日ゟ日数十五日日延御免被成下度、就而者今度渡来之蒸気船船将功者之趣かひたん申聞候ニ付、右船将館内参掛り候折ハかひたん取次を以船将江も相尋候儀御免被成下候様支度、此役奉願候

閏七月二十六日　　　　聞番《御名内》

鉄小塊　四ツ　　　　硝酸

塩酸　　　　　　　　硫酸

アルコール

右一箱ニ〆館内持入之儀御免被成下度奉願候

閏七月　　　　　　　聞番《御名内》

とある。[75] 再度オランダ館にて艦長に会い質問する許可を求め、この折は鉄小塊、硝酸、塩酸、硫酸、アルコールを持参することを申し出ている。精煉方で種々な科学薬品の製造が行われてきたが、その成果についても問い合せることが試みられている。また鉄小塊を持参するとしたのは、反射炉鋳造の鉄の質などを問い合せるためだったとみなされる。

佐賀藩の申し出は「館内出入之儀以後不相叶趣被相達[76]」と拒否されている。オランダ側から色々と情報を入手することを嫌ったことに由来するもので、長崎奉行所の守旧的な態度の現れであった。

佐賀藩は再度オランダ館出入の許可を求めた。

公儀御石火矢製造ニ付不分明之廉〻在留蘭人江為質問、家来本島藤太夫其外去ル二十日ゟ一七日館内罷出候処、蒸気船々将江何角問合等仕候儀不宣旨ニ而以後館内出入不被相叶趣被相達候

と経過を述べ、[77] 本島藤太夫等の艦長への質問内容に問題があり、それが不許可の原因とされている。質問の何が問題とされたかは不明である。「松乃落葉」には、先の質問のことを記したのち「其外問答略之」とある。長崎奉行所をはばかって質問事項を略したとはみれない。

佐賀藩は再度の許可願いを前述文に続けて、更に次のように記している。

一体藤太夫其外御用筋一途ニ相心得候処ゟかんたん申ニ任セ、蒸気船将参り掛り候折節間ニ者問合事等仕候儀不苦節ニ心得違前後勘弁不行届、前断之次第一同甚以恐入罷在候

と艦長に質問したことを詫びているが、それはオランダ商館長がいうままに艦長に質問してもよいと心得て質問したことを「前後勘弁不行届」の行為であったとしている。ここでは艦長に質問したことが問題であったとし、続けて次のように申し出ている。[78]

差付何角申上儀重畳恐至極奉存候得共、前断館内出入之儀御用柄格別之訳を以御免被成下候筋御座候処、折角質

問取掛罷在候半途ニ取止候通ニ而ハ御用筋反的差支、且者主人御名其儀承知仕候ハ、甚以迷惑可仕、私并藤太夫其外不行届次第誠ニ以恐怖至極之参掛御座候条、右質問之廉々かひたん并医師江尋合候儀相済候迄之処、打追館内出入之儀御免被成下候道者有御座有間敷哉、於然者御用筋夫々調合行届可申而、尚又一同難存奉存候、勿論以後館内御掟之儀堅相守聊ニ而も心得違之儀等無之様篤と相心得候様可仕儀ニ御座候間、何卒願之通御聞済被成下候様只管奉願儀御座候、以上

閏七月二十七日　　御名内 聞番

とある(79)。館への出入が差し止められたら、質問が中途で終ることになり、それでは幕府注文への対応にも差支えが出るとしている。

佐賀藩聞番からのオランダ商館出入りの許可申請は「右書面不被相叶旨ニ而被差返(80)」と不許可になり、書面は差し戻された。聞番は再考を歎願したようで、「聞番ゟ尚又重畳歎願中為何御差図無之ニ付(81)」とあり、歎願は無視されている。その理由については「通詞西慶太郎召呼内〻承合候処(82)」と通訳にその訳を問い合せ、

格別之事ニも有之間敷候得共、何角船将ニ対し議論ヶ間敷儀等有之候而者不可然ニ付御差留為相成哉承得候、甚気之毒ニ相心得候趣申聞候、御番代平岩常十郎を大木藤十郎方差遣承合候処、矢張慶太郎同様申聞候由

とある(83)。通訳の話では、艦長に対して議論をするようなことがあってはいけない、とするのが不許可の原因であり、これは番代に聞いても同じようなことであった。

艦長と本島藤太夫らとの話し合いの主な内容は、反射炉鋳造と防備体制の問題であった。これからすると、防備体制のことが出されたことが不許可の要因であったとも解せられる。この措置によって、本島藤太夫らは、反射炉についてのより詳しい情報を得ることができなくなった。

一方、本島藤太夫等は、多布施反射炉で鋳造する大砲の質を改善するための努力を行っている。技術的な問題点が

指摘されながらも、反射炉での大砲鋳造が、未だ有効性をもつことが認識されたことの意義は大きかった。その後、佐賀藩は多布施反射炉で大砲の鋳造を鋭意行い、安政元年には、幕府の台場役人が鋳造の様相を見聞し、集中的に幕府依頼の大砲を鋳造した。

多布施反射炉の築造については、必ずしも明らかでないが、次の史料が参考になる。

同月半ノ比ヨリ多布施エ御石火矢鋳立方役所被相立、公儀御頼鉄製三十六封度二十五挺・二十四封度二十五挺御鋳立ニ付、岸川町北裏川端土井開且又十間堀埋、反射炉二双、錐台三連二組其外役所炭地金庫等建方相始、偖又白石山・志田山両所エ土角焼作立、右地床見分ニテ諸々罷出事多ク、其上右銃内形二組外形四組、錐台金物、反射炉金物鋳造方手配且右御鋳立其外入具等積等ニテ両所ノ致事ニテ手ニ及不申候故、錐台反射炉金物、御筒形等ハ左ノ人々請負ニテ築地鋳立場ニテ為致候

谷口清左衛門　源吉　広吉

谷口伏八　佐六　右五人細工人ハ

貸シ候ナリ

とある。[84] 岸川町裏川節に土井を設け、十間塀を埋めて、反射炉を二双、鑽錐台三連を二組、役所、炭・地金倉庫を建てたとある。また、白石山と志田山に行って土角焼（レンガか）を焼いたとある。多布施反射炉の築造が書かれている。大砲鋳造に際しての内形二組、外形四組、鑽錐台、金物、反射炉用金物の鋳立と会計などで、「両所」つまり築地と多布施の反射炉を操業することは「手ニ不及」となり、鑽錐台、反射炉金物、筒形の製作は谷口清左衛門や谷口伏八等五人に請負わすとしている。

これからすると、築地反射炉と多布施反射炉の機能を分け、多布施反射炉は大砲鋳造と鑽錐に集中することになったと解される。安政元年六月には、弾玉を請負制にしている。

大銃製造方より両島御備玉谷口弥右衛門自宅ニテ請負ニシテ鋳立相整候様被相達候ニ付、左之通入具積出スとある。(85)

おわりに

佐賀藩多布施反射炉の築造と大砲鋳造の過程について若干の検討を行った。

嘉永六年六月三日のペリー来航に幕府は大きな衝撃を受け、急遽防備体制の強化に努めざるを得なくなり、佐賀藩に鉄製大砲二〇〇門の鋳造を依頼した。これは幕府の周章狼狽を示すものであった。

佐賀藩の江戸留守役からペリー来航のことが佐賀に伝えられたのは六月一七日であった。この報により、早速佐賀藩は長崎台場に増兵を行い、防備体制を強化した。このような折に幕府からの鉄製大砲二〇〇門の鋳造依頼があった。鍋島直正はペリー再来に対する措置として、「断然打払」と主戦論を述べていた。長崎台場の増強を行い、鉄製を含めた大砲鋳造のために築地反射炉を築造し、すでに大砲の鋳造を行っていた。強烈な対外的危機意識に基づくものであり、武備交戦の姿勢であった。このことからすると、幕府の依頼は国家的な大事事業として積極的に対応すべきことであった。

幕府の依頼に対して、佐賀藩では議論がすすめられた。当初は鉄製大砲二〇〇門の鋳造依頼のみで、砲種とそれによる砲数などは不明確であった。

幕府は江戸湾防備策として、品川に台場一一基を築設する方針を定め、それに基づいて、佐賀藩への大砲鋳造を三六ポンド、二四ポンド砲各二五門と改めた。

佐賀藩は幕府の依頼に対応するためには、築地反射炉以外に新しく反射炉を築造する方針をとり、嘉永六年一〇月初めに場所の選定を行い、城下町西部岸川町の多布施川沿いに場所を定めて築造を行った。

多布施反射炉の築造過程については、残存史料が少ないこともあって、まだよく分かっていない。幕府の大砲鋳造の依頼に対して、佐賀藩は見積りを行った。築地反射炉築造の経験が生かされたとみられる。

見積りの中で使用する原材料は、「銑《ずく》鉄」としていた。このことはたたら製鉄で鋳造された鉄が用いられることを示すものである。良質の鉄製大砲を鋳造するためには、原材料として用いる鉄材が肝要であった。このことから、本島藤太夫等は築地反射炉操業の経験に基づき、長崎に来航していたオランダ軍艦の艦長に反射炉のことや鋳造のあり方などについて問い合せた。ここで反射炉での大砲鋳造が少し時代遅れであること、蒸気船就航期になっていることから三六ポンド以上の大砲が必要なことを知らされた。しかし、艦長との面談は長崎奉行によって阻止され、より詳細な内容を知るに至らなかった。

嘉永六年一〇月以降、佐賀藩は多布施反射炉の鋳造に取りかかった。レンガは築地反射炉の時と同じように志田山と吉田山の粘土を用いた。ここでも築地反射炉での経験が活用されている。

幕府が依頼した大砲の鋳造は多布施反射炉で行われ、また築地反射炉も活用されている。幕府依頼の大砲は安政二年五月には鋳造でき、品川台場に同年末に配備された。

このことからすると、佐賀藩多布施反射炉の築造と大砲鋳造は、対外危機が現実化したことによって、それに直接的な対峙となったことに意義があった。築地反射炉の築造が基になっていたことからすると、佐賀藩が大型反射炉を日本で最初に築造し、鉄製大砲を鋳造したことに先駆的意味を見い出すことができよう。勿論これは対外危機に対する領主的対応であったが、イギリスなどの中国侵略の現実に基づいた対策であったことから、より真剣にならざるを得なかった。長崎防備に由来する危機意識の形成であり、その意識の強さが攘夷の立場に立たせたとみられる。

民族的危機に対する領主的対応として、佐賀藩の反射炉問題を捉えた場合でも、それの対応として鉄製大砲を鋳造できる段階までに日本の技能水準があったことに留意すべきであろう。

注

(1) 築地反射炉については以下を参照。
秀島成忠『佐賀藩鉄砲沿革史』(肥前史談会、一九三四年)三二三〜三二六頁、『鍋島直正公伝　第三編』(公爵鍋島家編纂所、一九二〇年)五〇九〜五一九頁、大橋周治『幕末明治製鉄史』(アグネ、一九七五年)三四〜四五頁、同『幕末明治製鉄論』(アグネ、一九九一年)三七〜五一頁、芹澤正雄『洋式製鉄の萌芽(蘭書と反射炉)』(アグネ技術センター、一九九一年)六六〜七八頁、尾形善郎・吉田博男『幕末における佐賀藩鋳造の大砲とその復元』(佐賀県立博物館、一九七九年)二二〜二七頁、和田康太郎「反射炉導入とその展開」(岡田広吉編『たたらから近代製鉄へ――近代日本の技術と社会2』平凡社、一九九〇年)一四四〜一六五頁、金子功『反射炉I――大砲をめぐる社会史』(法政大学出版局、一九九五年)九〇〜一〇五頁。
(2) 佐賀藩反射炉の遺物に関する科学的な分析の事例は少ない。高良義郎「幕末諸藩に於て建設せる反射炉の炉材について」(『耐火物年鑑4』那河湊史編さん委員会編『那河湊市史料　第一二集(反射炉編)』那河湊市、一九九一年)一〜七頁に要約所収。多布施反射炉の遺跡については、西村謙三「反射炉に残存する基礎工事説明」(肥前史誌会「肥前史誌」第一巻七号、一九二八年五月)参照。
(3) 『新訂増補　国史大系第四九巻――続徳川実記第二編』(吉川弘文館、一九六六年)七二二頁。
(4) 同前七一一〜七一二頁。
(5) 「松乃落葉　巻二」(佐賀県立図書館架蔵、特に記さない限り、史料は同館架蔵のもの)。この史料については、異写本などの比較検討に基づき、定本とされたものが刊行されている。杉本勲・酒井泰治・向井晃編『幕末軍事技術の軌跡――佐賀藩史料　松乃落葉』(思文閣出版、一九八七年、以下『幕末軍事技術の軌跡』と略)一〇三頁参照。本稿での引用は定本とされた原史料に基づいて行っている。
(6) 『大日本古文書――幕末外国関係文書之二』三頁。
(7) 同前三二頁。
(8) 同前。

(9) マシュー・ペリー（金井圓訳）『日本遠征日記』（雄松堂出版、一九七五年）一八〇～一八一頁。W・ウイリアムズ（洞富雄訳）『ペリー日本遠征随行記』（雄松堂出版、一九八八年）四七～四九頁。
(10) 『新訂増補　国史大系第五〇巻――続徳川実記第三編』（吉川弘文館、一九九八年）一八頁、『大日本古文書―幕末外国関係文書之二』三五五～三五六頁。
(11) 前掲『新訂増補　国史大系第五〇巻――続徳川実記第三編』一八頁。
(12) 「松乃落葉　巻二」前掲『幕末軍事技術の軌跡』一〇〇頁。
(13) 「直正公御年譜地取」嘉永六年六月十七日、『鍋島直正公伝　第四編』（公爵鍋島家編纂所、一九二〇年）三〇頁。
(14) 三好不二雄監修・三好嘉子校註『野田家日記』（西日本文化協会、一九七四年）一二三頁。
(15) 「松乃落葉　巻二」前掲『幕末軍事技術の軌跡』一〇三頁。
(16) 前掲『幕末軍事技術の軌跡』八九頁。
(17) 同前九四頁。
(18) 大橋前掲『幕末明治製鉄史』六六頁、同『幕末明治製鉄論』九三頁。
(19) 佐久間貞介「反射炉製造秘記」那珂湊市史編さん委員会『那珂湊市史料　第一二集（反射炉編）』（那珂湊市、一九九一年）一〇頁。
(20) 原剛『幕末海防史の研究――全国的にみた日本の海防態勢』（名著出版、一九八八年）一六～一七頁。
(21) 仲田正之『韮山代官江川氏の研究』（吉川弘文館、一九九八年）五五九～五六〇頁。
(22) 「松乃落葉　巻二」前掲『幕末軍事技術の軌跡』三五～三九頁、仲田前掲書五六六～五六七頁。
(23) 仲田前掲書五六八～五六九頁。
(24) 「松乃落葉　巻二」前掲『幕末軍事技術の軌跡』一〇一～一〇二頁、前掲『鍋島直正公伝　四編』三一～三二頁。
(25) 「松乃落葉　巻二」前掲『幕末軍事技術の軌跡』五八～五九頁、『鍋島直正公伝　第四編』七～一二頁。
(26) 「松乃落葉　巻二」前掲『幕末軍事技術の軌跡』一〇三頁。
(27) 同前一〇三～一〇四頁。
(28) 「直正公御年譜地取」嘉永六年九月七日。
(29) 「松乃落葉　巻二」前掲『幕末軍事技術の軌跡』一〇五頁、前掲『鍋島直正公伝　第四編』六六～六七頁。

(30) 勝海舟編『陸軍歴史　上』(陸軍省総務局、一八八九年)四九頁。
(31) 仲田前掲書五八五頁。
(32) 原前掲書一三三～一三七頁。
(33) 前掲『大日本古文書――幕末外国関係文書二』一〇五～一〇六頁。
(34) 原前掲書二三頁。
(35) 「直正公御年譜地取」安政元年九月二十八日。
(36) 同前。
(37) 同前。
(38) 同前嘉永六年十月一日。
(39) 同前嘉永六年十月二日。
(40) 同前嘉永六年十月八日。
(41) 飯田賢一『日本鉄鋼技術史』(東洋経済新報社、一九七九年)四五頁、俵国一『鉄と鋼製造法及性質』(丸善、一九一二年)一〇三～一〇七頁。
(42) 樋口清之『木炭』(法政大学出版局、一九九三年)。
(43) コークスは焼石の用語で肥前地域では十八世紀中期には使用されていた。前掲『鍋島直正公伝　第三編』一四五頁、坪内安衛『石炭業の史的展開』(文献出版、一九九九年)四九頁、『厳木町史』(厳木町教育委員会、一九七一年)二〇二～二〇三頁。
(44) 「大小銃製造録一」によれば、嘉永五年六月の築地反射炉の鋳造見積では、「反射炉築立方土台用松角白石志田両山土角焼立用炉木山へ運賃料駄賃」などとして銀四二貫三百拾九匁三分、米一八石一斗三升七合が計上されている。
(45) 秀島前掲『佐賀藩銃砲台沿革史』七六図。
(46) 『日本史総覧Ⅳ　近世二』(新人物往来社、一九八四年)六一〇頁。
(47) 「御物成并銀御遣方大目安」嘉永六年。
(48) 前掲「大小銃製造録二」
(49) 「松乃落葉　巻二」前掲『幕末軍事技術の軌跡』一三八頁。

(50) 同前一三二～一三三頁。
(51)～(53) 同前一三九頁、秀島前掲書一三一～一三九頁。
(54) 俵前掲書一〇四頁。
(55)(56) 「松乃落葉　巻二」前掲『幕末軍事技術の軌跡』一三九頁。
(57) ウルリッヒ・ヒュギューニンのこの書については、芹澤前掲書参照。
(58)～(66) 「松乃落葉　巻二」前掲『幕末軍事技術の軌跡』一三九頁。
(67)～(72) 同前一四〇頁。
(73)～(76) 同前一四一頁。
(77)～(83) 同前一四二頁。
(84)(85) 「大小銃製造録六」。

Ⅱ　明治中期における大砲鋳造問題

はじめに

維新変革によって政権を掌握した明治政府は軍備体制を整えるために、旧藩が所有していた機器を徴集した。軍需工場としては、陸軍では大阪、海軍は築地に集中的に配置された。大砲製造では大阪の砲兵工廠が中軸的な役割を果たすようになっていった。幕末期に佐賀藩、鹿児島藩などの諸藩は海防体制を強めるために、反射炉を築造して、鉄製大砲の鋳造に力を入れた。これは西洋列強に対する強烈な危機意識に基づくものであった。この危機意識は開港によって一面では攘夷運動となってあらわれたが、維新変革によって通商に基づく交流が政策の基調になったことによって、万国対峙が強調されるようになった。このため殖産興業政策が推進され、蚕糸業、綿業の育成と新興がはかられた。万国対峙には武器生産体制の確立が欠かせないとして、陸軍と海軍は砲兵工廠で武器生産に力を入れていった。[1]この過程を大阪砲兵工廠について、主に次の二点に関して検討してみよう。その一つは、鉄製大砲製造過程についてである。幕末期において佐賀藩や鹿児島藩などが力を入れた鉄製大砲との関連を検討するためである。少なくとも佐賀藩は蘭書をたよりに独自に反射炉を築造し鉄製大砲を鋳造した。この技術がどのように継承されていたかである。二つは外国技術の摂取のありかたである。西洋列強との軍事力の差は歴然としていたが、これをどのように埋めようとしたかについてである。これらについて以下検討してみる。

第一節　鉄製大砲鋳造の過程

1　明治初期

明治維新後において、外国と対峙するために兵器の装備を充実することが早くから検討されていた。この兵器製造で設立されたのが大阪砲兵工廠であった。同工廠における動きから、兵器、とりわけ大砲製造について『大阪砲兵工廠資料集　上巻』によりながら検討してみよう。[2]

維新政府は軍事力を養成するために、長崎製鉄所と東京関口製造所の機械の一部を大阪城内に明治三（一八七〇）年に移し、兵器の修理に取りかかった。

明治三年二月に太政官達によって造兵司が設けられ、兵部省の下におかれるようになり、四月に大阪城内の番所を仮庁舎として発足した。五月には東京関口製造所から山砲の修理と製造用の機械若干を移し、閏一〇月に雷管・銃薬包などの製造を開始した。鋳物場、鍛冶場、器械場は設けられているが、大砲の鋳造は開始されていない。「原料ノ大部分ハ海外仰ケリ」(3)と原料は海外に依存している。

五年二月に大砲製造所と改称し、フランス式の青銅製四斤山砲を製作した。この場合に使用した銅は国内産のものであった。原料鉄は海外産である。同年一月にはフランス式四斤山砲の榴弾を造ったが、使用した銑鉄・亜鉛は外国産であった。

翌六年二月に鋳造所ができたことから、砲身弾丸の鋳造を開始した。しかし、この鋳造所は鋳物場を鋳造所と改称しただけのものなので、従来の大砲鋳造の技術が基本になっていたとみなされる。六月にはフランス式四斤野砲を鋳造し、八月には四斤砲の山砲と野砲を完成させ、その車台も製造した。これらの山砲・野砲は、銅以外は外国産の鉄を使用している。この間のことに関して記録が引用されている。左記のようである。

明治六年二月鋳造場一棟造営ナル之レ三連棟ノ煉瓦造リニシテ而シテ場内数基ノ鎔解炉ヲ築キ満場鋳坑ヲ穿ツ数尺悉ク杉山土ヲ用ヒテ塡実ス其結構宏壮完備ナリ当時砲熕弾丸其ノ他ノ斯業ニ適合ス六月始メテ仏式四斤野砲ヲ鋳造シ十月二十日拇臼砲榴弾ヲ創製ス当時燃料トシテハ熊野炭ヲ用フ

とある(4)。レンガ造り鋳造所が設けられ、その場内には数個の溶解炉が設置されている。

この溶解炉で溶かされたものは鋳坑に集められている。この溶解炉は幕末期に大砲鋳造に使われた、溶融炉とみなされる。それは燃料に熊野炭が使用されていることからも裏付けられて、鋳坑を穿つとあり、これはいわゆる鋳坪とみなされる。以上からすると、鋳造したフランス式の四斤野砲も幕末期の鋳造技術と関連があったと解される。

翌年二月には臼砲榴弾を初めて製造している。

八年二月には砲兵支庁条例と職制条例が制定され、敷地も増大した。砲兵支庁の職分において本局、第二局、銅砲鋳造所、鹿児島属庁、和歌山属庁が設けられた。これよりすると、大砲の鋳造は銅砲であることが窺える。以後「内外ノ鉄ヲ試用シ砲身弾丸等ノ鋳造ヲ試ミタリ」[5]と原料の選定にあたった。

原料鉄の調査はすすめられ、明治九年三月には、陸軍大輔鳥尾小弥太から、上州鉄を買い入れてその成分の良否を検査することを命じられて試鋳を行った。

2　明治一〇年代

明治一〇年二月に西南戦争が起こったことから、急いで弾丸製造の機械を設置し、弾丸を製造した。「兵器ノ製造繁劇ヲ極メ昼夜ヲ兼ヱ全力ヲ尽シテ猶ホ及ハサルヲ恐ル」[6]とあり、西南戦争において、兵器の生産で大きな役割をはたしている。軍備増強のために設立されたが、この戦争でその効果が発揮されている。

明治一一年は西南戦争の後処理に追われた様相を次のように記している。

当時客歳大戦ノ後ヲ承ケ修理品堆積シ一年ヲ通シテ猶ホ常務時間ニ復スルヲ得ス且歩、騎、砲、工、輜重隊ノ銃器弾薬并騎・砲隊馬具ノ員数分配表ノ改正アリ且ツ従来エンピール銃ヲアルミニー銃ニ改造セシ例ヲ改メスナイドル銃ニ改造スル等事業繁忙ヲ極メタリ

とあり[7]、これによれば、鉄砲、弾丸、馬具、とりわけ銃の製造と修復が中心になっている。大砲は重要な武器でありながら生産の基になっていない。

明治一二年一〇月一〇日に砲兵本庁と砲兵支庁が廃止され、砲兵工廠条例が制定されて、東京と大阪に砲兵工廠が置かれた。この折に設立された大阪砲兵工廠には製砲所、製弾所、製車所、小銃修理所が設けられた。この製砲所は「銅砲製造所ノ事業」[8]とあり、まだ青銅製の大砲鋳造を主とする段階であった。

鉄材を国内に求めることは続けられ、「一三年ニ釜石鉱山分局ノ銑」[9]が試用されている。

明治一四年にフランス、オーストリア、イタリアに「鋼銅砲製造ノ準備」[10]のため製砲所監務の太田徳三郎を派遣し、

鋼鉄製の大砲鋳造を目指している。

一五年一月には「大小口径砲製造場ノ新築成リ反射炉并機械ノ装置悉ク畢ル[11]」と大砲製造場が新築され、また、鉄溶融には反射炉が使用される体制になっている。これよりすれば新しい段階になったことが窺える。二月には「初メテ製砲所ノ事業ヲ開始ス[12]」と製砲の事業が本格化し、製弾所、製車所、火工所、小銃修理所も稼動し、「一二年改革ノ規模是ニ至リテ漸ク挙ル[13]」と各部所も操業するようになっている。二月二八日には「十五珊米熕銅砲ヲ鋳造シ又タ之ト相前後シテ七珊米熕銅砲山砲榴弾霰弾ヲ製造ス是レ後装砲并新式弾丸製造ノ創始ナリ[14]」と後装砲が初めて製造された。四月にはヨーロッパへ派遣されていた太田徳三郎が帰国し、「鋼銅砲ノ製造ニ着手ス[15]」とあるように、鋼銅砲の製造に取りかかっている。

鋼の生産体制が問題であるが、九月一二日に「十二角反射炉一基築造ノ工ヲ起シ[16]」と新しい反射炉の建設が始められている。これは先に派遣していた太田徳三郎が帰国し、その知識をもとに進められていたことが「欧州造兵ノ実験ニ徴シ且ツ之ニ学理ヲ応用シ以テ鋼銅製造ニ着手シ[17]」とあることからも窺われる。ヨーロッパへの派遣によって得られた成果の活用が目指されている。このことが「終ニ製砲上一大進歩ノ端ヲ開クニ至レリ[18]」と大砲鋳造で大きな進歩をもたらしたとしている。しかし、鋳造された大砲は鋼鉄製でない。

一六年一月二四日には「七珊米鋼銅砲々身成工《ママ》ス[19]」とあり、鋼銅製であった。七月八日には反射炉に基礎工事が完了し、翌一七年一月一二日には反射炉一基が完成している。

一七年四月には「伊太利国砲兵少佐ポンペヲグリロ枝手長ガルペロリヲ来ル製砲術教師并助手トシテ雇聘セラレタルナリ[20]」とイタリアから砲兵少佐を製砲技術の指導を受けるために雇い入れている。「是ニ至リ初メテ外人ヲ聘用セリ[21]」と工廠で初めての外国人の雇用であった。

一方、釜石の鉄を利用する動きが出てきたが、価格の点でも外国産の鉄に対抗できなかった。

価格ノ点ニ至ツテハ百英斤ニ付キ金弐円参拾銭前後ニ位ス試ミニ洋銑ヲ以テ之ニ換用スルトキハ百英斤ニ付金壱円内外ノ銑ニテ足ルヘシ

とあり[22]、価格の点においては、日本の鉄は一・五倍も高かった。

釜石鉄は質と価格の点において外国産とは対抗できないでいた。このため外国の技術を積極的に取り入れる方針がとられ、一七年にイタリア砲兵少佐ポンペヲグリロを招聘するようになったが、これは従来の体制をかなり転換することになった。

諸般ノ事業悉ク邦人ノ手ニ成リ只タ纔二十三四年ノ交独逸ペール商会ノ製砲機械買入ニ際シ同国機械工師ペミンストルヲシテ此カ装置ヲ為サシメ又十四五年の交反射炉築造ニ際シ造兵局雇英国工師ウイリアムガウランドニ諮問セシノミナリシ

とあり[23]、従来は機械の操業や反射炉築造のために、ドイツやイギリスの技術者を一時的に招いていただけであった。しかし、「是ニ至リ初メテ外人ヲ聘用セリ」と本格的に外国の技術者を一七年に雇い入れている。この背景には、「海防ノ説盛ニ起リ巨砲鋳造ノ急ヲ訴フルニ由リ伊国教師ヲ雇聘シ[24]」と海岸防備の体制を強めるため、大口径砲の鋳造を行ったことによるものであった。

一七年一〇月には「欧州ヨリ新来ノ鋼銅砲圧搾機械ヲ装置ス[25]」と新しい機械を導入した。一八年一月二〇日には「初メテ一九珊米装𥶡鋳鉄加農ヲ鋳造ス[26]」と大口径鉄製のカノンを初めて鋳造している。工廠が設立されてから一五年を経た鉄製大砲の鋳造であり、しかも外国人を雇い入れてのことであった。大阪砲兵工廠で最初に鋳造されたのはフランス式の四斤山砲で明治五年であった。翌年にも四斤の野砲が鋳造されたが、一五年二月に一五センチ熕銅弾山砲が、翌一六年一月には七センチ鋼銅山砲が製作されたが鋼銅製であった。原料の鉄は外国産であった。それは一月二三日に海岸設置用の大砲に使われる鉄の試験結果が報告されているが、これはイタリアのグレゴリニー鋳鉄の試験結果であり、「火砲製造ニ適スルモノト認ム[27]」とあることからも窺われる。その後一五年までは製造されていなかった。機械設備の導入、技師の海外派遣などを行い、大砲鋳造の体制づくりがなされていた。一八年一月には反射炉二基が完成した。一基につき一〇トンの融解が可能であった。これら設備の充実によって大砲の鋳造に力が入れられた。これらからすると、一八年は大砲鋳造で画期をなしたことが窺われる。八月には二八センチ装鋳鉄榴弾砲が、一二月には二四センチ装箍鋳鉄臼砲が鋳造されている。

この年は鋳鉄臼砲の生産など大砲の製造が進展しているが、これらは「是歳一坐一噸ヲ溶解スヘキ反射炉二坐ヲ増築セシヲ以テ工場ノ設備頗ル完キヲ得タリ[28]」とあるように、反射炉二基が増設され稼動したことによっている。佐賀藩築造の反射炉は一基が四トンのものであり、二基が装置されていたので、八トンの製造能力をもち、これによって当時最大の一五〇ポンド（六・七トン）を鋳造した。これからすれば工廠の反射炉は規模が大きくなり、鋳造量も増えていることが窺える。ただ原料鉄は外国産であった。

一九年二月には「初メテ二十四珊米箍鋳鉄加農ヲ鋳造ス[29]」とあり、一八年の時よりも大砲の口径が大きくなっている。また同年一二月には「十九珊米・二十四珊米ノ両加農及二十八珊米榴弾砲ヲ試験射撃ヲ施シ好結果ヲ得タリ[30]」とあり、良い結果が出ている。

このような状況のなかで問題になってきたのが、原料鉄の確保であった。『釜石銑精練概要』によれば、次のような流れがあった。

全国ノ海岸防禦其砲数百門ヲ要ス之カ弾丸タル亦数千発ナカルヘカラス悉ク皆之ヲ伊国高価ノ銑ヲ用テ製セン乎数百萬金ヲ彼ニ投シテ之ヲ製セサルヘカラス

とあり[31]、外国の銑鉄を用いる場合には多額の費用を要するとしている。このことから「内地産銑ヲ精練シテ其ノ弾丸ヲ製造シ以テ其ノ輸入ヲ防遏セサルヘカラス[32]」と国内産の銑鉄を用いて鋳造するため、釜石の鉄を用いることが目指された。しかし、この鉄は「頑硬粗糙ニシテ再鋳ヲ施ササレハ其ノ使用ニ充ツヘカラス[33]」とあり、使用できない状況にあった。この頃の釜石の鉄は高炉を用いながらも、木炭を熱源として製造された銑鉄であった[34]。

3　明治二〇年代

二三年は釜石産の鉄を用いる動きが強まっている。原料鉄を国内産の求める動きは九年ごろから行われ、一三年に釜石の鉄が試用されたが、質が悪く一時使用されなくなるが、二一年に再び用いるようになっている。二三年二月に釜石産の鉄を用いて製造し「初メテ精錬ノ功ヲ完フ[35]」とあり、その質は「外国産ト伯仲ノ間ニ在ル[36]」となり、二四年は「釜石鋳鉄ヲ以テ試験砲製造ノ件[37]」とあるように、釜石の鉄を積極的に使用する動きが出ている。また二六年には「釜石鋳鉄ヲ以ツテ製造セル海岸砲身[38]」と釜石の鉄による大砲の製造が行われている。

翌二七年は日清戦争よって多忙を極め、

是歳日清戦役アリ諸製品ノ需要急ヲ要セリ因テ職工ヲ増シ工場及機械ヲ増設シ就業時間ヲ伸ハシ殆ト昼夜兼行ヲナスナニ至レリ

とあり[39]、武器の製造に追われている。

二八年には「大阪市水道用鉄管鋳造ノ工事完成ス[40]」と水道管の鋳造を行うようになっている。

二九年は日清戦争には十分な武器生産体制がなかったとして、火砲・砲架・弾丸・火具製造所が増築または改築された。

三〇年には「試製鋼銅十二珊米速射砲試験成績概子善良ナリシ[41]」とあるように、鋼銅砲が造られている。

以上のことからすると、兵器生産に力が入れられているが、鉄製大砲の鋳造は明治一九年頃である。職員をヨーロッパに派遣して技術修得に努め、更に外国から技師を招聘し、外国産の鉄を用いて鋳造した状況である。溶解炉が反射炉であり、規模は大きくなっているが、溶解方法は幕末期とあまり変わっていない。原料鉄に関しては、二〇年代になると国内産、とりわけ釜石の鉄を用いる動きが強まり、それを使用して鋳造が行われるようになっている。

佐賀藩は幕末期に反射炉で鉄製大砲を鋳造したが、この技術との連動性は見られない。原料においても明治三年の時点では「銅ハ総テ内国産ヲ用イタリ」[42]と国内産であったが、「銑鉄、弾翼ノ金属、亜鉛鈑ノ如キハ皆之ヲ外国産ニ仰ケリ」[43]と銑鉄、亜鉛などは外国産に依存しており、外国依存の体制が基本になっている。しかし、国内産を用いる努力は続けられていた。これについて明治二五年頃に書かれた『釜石製鉄概略』によってみれば、以下のようである。明治一三年に釜石の鉄一〇〇トン以上が「弾丸並ニ諸器械ヲ鋳造」[44]するために試用されているが、

其質頑硬ニシテ本邦鍋銑ノ如ク毫モ鑢鑿鋳造ノ工事ヲ施スコト能ハス只鋳造ヲ要セサル大重量ノ諸機械ノミニ使用シ得ヘシ

とあり[45]、釜石の鉄は弾丸や諸器械の製造には適していなかったことが記されている。

「兵器ノ独立ハ国ノ独立」[46]、「兵器ノ製造ニ其材料ヲ内地ニ資ルハ兵ノ原則」[47]と兵器の生産は国の独立にかかわることであり、現材料は国内産を用いるべきという視点で対応しているが、国内産のものは「其質粗糙ニシテ之カ用ニ耐フルナシ」[48]として、当時最良の国内産の鉄とみなされていた釜石の鉄を用いたが、これを用いて弾丸や諸器械は鋳造できなかった。

4　坩堝・反射炉での鋳造

明治二二年七月に釜石鉄に過酸化マンガンを用いて坩堝で再鋳精練を試みた。「同年七月ニ至ツテ稍其ノ結果ヲ得タリ」[49]と一応の結果が得られた。これはマンガンを加えたことで鉄の変態温度が低下し、坩堝によって溶融が進んだことによるものであった。「当廠ニ於ケル製鋼作業ノ創始ハ実ニ明治二十二年トス」[50]とあり、同工廠で最初の製鋼で

あった。

日本で鉄の溶解に耐える坩堝が製作されたのは明治一七年とされており、同年末には小口弾丸やその他の工具用鋼を製造するようになっていた。「二十一、二年頃に克式七・五珊米砲身を鋳造鍛製し大阪砲兵工廠に托して加工の上試射し好成績を得たり[51]」とあることから、大阪砲兵工廠の坩堝を用いて製鋼化した。

二二年七月の坩堝を用いた製鋼では、

其ノ金属ノ配合タル第一法雲州産白色銑ニ過酸化満俺若干ヲ加ヘタルモノ第二法山陰山陽両道ニ於ケル産出銑ニ釜石満俺鉄ヲ加ヘタルモノ第三法雲州白色銑ヲ「ピュドラージ」法ニ依テ海綿状ノ鋼ト為シ満俺鉄ヲ加ヘタルモノ

とあり[52]、三種類の配合で製鋼が試みられている。

この坩堝法で得た鋼は「鋼材試製ノ正鵠ヲ失ハサルモノト確認ス[53]」とあり、良質であった。

この結果に基づいて、小弾丸の鉄型に鋳入れし「効ヲ奏セリ[54]」と効果があったので、同年一一月に七センチと一〇センチの弾丸の鉄型に鋳入した。この場合も良い結果が出た。そこで「直チニ一歩ヲ進メテ火砲製造所ノ反射炉ヲ用ヒテ其ノ精練ニ従事シタリ[55]」とあり、反射炉を用いて精練することが試みられた。しかし、「坩堝並運転炉ノ試製ト大ニ其ノ趣ヲ異ニシ毫モ其ノ結果ヲ得ス[56]」と良好な結果が得られなかった。坩堝法では成功したが、反射炉では失敗している。この時の状況を次のように記している。

炉内銑鉄既ニ溶解ノ域ニ達スルトモ満俺山嶽ノ如ク依然トシテ突兀ノ状ヲ変セス

とあり[57]、鉄は十分に溶けていない。また、

炉内ノ材料溶解半途ニシテ炉ノ底ニ固着シ百方其ノ術ヲ尽スト雖モ遂ニ流動注出セサルコトアリ[58]

と、溶融半ばで炉底に固着して流れ出ないでいた。これらからすれば、反射炉での溶融は融解温度に達していないこ

とが窺われる。さらに「或ハ満俺ヲシテ稍々融解ニ至ラシムルモ銑鉄ニ精練ノ効を与ヘス[59]」が「毫モ健淬ノ状景ヲ見ス[60]」とよい結果を得ていない。

佐賀藩が反射炉によって鉄の融解を試みた折も、最初は同じような状況にあった。佐賀藩士の杉谷雍介が嘉永五（一八五二）年五月に起草したとされる佐賀藩反射炉の鋳造記では、嘉永三（一八五〇）年一二月一二日に第一次の鋳造が行われているが、その折は

成ラス、塡銑一千五百斤、其五分鎔解流動シ注口ヨリ出ル纔ニ五十斤計リ、余ハ粘シテ注口ヲ塞キ出デズ、五分ハ半鎔テ流動ト相隣ル事一間ニシテ止ミ、共ニ炉内ニ残存ス

とあり[61]、やはり十分に融解できていない。半分は融解し流動したが、注口から僅かに流れ出ただけであり、半分は半融けで炉内に滞留している。佐賀藩の場合、鉄は流動状況になっていたが、注口から流れ出ていない。大阪砲工廠の場合も似たような状況にあった。しかし佐賀の場合は、五月一四日の第七次の鋳造で「塡銑三千斤全ク溶解ス[62]」と、完全に溶けている。

佐賀藩は融けない原因を石見鉄山の鉄士に聞き、また、基本にしたヒュギューニンの蘭書を再度検討し、「火其度ヲ得サレハ鉄性変シテ「デーク」蒸餅母ノ義状トナル[63]」とあり、火力不足に原因があることが把握し、火力を高めて溶融に成功している。大阪砲工廠も「如期スルノ累月困倦亦タ極レリ精練其ノ局ニ当ル者或ハ云フ反射炉ノ精練恐クハ其ノ結果ヲ得ルニ至ラサラント[64]」と成功の見込みがないという雰囲気になっていたが、「勇ヲ鼓シ百方辛労遂ニ二十三年二月ヲ以テ精練其ノ目的ヲ達セリ[65]」とあり、二三年八月に溶融に成功している。外国技術師の招聘、ヨーロッパでの技術習得など、鋭意鉄の融解に努力しているが、反射炉での鉄融解はやはり困難を極めている。

二三年三月に鋳造に成功したが、その鉄も良質であった。

其ノ精練銑ヲ取テ二十八珊米堅鉄弾ヲ鋳造スルニ健淬其ノ度ニ適シ伊国「グレゴリニー」銑ヲ以テシタルモノト

毫モ異ルコトナシ

とあり[66]、イタリア産の鉄材で溶融されたものと遜色ないとしている。また、釜石鉄とグレゴリニー鉄によって製造した二四センチ砲弾丸を比較射撃した結果も「グレゴリニーニ優ルモノアリ」[67]とされるまでになっている。

この結果を受けて反射炉を弾丸製造所に築造し、各種の弾丸・大砲・砲車・機械を製造するようになったが、原料鉄は「悉ク精練釜石銑に資ラサルナシ」[68]と釜石銑を用いるようになり「輸入ノ道ヲ遮断ス」[69]と国内産で賄う体制がとられた。これは二五年九月の記述であり、その後外国産銑が使われていることは、二六年六月一八日の二八センチ榴弾砲の鋳造記録で「グレゴリニー銑新塊九三七五キログラム」[70]とあることからも窺えるが、釜石銑鉄が本格的に使われるのは二九年六月以降のようである。二六年八月一日以後に鋳造した大口径鋳造鉄砲の記録によれば、配合地金に関しては、二六年八月一日から二九年四月一八日に鋳造された九門は総てグレゴリニー新塊銑鉄である[71]。一方、二九年六月一日から三五年一二月二五日までは一六門の記録があるが、一門以外はすべて釜石銑であった[72]。これよりすれば、釜石産の鉄が主に用いられていることが窺われる。

釜石鉄が利用されるようになったのは、釜石製鉄所の製鉄技術の向上によるものであった。釜石製鉄所では高炉の熱源に二七年八月からコークスを使用し、それによって生産量を伸ばした[73]。この発展には野呂景義の製鋼技術に関する提言が貢献している[74]。コークス炉による生産体制の進展が大阪砲兵工廠の大砲鋳造を支えるようになっていたのである。しかしながら、釜石製鉄所でのコークス炉以前の釜石鉄を反射炉を用いて大砲鋳造を行い、その質がグレゴリニー鉄に劣らないまでに至らしめた砲兵工廠の努力は大きかった。

5　シーメンス・マルチン炉の築造

イギリスのシーメンス兄弟が一八六〇年に、フランスのマルタン親子が一八六五年に製作した平炉は、一種の反射炉であるが、高炉による銑鉄質の制約が少なくなったことからヨーロッパで多く採用されていた。大阪砲兵工廠では、平炉の設置が二二年八月で「シーメンマルチン式炉ノ小形ニシテ凡ソ二百五十吉瓦ヲ製穫セラルルモノヲ創設セリ(75)」とある。出雲・山陰・山陽の鉄を用いて坩堝法で融解した結果に基づいて行われたが、「坩堝試製作ノトキト大ニ其ノ趣ヲ異ニシ障礙百出(76)」と当初は成功していない。以後苦心惨憺の末に二五年三月に「始テ該炉使用ノ目的ヲ達シ(77)」とある。この過程については、明治二五年四月に発行された大蔵省の『鉄考』が参考になる。これには大阪砲兵工廠が「シーメンマルチン式製鋼シタル種類」と題する論稿がある。これによれば、以下のように製造過程が記されている。

原料として、一は出雲、二は山陰・山陽の鉄、三は攪拌法で得た出雲鉄の三種類が用いられたが、一は「延伸容易ニシテ挫折スルモノナシ(78)」であったが、製鋼に際しては「炉底ニ固着シテ注出ヲ妨クルコトアリ(79)」と完全に融解せず、炉底に溜まる弊害が出た。二、三の場合は「炉内ノ容積狭小ナルカ為メ製鋼変化ノ時期ニ至ツテ儘々等斎ナラサルコトアル(80)」とあり、炉内の容積が小さかったことが要因であると記している。

第二節　『鉄考』における鉄鋼論議

釜石鉄工所の鉄を用いることが意識的に追求されているが、これらは鉄鋼産業の推進論が高まってきたことの反映でもあった。大蔵省が明治二五年四月に刊行した『鉄考』によりながら当時の論調を検討しておこう。「鉄ニ関スル論説計表ノ類ヲ集輯シ名付ケテ鉄考ト曰フ鉄ニ係ル経済上ノ参考書ト言ヘル義ナリ」として刊行している。二二篇の論稿が収録されているが、農商務が四篇、大阪砲兵工廠が三篇あり、釜石製鉄に関して加藤泰久と野呂景義の論稿がある。

このなかに有島武の論稿「鉄鋼ノ必要」がある。東洋に対して勢力を伸ばしてきた西洋に対しては、海防体制を強める必要があるが「軍艦銃砲ノ如キハ恆ニ之ヲ外国ニ仰キ以テ外人ノ左右スルニ一任ス是豈独立国ノ本体ナランヤ[81]」と述べて、日本は長足に文武が伸びたのに軍艦銃砲は輸入に頼っており、独立国の体をなしていないとしている。このために「軍艦銃砲ノ母富国強兵ノ本タル製鉄事業ヲ大ニ振興スル[82]」必要があるとしている。列強の発展をみれば「蒸気機関ノ発明以来船舶鉄道諸般ノ機械益々盛大ヲ極メ弥々進テ鉄ノ用ヲ拡ムル[83]」状況において勢力を拡大したのは「鉄業ノ力興リテ多キニ居ル是レ所謂製鉄事業ノ富国強兵ノ本タル所以ナリ[84]」と、富国強兵の視点から製鉄事業を盛んにすることを提唱し、国費の投入を惜しんではならないと説いている。

過去三年間の鉄の輸入額をあげ、それが増加していることを指摘し、これは金銀の流出であるので、製鉄所を設立すれば、直接的には金銀流出の防止と工業振興の二つの利益があり、間接的には、製鉄事業への経験蓄積、労働需要の高まり、石炭需要の増加など九つの利益が得られると記している。国家経済の視点からすれば、製鉄事業は「国家経倫ノ最モ先ニスヘキモノニシテ目下之ヲ置キテ他ニ富強ヲ得ルノ策ナカルヘシ[85]」と国家計画では最優先のものであると説き、これを外国人に委ねれば「印度阿弗利加諸州ノ覆轍ヲ履ミ我土地ハ彼ノ利益田ト化シ去ラン[86]」とインドなどのような国になるとしている。製鉄は個人では行えないので、国が行うべきとしている。

列強のアジアへの侵攻が強まり、明治一〇（一八七七）年にはイギリスのヴィクトリア王がインド皇帝に就き、明治一六（一八八三）年にはフランスがヴェトナムを保護国にし、明治二一（一八八八）年にはチベットにイギリス軍が侵攻するなど、西洋列強が植民地獲得に積極的になっていた。また日本においても、朝鮮をめぐって清国との対立が深まってきた。

このような国際状況に対して、日本は軍を強化する政策をとり、軍事費を増加し、製鉄業の振興が唱えられるようになった。

『鉄考』には添田寿一の「製鉄所ノ設立ハ急務ナリ」と題した論稿がある。そのなかで「目下我国ニ官立ノ製鉄所ヲ設クルハ極メテ緊要ニシテ」(87)と官営製鉄所を設立することが急務としている。その理由を戦時と平時の状況について述べている。

第一　戦時ニ在テ外国ヨリ鉄類ノ輸入ヲ途絶セラル、モ尚ホ軍艦兵器ニ差支ヲ生セシメサルコト

と、(88)戦時になれば鉄類の輸入が途絶え、軍艦兵器に支障が出ると指摘する。製鉄所ができれば、平時では鉄の輸入が減少して貿易上の損失が少なくなり、鉄の国内産で価格が下がり、機械工業が振興し、雇用が増加すると説く。そして肝要なのは第一の戦時対策であるとし、「今日ノ軍備ハ総テ機械ニ依頼セサルヘカラス然リ而テ機械ノ材料ハ鉄ニ外ナラサルカ故ニ軍備上製鉄ノ必要ナル勿論ナリ」(89)と軍備の視点を基軸に述べている。そして製鉄事業を興さない場合の弊害を四点あげている。その一つは、

現在及ヒ製造中ニ係ル艦船ノ軍用ニ堪ヘキモノヘ噸数五万九千余ナルモ我カ海軍ヲシテ其効用ヲ全カラシメント欲セハ到底之ヲ増加シテ少ナクモ今日ノ倍数ニ達セシメサルラト雖トモ若シ今日ニ於テ万一鉄類ノ供給ノ途絶エナハ我カ軍備ハ殆ト不具不備ノ侭ヲ以テ終ルヘシ

と説く。(90)建造中の艦船に五万数千トンを使っているが、海軍力を増強する上ではその鉄が必要であり、輸入が途絶えたら軍備が整わないとしている。海軍力と軍備の増強が主点になっている。

二つは、鉄の輸入の途絶がないとした場合でも、多額の支払いが必要であるとして、次のように述べている。

多分ノ硬貨ハ外国ニ流出スヘクシテ例ヘハ明治四年以来海軍用品ノ為メ外国ニ払ヒ渡シタル千弐百万円余ヲ除キ一六年ニハ百五拾七万円余ナリシモ二十一年ニハ六百万円トナリシカ如ク年々増加シテ止マサル輸入鉄類ハ我カ貿易上ノ不利ヲシテ益々甚シカラシメ且ツ外国鉄ヲシテ専売価格（モノポレー、プライス）ヲ擅ニセシムルノミナラス之ヲシテ不良高価ナラシメ以テ工業上機械ノ使用随テ我カ国生産ノ発達ニ妨害ヲ加フヘキナリ

とある[91]。明治四年以来海軍用費として外国に支払った一二〇〇余万円を除いても、一六年が一五七余万円であったのが、二一年には六〇〇余万円で、年々増加し、貿易上で不利な状況にあるとして、高価な外国鉄を買わざるを得ないとしている。

三つは、国内鉄工業との関連で述べている。

内国鉄ハ今日ニテハ僅ニ刃物、鍋釜、鋤鍬製作用ノ如キ内国一部ノ需要ニ応シツ、アルモ早晩外品ニ圧倒セラレ独リ鉄鉱ヲシテ埋没セシメ天物ヲ暴殄スルノミナラス今日スラ平均百万貫ノ銑鉄ヲ産出スル官行鉱山トニ百五十万萬貫ヲ産出スル民業鉱山トヲシテ遂ニハ廃業スルヨリ外ナキニ至ラシメ之ニ関係セル多数ノ国民ハ産ヲ倒シ業ヲ失フノ惨状ニ陥ランモ未タ知ルヘカラス

とある[92]。国内では官業で一〇〇万貫、民業で一五〇万貫を産出しているが、製鉄業が興こらなければ外国鉄に押され、鉄業は廃業となり、惨状に陥るとしている。

四つは、模範的な製鉄所があれば、「発達スヘキ製鉄所モ決シテ其起立ヲ見ルノ望ナカルヘシ[93]」と他の製鉄所も設立される見込みが持てるとし、軍備拡張と国内鉄工業との関連で述べられている。ここでも西洋列強の軍備拡張が意識され、国家の発展をはかるためには製鉄業の新興が必要なことを強調している。この視点をさらに展開しているのが、小花冬吉の「製鉄所建設論」である。国家間の関係が複雑になっているが、各国が目指しているのは「国ノ独立ヲ保持セン」ことにありとし、次のように説いている。

是レ力メ唯一軍備拡張ノ策ヲ講スルノ外又他念ナキカ如シ然シテ其軍備ノ要素タル軍艦砲銃其他百般ノ兵器其物ノ材料ヲ視ルニ一モ鉄類ニ拠ルラサルハナシ又翻テ一国内文明ノ有様ヲ察スルニ運搬製造凡テ原(ママ)クトコロ同シク是鉄類ナラサルハナシ鉄ナクシテ軍備具ハラス鉄ナクシテ文明進マス何ヲ以テカ能ク之カ代用ヲ為サシムルヲ得ンヤ約言スレハ兵和共ニ鉄ナクンハ国トシテ一日モ列強ト対持(ママ)スル能ハサルヤ明ラカナリ

と[94]、軍艦砲銃は鉄に依存し、文明にも鉄が必要であり、鉄がなければ一日も列強と対峙できないとしている。この論調にたって、欧米諸国の銑鉄・鋼鉄の生産高、鉄道距離数、甲鉄艦数、造船数をあげ、イギリスだけでも一八八九年では銑鉄・鋼鉄で一一九〇余万トンの巨額に達しているとし、その上で、

本邦産鉄ノ実況ヲ視ルニ其数実ニ微々タルノミナラス多ク旧精煉法ニ依リ産出セシモノナルカ故ニ僅ニ農民作具ノ用ニ供スルノ外一モ現今ノ需要ニ応スヘキモノナシ是又実ニ皇国臣民ノ最モ痛歎スヘキコトナラスシテ何ソヤ

と[95]、日本の現状にふれて製鉄が旧方式で行われ、僅かに農具などの用途を賄うことができるに過ぎないとし、「最モ痛歎」すべき現状にあるとしている。そして官民業における鉄の産出高を明治二〇、二一年についてあげ、二〇年が一万三〇八七トン、二一年が一万六二六七トンに過ぎない現状にあることを示し、さらに一九年から二一年各年の鉄の輸入額とトン数をあげている。二二年では輸入トン数が八万五二九〇トン、輸入額が五一六万三六六五円になっている。「二十二年ノミニテ六百万円ノ巨額[96]」になっており、軍艦などの兵器の外国注文で年々「一千万円以上ノ巨額ヲシテ海外ヘ流出セシムルヤ明ラカナリ[97]」と一千万円以上の支出が必要とされるとしている。イタリアでも製鉄所の建設が進められており、日本でも推進すべきとし、この折の難点として、良質の鉱山が少なく、機械に熟達しておらず、建設後すぐに利益の見込みがないことがあげられているが、不足する鉄鉱石は輸入し、熟練工を招き、費用は国庫を支出とすることで進行できるとしている。製鉄所の建設場所では、運搬と石炭の面から考察すれば、

此二要点ヲ兼有スル場所ハ九州門司ノ近傍ヲ以テ最モ適当ノ位地ト云ハサルヲ得ス[98]

と、門司近隣をあげている。小花冬吉は二四年六月に「製鉄所設立計画書予算説明」を出しているが[99]、これよりすれば、製鉄建設を真剣に検討していることが窺われる。

製鉄所建設論議が高まるなかで、総合的で体系的に論じたのが野呂景義の「製鉄論」である。この野呂の論稿については色々と論じられてきたが[100]、ここでは製鉄所の必要性についての論調を検討しておこう。

夫レ鉄ハ工業ノ母護国ノ基礎ナリ製鉄ノ業起ラサレハ万業振ハス軍備整ハス此業ノ盛否ヲ視テ国運ノ如何ヲ知ルニ足ルトハ能ク人ノ確認スル所ナリ欧州諸国ノ如キ製鉄ヲ以テ各業ノ首座ニ置キ邦国ノ富強ヲ説クモノ先ツ指ヲ製鉄ノ業ニ屈ス

と鉄の重要性を工業と軍備の面から論じている。製鉄業の盛否で国運が知れ、欧州では各産業の首座においていると指摘し、続けて次のように論じる。(101)

近時我国ノ工業駸々トシテ隆盛ノ域ニ赴クニ似タリト雖モ独リ之カ根本タル鉱業ニ至テハ未タ然ラス故ニ余ハ疑フ現今我国工業ノ進歩ハ所謂表面ノ進歩ニアラサルナキカト是レ独リ工業ノミナラス法律ニ教育ニ我国諸般ノ文明ヘ往々枝葉ヨリ成ルアルヲ以テ或ハ目的ヲ達スルノ半途ニ於テ倒レ或ハ創意ヲ変シテ世人ノ譏ヲ免カレサルモノアリ那（ママ）ンソ知ラン幹ナクシテ枝葉ノ繁茂得テ望ムヘカラサルヲ

と指摘している。(102) 日本は隆盛しているようであるが、基本になる鉄業ではそうではない。それゆえ今の進歩は表面だけであり、枝葉の繁茂ではないかとしている。発展の基本ができていないとの認識である。さらに、

今我国ニ製鉄ノ業起ラサレハ我国財ノ外溢益甚シキニノミナラス諸工業上大ナル困難アリ唯困難アルノミナラス到底其業ヲ永続スルコト能ハサル場合アリ

と、(103) 製鉄業が振興しなければ諸産業は永続することはできないと、産業振興の視点で述べている。また、軍事の点では、次のように論じている。

一独立国トシテ製鉄所ノ設ケナカルヘカサル工事アリ是レ他ナシ兵器製造之ナリ現今国内ノ形勢ヲ見ルニ各国其国利ヲ謀ルト共ニ国防ニ忙シキコト猶ホ風下ノ火ヲ防クニ均シク表面ニ平和ヲ称ヘ現ニ兵ヲ交ヘサルモ其実戦時ニ異ナラス各国其軍備ノ優劣ヲ競ヒ武威ヲ示シ以テ勝ヲ未発ニ占ンコトヲ勉メ

と、(104) 兵器製造の点でも製鉄業が欠かせないとし、各国が軍備増強政策をとり、平和なようであるが、実態は戦時と異

ならず、軍備の優劣を競っているとしている。軍備増強が進められている現状からして、製鉄業の振興が欠かせないと説いている。

野呂は続けて、製鉄業がこれまであまり振興しなかった理由を四点あげ、製鉄業を盛んにした場合の利点を一〇項目にわたって述べている。

各論者ともに産業上でも軍備の点でも製鉄業の振興が欠かせないとしており、万国対峙が根幹になっている。幕末期の外患という民族的な危機意識からみれば大きな飛躍である。蚕糸業や綿業が発展し、武器製作でもある程度の水準に達したことからくる認識であるとすれば、万国対峙の視点は、西洋列強が推進している植民地獲得などの帝国主義政策を進めてゆくことになる。これは日清戦争によってすでに現れていた。

おわりに

明治初期から二〇年代にかけての鉄鋼業の展開を大阪砲兵工廠を基軸に検討してきた。幕末期の状況とその特徴を対比すれば、明治期においては積極的に西洋諸国の成果を摂取し、機械類の購入のみならず、技術習得のための人材派遣、外国人の雇用を推進している点が顕著な違いである。急速な近代化によって明治一九年頃には口径の大きい鉄製大砲の鋳造が可能な段階に達している。そして二〇年代半ばには釜石鉄を用いての大砲の鋳造を行い、国内製鉄業の技術的進展を促している。二〇年代後半期に製鉄所建設の論議が高まる背景には、このような技術面での発展があった。

幕末期の武器製造機器具が集められ、それを基に砲兵工廠が設立されたことにみられるように、幕末期の技術水準が明治以降の発展にある程度寄与したことを考慮しておく必要があるだろう。鎖国の体制下で鋭意西洋式武器の製作に努めた姿勢は、明治期にも継承されている。しかし、反射炉での鉄融解では、佐賀藩が苦労した過程を同じようにたどっている。この点からすれば、幕末の経験は必ずしも継承されているとはみなし難い。それは官営釜石製鉄所にみられた技術の欧化主義がもたらしたものであった。

明治期は万国対峙が基本視点であった。それは急速な近代化政策の推進、他方では軍事力の強化策となった。その拠点の一つが大阪砲兵工廠であった。この点からすれば、大阪砲兵工廠は日本近代化を象徴するものともみなすことができるだろう。万国対峙の政策のもとで製鉄業を振興させて行くことは、西洋列強が進めていた植民地獲得などの帝国主義体制の形成と対抗することであり、日本が帝国主義国としての過程を歩むものでもあった。

注

（1）日本鉄鋼史編纂会『日本鉄鋼史　明治篇』（五月書房、一九八一年）一五五～一五六頁、三枝博音・飯田賢一『日本近代製鉄技術発達史』（東洋経済新報社、一九五八年）九九～一〇五頁、吉田光邦「明治期の兵器工業」（京都大学「人文学報」第二、一九六八年）。

（2）久保在久編『大阪工廠ニ於ケル製鉄技術変遷史他―大阪砲兵工廠資料集上巻』（日本経済評論社、一九八七年、以下『資料集』と略）。大阪砲兵工廠については、三宅宏司『大阪砲兵工廠の研究』（思文閣出版、一九九三年）が詳細に論じている。または、同「明治期陸軍工廠における鉄工業」（岡田広吉編『たたらから近代製鉄へ――近代日本の技術と社会2』平凡社、一九九〇年）、佐藤昌一郎『陸軍工廠の研究』（八朔社、一九九九年）一〇五～一一七頁参照。

（3）『資料集』六頁。

（4）（5）同前一二七頁。

（6）同前一二一～一二三頁。

（7）同前一三～一四頁。

（8）同前一五頁。

（9）同前一二八頁。

(10) 同前一七頁。
(11) 同前一七〜一八頁。
(12)〜(19) 同前一八頁。
(20) 同前一九〜二〇頁。
(21) 同前二〇頁。
(22) 同前一二九頁。この頃の釜石製鉄所については、富士製鉄釜石製鉄所編『釜石製鉄七十年史』二三〜三八頁、前掲『日本鉄鋼史 明治篇』一一九〜一三八頁参照。
(23) 同前二〇頁。
(24) 同前三一頁。
(25) 同前二一頁。
(26)(27) 同前二二頁。
(28)(29) 同前二三頁。
(30) 同前二四頁。
(31) 同前一三〇頁。
(32)(33) 同前一三一頁。
(34) 日本科学史学会編『日本科学技術史体系 第二〇巻・採鉱冶金技術』(第一法規出版、一九六五年)一五〇〜一五一頁。
(35)(36) 『資料集』三一頁。
(37) 同前三二頁。
(38) 同前三四頁。
(39) 同前三六頁。
(40) 同前三七頁。
(41) 同前四〇頁。
(42) 同前七頁。
(43) 同前八頁。

(44)〜(48)　同前一二九頁。
(49)　同前一三一頁。
(50)　同前三〇一頁。
(51)　向井哲吉「我邦に於ける坩堝製鋼の発達」(前掲『日本科学技術史体系　第二〇巻・採鉱冶金技術』一五七頁)。なおルードウイヒ・ベック『技術的・文化的にみた鉄の歴史　第三巻第二分冊』(たたら書房、一九七五年)三〜一二頁参照。
(52)　『資料集』三〇一頁。
(53)　同前三〇二頁。
(54)　同前一三一頁。
(55)〜(58)　同前一三二頁。
(59)(60)　同前一三三頁。
(61)〜(63)　杉本勲・酒井泰治・向井晃編著『幕末軍事技術の軌跡――佐賀藩史料　松乃落葉』(思文閣出版、一九八七年)六〇頁。
(64)〜(66)　『資料集』一三三頁。
(67)〜(69)　同前一三四頁。
(70)　同前二二四頁。
(71)　同前二二五〜二二六頁。
(72)　同前二二六〜二二七頁。
(73)　三枝・飯田前掲書九六、一七〇頁。
(74)　野呂景義「釜石鉄山近況視察一般」(大蔵省『鉄考』一八九二年所収)、前掲『日本科学技術史体系　第二〇巻・採鉱冶金技術』一五一〜一五二頁。前掲『釜石製鉄所七一年史』四九〜五〇頁参照。
(75)(76)　『資料集』三〇二頁。
(77)　同前三〇四頁。
(78)〜(80)　前掲『鉄考』二〇二頁。
(81)　同前二頁。

(82)〜(84)　同前三頁。
(85)　同前六〜七頁。
(86)　同前七頁。
(87)(88)　同前一七頁。
(89)　同一八頁。
(90)(91)　同前二〇頁。
(92)　同前二一〜二二頁。
(93)　同前二二頁。
(94)　同前二五頁。
(95)　同前三三頁。
(96)(97)　同前三八頁。
(98)　同前四一頁。
(99)　同前五五〜九一頁。
(100)　前掲『日本科学技術史体系　第二〇巻採鉱冶金技術』一六〇頁。
(101)(102)　前掲『鉄考』二〇七頁。
(103)　同前二〇八頁。
(104)　同前二〇九〜二一〇頁。

第2章　製鉄事業の調査委員会と製鉄所建設構想

長島　修

はじめに

官営製鉄所構想は、一八九一年第二回、九二年第三回帝国議会に海軍省所管製鋼所案として上程されたが、民党の強い反対によって、議会を通過することなく挫折した。第三議会における貴族院の決議を受けて「製鋼事業調査委員会」が設立され、「軍用ノミナラズ汎ク国家ノ需用ニ応ズル」農商務省所管の官営製鉄所が議決された。しかし、その後「臨時製鉄事業調査委員会」、「製鉄事業調査会」[1]によって、調査が進められ、最終的には一八九六年三月、官制が発布されて官営官設の製鉄所が成立したのである。本稿は、製鋼事業調査委員会によって、議決された内容が、その後の二つの委員会のなかでどのように議論され、官制発布にいたったかを検討しようとするものである。

本章は、一八九三年四月から官制発布までの製鉄所設立に関わって、政府内に設置された二つの調査会の活動を中心にその内容を紹介しつつ、官制発布に基づいた製鉄所構想の意味について、考察することが課題である。すでに、この調査会設立の経過と議題については、三枝博音・飯田賢一編『日本近代製鉄技術発達史』(東洋経済新報社、一九五七年五月)において、いくつかの論点に関連して詳細な検討がなされている。しかし、そのなかでどのような議論がなされたのかを全般的に考察していない。同書は、製鉄所文書を駆使して、製鉄所の成立過程を明らかにした古典的著作であるが、その関心が技術的問題に傾斜していることから、委員会の議論全般に言及しなかった。製鉄所設立の技術的な面でのブレーンとなった野呂景義[2]の基本線が貫かれていたことを考えれば、調査会に関する記述の比重を落とさざるを得ず、調査会そのものの議論の内容にまで立ち入る余裕がなかったことは推測にかたくない。

その後、通産省によって編纂され、大橋周治氏によって執筆された通産省編『商工政策史』第一七巻(商工政策史刊行会、一九七〇年三月)でも、民設への変化について言及しているが、三枝・飯田編著の域を出るものにはなっていない。

官営製鉄所の研究について、一次資料を駆使した佐藤昌一郎氏の研究[3]でもこの二つの調査会については、ほとんど考察の対象になっていない。民設論は「根の弱い」ものとして海軍省所管製鋼所案から直接製鉄所設立へと進んでいる。また、筆者は、『戦前日本鉄鋼業の構造分析』(ミネルヴァ書房、一九八七年二月)、第二章「官営製鉄所論」において、海軍省所管製鋼所案について検討したが、三枝・飯田の線を踏襲して、この二つの調査会を軽視していた。

このように、筆者も含めて、従来の研究では、この二つの調査会については、十分な検討がなされていなかったのである。しかし、二つの調査会で、どのような議論が展開されたのかを考察しておくことは、官制発布で構想された官営製鉄所の性格を知る上で、意義のあることである。本来は、海軍省所管製鋼所案[4]の検討から説き起こすべきであるが、基本線は拙著で明らかにしている[5]。さらなる考察は、別稿[6]でとりあげ、本稿では、主に二つの調査会の議論を中心に検討することにする。

第一節　臨時製鉄事業調査委員会の議論

1　臨時製鉄事業調査委員会の成立と委員の構成

〈臨時製鉄事業調査委員会の成立〉

臨時製鉄事業調査委員会は、製鋼事業調査委員会によって、海軍省所管から農商務省所管製鉄所へと所管が変更され、製鉄所建設の具体化が目前に迫ったのを受けて、各種調査を行うために設立された。臨時製鉄事業調査局を設置して、内国調査については製鉄原料調査、銑鉄鋼鉄の試製、設立地の調査、外国調査については、技術調査、製鉄所組織の調査、職員職工の養成監督に関する調査、各国製鉄事業および需給状況調査などを、目的に二万四九六三円三二銭が議会で可決された。この金額は、調査を遂行する上で不十分な金額であったが、議会の状況から考えると、仕方がなかったのかも知れない。この程度でも調査を継続することが可能となったことを、むしろ評価するべきであろう。

〈委員の構成〉

臨時製鉄事業調査委員会の委員の人数と構成は、これまでの製鋼事業調査委員会とも、その後の製鉄事業調査会ともかなり異なった特色ある構成であった（表2－1参照）。しかし、この構成は、当初から予定されていたものではない。一八九二年一一月に作成された農商務省所管経費予算書（明治二六年度、一八九二年一一月）では、製鉄所調査委員八人の報酬一二〇〇円が計上されているにすぎない。つまり、当初計画とは異なって、委員は大きくふくらんだ形になったのである。(7) いずれにしてもその構成は、その後のものとも、またこれ以前の製鋼事業調査委員会とも異

表2－1　臨時製鉄事業調査委員会

	委員氏名	役職，出身，職業	第一回 6月24日	第二回 9月21日
委員長	金子堅太郎	農商務次官		
委員長	斉藤修一郎	農商務次官，委員長	○	○
	高橋仲次	農商務省鉱山局長	○	○
*	野呂景義	農商務技師，工科大学教授，工学博士	○	○
	大塚専一	農商務技師	○	○
	山際永吾	農商務技師	○	○
	高山甚太郎	農商務技師，工学博士		○
*	原田宗助	海軍大技監		○
*	内藤政共	海軍大技士，子爵		○
*	牧野毅	陸軍少将		○
	仙石貢	鉄道庁技師，工学博士		○
	黒田長成	従4位，侯爵		×
	由利公正	子爵		○
	小沢武雄	貴族院議員，元参謀本部長		○
	菊池武臣			○
*	和田維四郎	後製鉄所長官，元鉱山局長		○
	柏田盛文	衆議院議員，鹿児島県出身		×
	島田三郎	衆議院議員		
*	長谷川芳之助	工学博士，三菱社員		○
	波多野傳三郎	衆議院議員，実業家，石油会社		○
	和田彦次郎	衆議院議員，国民協会を組織		○
	栗原亮一	衆議院議員，立憲政友会，東雲新聞刊行後藤の外遊に随行		○
	小林楠雄	衆議院議員，自由党，東雲新聞刊行		○
	井上角五郎	衆議院議員，北海道炭鉱汽船（株）		○
	千葉胤昌	衆議院議員，宮城県出身，無所属		○
	加賀美嘉兵衛	衆議院議員，山梨県出身，実業同志倶楽部		○
	浅香克孝	衆議院議員，東京府郡部選出		○
	田部長右衛門	島根県砂鉄業者		○
	小室信夫	貴族院議員，実業家		○

出典：『臨時製鉄事業調査委員会議事録』，『製鉄所沿革史』.
衆議院，参議院『議会制度70年史』衆議院議員名鑑（大蔵省印刷局 1962年12月）.
「製鋼事業調査委員復申書」（伊藤博文「秘書類纂 14 実業工業資料」原書房 1970年2月復刻）.
臼井勝美，高村直助，鳥海靖，由井正臣『日本近現代人名辞典』吉川弘文館，2001年7月.

注：①*は，製鋼事業調査委員会委員.
②各回の委員の正式メンバーについてはわからない.
③○は出席メンバー，×は欠席。空覧は，当該時点で委員会メンバーではなかったことをさす.

なったものになった。

第一に、委員長が農商務次官であることである。これまでの製鋼事業調査委員会においても、次官クラスが委員長になっていない。ところが臨時製鉄事業調査委員会は、農商務次官を長として、農商務省が主導権をとって開かれていることである。

第二に、製鋼事業調査委員会が陸・海軍、製鉄技術専門家によって構成されていたのに対して、臨時製鉄事業調査委員会は、政府委員に、鉄道庁から仙石貢が出ていることである。このことは、鉄道庁の利害を製鉄所建設計画に反映させようとする意思を示している。

第三に、第二回の開催以降、衆議院議員、貴族院議員を大量に委員会のメンバーに入れていることである。既述のごとく、委員数は、当初の予定を大幅に超える規模に拡大したのである。初期議会における民党と政府の対立が厳しくなり、議会の運営そのものに大きな問題が生じてきたことが背景にある。海軍省所管製鋼所案もまた議会の予算承認を得なければ一歩も進めることができなかったという新たな状況のなかで、とられた施策であった。

初期議会においては、「政府」と議会の多数を占める「民党」との間の解消しがたい対立は、第四議会において頂点に達していた。民力休養を求める民党勢力と政府の軍拡政策との対立に対して、一八九三年二月、天皇自らが製艦費の補足として三〇万円を拠出し、かつ官吏の俸給の供出を命じる詔勅、所謂「和協の詔勅」が出された。それは、天皇の詔勅による、政府と議会の同調を求めたものであった(8)。同時に、それは、議会側に政府への発言権を保証するものでもあった。国務に関する詔勅のため、閣僚が副署したもので、政治的責任は閣僚が負うものであった。また、民党は、政権参入への足がかりを得るという性格のものでもあった(9)。

製鉄所建設という国家的な課題を論議する場で、衆議院議員を大量に入れた調査委員会はこうしたことが背景にあった。

〈後藤象二郎の民設論〉

民設論への転換は、後藤象二郎農商務大臣のイニシアチブで実行された。製鉄所を民設にするか官設にするかは、歴史的には工部省の釜石鉱山の失敗以来様々なかたちで議論が繰り広げられてきた[10]。しかし、今回はそれが、閣議決定にまでいたって、政策的な基調として確立されたということである。以下の叙述は、この問題を歴史的にどのように考えるかという観点から展開する。

一八九三年六月一九日、後藤によって、閣議に申請された製鉄所民設案「製鉄所設立ノ方針ニ関スル件[11]」は、同年七月五日閣議決定になった[12]。このなかでは、次の語句があることを注目したい。「前日閣議ノ官設ニ議定セラレタルハ、政府ヨリ充分ノ補助ヲ与フルモ尚且委任者ニ其ノ人ヲ得難カラントノ趣旨ニ出タルニ外ナラザル儀ニ有之候[13]」。このことは六月一九日の前日一八日の閣議では、製鉄所は官設で行くことを決定したことになる。つまり、後藤の提案によってそれが覆されたことになるのである。後藤は同文書の中で、「製鉄所ヲ設立シテ其ノ需用ヲ充シ、以テ外国ノ輸入ヲ防ガント計画スルノ有資家アルノ事実ハ、本大臣ノ聞知スル所」であると述べて、製鉄所建設の民間側の対応が整っていることを強調している。後藤の提案は、政府による利子補給と製品の官庁による買い取りという政策によって、民間からの製鉄所建設計画をバックアップするというものであった。

閣議決定になった正式の文章は下記のものであり、その理由については明らかにしていない。

本年度本省経費中ニ製鉄調査費ヲ設ケラレ候ニ付テハ目下本大臣ハ将ニ其委員ヲ薦奏シ調査ノ事務ヲ完了セシメントスルニ際シ右製鉄所ハ之ヲ官設トス可キカ将タ民設ト為ス可キカ其方針如何ハ大ニ事業ノ消長経済ノ得喪ニ関係ヲ及ホス可キニ付更ニ遂考量候処之ヲ民設トスルノ正当ニシテ殊ニ得策ナルコトヲ確認致候（請議「製鉄所

設立ノ方針ニ関スル件ヲ定ム[14]」）

後藤が「遂考量」した結果、後藤が閣議に申請して決定したことになっている。この決定については、陸海軍大臣が抗議したり、異論を差し挟んだという事実を確認することはできない。しかし、陸海軍の中枢部分の人々が、これを歓迎していたかどうかは以下でも述べるように、疑問である。

臨時製鉄事業調査委員会でもこの民設論への変更については、当然のことながら議論になっている。後藤象二郎の答弁は以下の通りである。

政府ノ意思ハ此製鋼所ト云フモノハ、全ク民業ニ致シテ然ルベキト決定ヲ致シテ居ル、其故ハ……第一ニ段々取調ベタ上ニ就イテ政府ニ於テモ尚ホ考察ヲ致シタ所ニ於キマシテハ、此事業タルヤドウセ営業的ノコトデナケレバ立チマセヌ、ソレハ何故カト申スニ就イテ、或ハ政府ノ海軍陸軍等ノ必要カラ始メテ、即チ官ニ於テ為スベキモノニ必要ナル材料ガ多イカ、又多分此鉄材ト云フモノガ一般ノ政府以外ノ社会ニ於テ要スルモノガ多イカト、斯ウ申シテ見ルト、何分今日ノ所ハ官ヨリハ社会ニ於テ消費スルモノガ多分ニアリマス、殊ニ物ノ創設ニモ係ツテ居リマスルカラ、今日ノ先ヅ政府ノ財政ノ都合カラ積ツテ見マスルニ、何ウモ政府ニ於テ其等モ致シ兼ヌル訳デアリ、殊ニドウセ営利的ノモノデアルノデスカラ、民業ニ移スベキガ至当ノモノデアル、又或ル一ノ理由ニハ詰リ此事業ガ起ツテ追々発達スルニ従ツテハ外国ト即チ競争スルト云フコトノ事情ヲ持チマスル、又政府ニ於テ之ヲ官業ニ致シテ、彼ノ競争ノ場ニ立ツテ致スト云フコトハ、官業ノ為シ方ニ依ツテハ中々是ト競争スルコトハ出来マセヌ、ソレデ政府ニ於テ今日決定致シテ居ル所ハ、即チ是ハ民業ニ移スベキモノデアルト斯ウ決定致シテ居リマス[15]

この答弁に見られるように、後藤は主に三つの理由をあげている。

①鉄鋼需要の内訳が陸海軍より、社会的な需要が多いことである。つまり、社会的にみて陸海軍など官需よりそれ

以外の国民経済的需要が多いから、官需のための官設ということはふさわしくないということになる。

②製鉄所は、営利的事業であるから、官設でやるよりも民設でやるほうがふさわしいということになる。製鉄所の事業が、市場競争のなかで展開されることになるということになるから、これを官業でやるとすると競争という場面では、むしろ問題をもっている。特に、輸入鋼材との競争という局面が出てきたときには、官業で行うことの問題は大きい。工部省が官業で行った事業がほとんど失敗に帰していたという背景をみれば、官業の非能率や問題点は、後藤の政治的意図を割り引くとしても説得的である。

③政府がすべて負担して事業を行うということについては、財政的に負担が多く堪えられない。政府の財政事情に規定されるという側面である。

委員会における民設論に対する後藤の論拠は、以上の点であろう。①の需要からみると、客観的にみてその通りである。[16] ②については、営利的事業になるかどうかはわからないが、営利を無視するとすれば、財政との矛盾を招来するからその主張は当然である。

これに対して衆議院議員で、委員会メンバーに推挙された波多野傳三郎が後藤に食い下がっている。波多野は、いつ閣議決定したのか明らかにするように後藤につめよっているが、後藤の返事は、以下のように全く要領を得ない回答になっている。

「決定致シタト云フコトハ一向日ハ申サヌデ、尚ホ此御尋ニ就イテ内閣ニ於テモ評議ヲ致シ、然ウシテ今日御答ヲ致スノデ、詰リ何時頃ニ是ガ決定シタ、何時ハ決定シナイト云フコトハ御答ハ出来マセヌ……」[17]

「此製鉄所ノ調ニ就イテノ委員会デアリマスカラ、ソレデ尚ホ官設ニスルカ民設ニスルカト云フコトノ問題ニ就イテ、委員ニ殊更ニ此御相談ヲ申ス訳ジヤナイデス、政府ノ意思ヲ御尋ネニナルカラ、政府ノ意思ヲ御答申ス訳デアッテ、固ヨリ是ガ官設ニスベキモノカ、民設ニスベキモノカト云フ筋ノ御調ベニナルト云フ此委員会ノ性質ジアアリマセヌ、只御尋ネガアルニ依ツテ御答申スノデアリマス」[18]

この後藤の答弁は、民設を決定した日付についても明らかにしようとしていない。また、この委員会は、官設・民設を議論する場ではなく、製鉄所に関する調査をする場である、政府の決めたことについて、とやかく議論する場ではないと主張しているのである。後藤の答弁がどうしても歯切れが悪く、何故民設決定の日付までも衆議院議員に隠そうとしたのか、何らかの政治的意図が隠されているのか、現在のところ不明である。しかし、官設・民設について、この委員会で議論させないようにもっていこうとしていることは確かである。おそらく民間の会社設立運動がかなり具体化していたことが背景にあるのであろう[19]。

〈民間の製鉄所建設計画〉

民設論の背景には、一八九三年夏頃、いくつかの製鉄所設立運動が官民一体で繰り広げられていたという事情があった[20]。大体三つのグループが製鉄所設立に関わっていた。一つは、大倉喜八郎、梅浦精一[21]、渡邊治右衛門、大江卓のグループ、一つは雨宮敬二郎、高島嘉右衛門、小野金六、もう一つは大坂の資本家グループに属するものであった。

大倉グループは、五〇〇万円の資本金によって設立し、年五朱の利子補給を求めていた。一二五万円ずつ分割払込みによって資金調達しようとした[22]。

雨宮グループは資本金一五〇〇万円で馬関地方に一大精錬所を建設する計画であった。その黒幕は、後藤象二郎、斉藤修一郎（農商務次官、臨時製鉄事業調査委員会議長）であることを「公言」[23]していたと言われる。このグループの構想は、小規模のものを建設しても利益が少なくなってしまうということから大規模な構想をたてたのである[24]。雨宮は、北海道における炭鉱の販売先として、製鉄事業を興すことを構想した。そして、この事業構想は、日本全国の鉄鉱石を一手に買い取り、政府からの利子補給を得て製鉄事業を行おうとするものであった[25]。

この二つのグループは、臨時製鉄事業調査委員会の議論を考慮に入れながら、一方に偏することを避け、将来の発達を促すためにも両グループの発起委員が協議を行い、調整作業も行われたようである。[26] 製鉄事業は困難な事業であり、国家的なものであること、私設鉄道に用いる軌条輸入高が大きく、それを防止する必要があること、利益は薄いので補助を必要とすること、両者の技師は共通の人間であることなど、両者の認識や構想はかなり似ていたのである。しかし、両者にはその思惑にかなり違いがあるようであり、利害得失の調整は困難であった。大倉らは、会社設立を望むというよりは、設立までの原料の売り込み、建築を請け負いたいという思惑が働いており、雨宮は、北海道の石炭を売却するために会社設立に奔走しているという事情も指摘されている。また、発起人には株式の発行と売却によるプレミアム稼ぎをねらっているものもいた。[27]

大倉グループは、小室信夫を関西に派遣して関西の有力者（住友、鴻池、藤田、松本重太郎など）に働きかけ、製鉄事業への参加を呼びかけたのである。[28] 大坂における小室信夫の勧誘工作については『大坂朝日新聞』（一八九三年九月六日）、『時事新報』（一八九三年八月二二日）にも掲載されている。この勧誘工作には、和田維四郎、松方正義も同席し、製鉄事業は国家的な必要性があることを述べたといわれる。[29] 和田は、日本に製鉄原料は十分にあり、品質も良いことを説明し、松方は、軍備の拡張、鉄道の延長のために製鉄原料を海外に頼っている現状を打破してゆくことによって経済力の発達をはかることを強調した。来会した実業家たちは、一二年間四％の利子補給が約束されれば引き受けるとの合意に達したのである。大坂、東京で三分の一ずつ引き受け、残りを広く公募することに決まったといわれる。小室信夫は、大坂ばかりでなく、京都、滋賀などにも出資を募るためにまわった。八月二二日には、横浜の実業家である平沼、茂木、原、小野などにも呼びかけ、かれらも事業には賛成であるが熟考の上回答すると答えたのである。[30]

ここで注目すべきは、八月二二日の席には野呂景義も出席していたことである。[31] このことは、この計画の技術的なアドバイザーとして野呂がいたことが明らかである。野呂は、両方の計画の技術的なアドバイザーとなっていたようである。[32]

以上のように考察してみると、これは単に民間企業家が、製鉄計画を行ったものではなく、後藤象二郎や農商務次官であった斉藤修一郎なども関わっており、官民が協力した構想であったと推測される。しかし、三枝・飯田が主張するように、雨宮、大倉二つの派閥間の「政治的抗争」が激化してくるなか、後藤、斉藤が取引所問題の贈収賄容疑で辞任し、結局のところこの一八九三年の製鉄会社計画も挫折した。

なお、委員の井上角五郎は、臨時製鉄事業調査委員会に次のような意見を提出していた。

一、製鉄事業は我が国今後の一大富源たるべきものなれば速かに着手すべきこと。
二、官業は全く海陸軍備に必要なるもののみに限り、他面大いに民業を奨励すべきこと。
三、民業を保護奨励する方法を立て、製造頓数に対し幾許かの補給を為し、且、其の補給額は頓数多きに随ひ累進するものたるべきこと。[33]

これは、官業を否定するものではなく、官業は軍需のみに特化し、民業を奨励する保護措置をとるように求めるものであった。

飯田・三枝によれば、こうした民設論の背景には、第一に鉄鋼需要の増加、第二に企業の収益性、第三に製鋼事業調査委員会による国内鉄鉱資源の調査結果、があった。[34] 第一、第三の点については、首肯しうる。第二の収益性について、釜石の例をあげているが、当時の釜石が安定的に収益性を確保するところまでいたっていたのかは疑問である。

筆者は、第四の条件として輸入鉄鋼価格の持続的値上がりが始まっていた点を指摘したい。価格条件が急速に好転していたという事情があったのである。一八八〇年代輸入鉄価格は漸落ないし停滞気味であったが、一八八九年頃から価格は急速に回復しつつあった。また、一方では鉄道敷設法による鉄道の拡張が始まったという事情が、背景にあった。

〈陸軍の反対〉

陸軍から出ていた大阪砲兵工廠提理牧野毅は民設に反対し、次のように述べて官設を強く要求した。

其方針ヲ御極メニナルニハ私ハ無論官立ト云フコトニ御極メニナッテ、サウシテ調査ヲドン／＼運バセルコトヲ希望スル訳デアリマス、何故之ヲ官立ニシナケレバナラヌカト云フニ、此ノ如キ新事業ハ特別ノ保護デモ御與ヘニナリマシタラ私立ニ起ルカハ存シマセヌケレトモ、ドノ様ニ此試験ヲ詳シクシテ間違ヒナシニ出来ル事業ダト専門家ハ思ヒマシテモ、中々専門家ガ自分ノ金ヲ以テスル訳デハアリマセヌ、金ヲ出ス者ハ専門家ノ外ニ在ル訳デアリマスカラシテ、金持ヲ信シサセ、サウシテ保護ヲ與ヘズニ私立ニ此事業ヲ起サセルト云フコトハ抑モ六ケシイコトダラウト思ヒマス、保護ヲ與ヘテモ起サセルト云フコトノ点ニ就テハ、宜イコトモアリマセウケレトモソレニ就テ段々幣モ生レテ批難モ多イ、中々六ケシイコトデアルダラウト思ヒマス[35]

民間は、特別の保護でも与えない限り、製鉄会社を設立することはむずかしく、特別な保護政策を与えて誘導しても、そこに「弊害」が起こってくる可能性があることを指摘していたのである。出資者である資産家は、専門的な情報をもっていないのであるから、それを技術者に委託して事業を行うにすぎないとしている。

牧野は、製鋼事業調査委員会の調査結果をみて、日本で鋼を作ることは可能であり、技術的条件、資源的条件があることを前提にして述べているのである。鋼を製造する様々な試験結果なども参考にしながら、日本で技術的には、製鋼事業を起こす条件があることを認めているのである。

しかし、大阪砲兵工廠においては、一八八九年坩堝による鋼製造が始められているが、平炉鋼の製造は必ずしも成功しているわけではなかった。一八九〇年八月に二五〇キログラムの小形平炉を築造したが、「障礙百出一モ其ノ目的を達スルコトヲ得ス」という状態であった[36]。九三年三月頃に漸く「該炉使用ノ目的ヲ達シ製出シタル鋼材モ亦稍硬軟其ノ宜敷ヲ見ルニ至ル[37]」状態であった。発言のあった九三年二月の一月後に、漸く製鋼技術確立の目途が陸軍内部でたったことを示している[38]。技術的困難を民間会社で克服してゆくことの難しさを牧野は認識していたことは確実である。

それ故か牧野は、大阪砲兵工廠の実状よりも、むしろ野呂の試験が進んでいることを日本で鋼ができることの根拠として主張していたのである。

〈海軍原田宗助の意見〉

軍備拡充を急ぐ海軍は、製鋼所の建設はどうしても必要であった。しかし、イギリス・アームストロング社への留学の経験もあり、製鋼設備建設と操業の経験もある海軍の有力な技術者であった原田宗助[39]は、牧野とはやや異なった角度から製鋼所建設の計画を提起している。原田は、製鋼事業調査委員、製鉄所取調委員でもあり、海軍の製鉄所建設構想の中枢にいた人物である。

本員ハモウ少シ此規模ヲ小サク致シテ、何人モ容易ニ企業（ママ）シ得ル様ニ致シタラバ、唯今ニモ設立スルコトガ出来ハ致シマスマイカト思ヒマス、申サバ此委員ノ調査ニ成立チマシタ設計ハ、三百万餘リノ金ヲ掛ケナケレバ設立スルコトガ出来ナイコトニナツテ居リマスガ、之ヲ三十万トカ四十万トカ云フ位ノモノニ致シテ、其製造スル物ハ、先ヅ軍艦ヲ造ル鋼鉄板其他重イ鉄器抔ト云フ工事ハ止メテ、第一ニ先ヅと（ろ）こみぴーるミタ様（ママ）ナモノデ容易ニ出来ル工事ノミヲ始メテヤルコトニシマスレバ、サウ多額ノ金ヲ費ヤサズトモ出来ルモノジアナイカト思ヒマス、何事モ此企業ヲ致スニハ、初メカラ大キク遣リマスルト随分困難ノモノデゴザイマスカラ、此製鉄所ノ如キモノヲ企業シマスルニモ、極ク小サナすけるデ遣リマスレバ、仕事モ延ビ行キマスルシ且人モ熟練シテ参リマスカラ、多ク其設立ノ順序ヲ履ンデ宜シクハナイカト思ヒマス、併ナガラ此日本ニ製鉄所ヲ起スト云フコトデゴザイマスカラシテ、其規模丈ケハ大キクナケレバナリマスマイカラ、先ズ初メノ此調査ヲ致シタモノハ夫レデ置キマシテ、時期ヲ第一期ト第二期ト分チマシテ、初メノ第一期ハ先ヅちょっとシタモノヲ設立スルコトニ致シ、

其成績ガ宜シケレバ又第二期ニ於テ其大キナ設計デスルコトニナリマシテハドウカト考ヘマス[40]

この意見は、海軍全体の意見であるかどうかは問題ではあるが、大技士という海軍では技術的に責任を負う人物が、小規模な民間企業の設立を奨励する政策を基調にした計画を推奨していたのである。「と（ろ）こみびーる」の意味がよくわからないが、locomotive と推測すると、レールのような鉄道関係量産品から始めるべきことを、原田は主張していたことになる。それが、原田のいうように簡単なものであるか、または小規模なものであるべきかは疑問があるが、いずれにしても小規模な企業による簡単な作業から始めて、技術的熟練を積んでから順次大規模化してゆくという方法と順番を提起している点は興味深いのである。原田は、九二年でも呉兵器製造所をめぐって、小規模な製鋼場建設を主張していた[41]。

原田は、まず官設で製鉄所を建設するべきであるとの牧野の意見にも明確に反対しているのである。原田は、規模の小さいものから始めるから「官設」、「民設」を問うべきではないという意見であり、「其民立官立何レニカ区別スルモノジヤト云フコトハ、先ツ後ノコトニ致シタイト思ヒマス[42]」と述べていた。つまり、この段階では少なくとも海軍側では大規模な官営製鉄所を建設する構想が主流とはなっていなかったのである。

3　砂鉄による鉄生産と製鉄所構想

〈砂鉱採取法の成立〉

砂鉄精錬業は、中国山地を中心に近世以来さかんに行われていたが、この砂鉄生産をどのように位置づけていたのであろうか。この点について野呂をはじめとして、臨時製鉄事業調査委員会は様々な試験を繰り返し、その利用を製鉄所構想のなかに組み入れようとしていた[43]。本節では、砂鉄生産の位置づけを考える上で、委員会の最中に通過した砂鉱採取法の意味について考えてみたい。

砂鉄に対する政府の政策は、まとまったものがなかった[44]。官営の広島鉄山[45]があったが、中国山地の山村農民の「救貧対策として」発足したものであり[46]、素材としての鉄鋼を確保するということを主要な観点とするものではなかった。ただ、一八八四年五月、農商務省技師として小花冬吉[47]が広島に派遣され、砂鉄精錬作業の改良にとりくんでいた。一八八七年、小花はフランスのクルーゾー会社に砂鉄精錬作業の改良のため派遣されていた。これ以後、様々な改良が施され、砂鉄精錬作業の近代化が試みられた。しかし、一八八九年には小花は農商務省鉱山局に戻されてしまい、政策としての一貫性はなかったのである。しかし、砂鉄採取、製錬について、政府は、この時点で重要な資源と考えて、育成保護の対象と考えていた。

政府は、一八九一年の海軍省所管製鋼所案の提出と同時に砂鉱採取条例の制定を考えており、その準備を始めていた[48]。閣議をへて、第二回帝国議会に法案を提出したが、解散のため議決にいたらず、第三回帝国議会においても、衆議院において会期の不足のため、議決にいたらなかった[49]。

砂鉱採取法案の提案理由は以下のように述べている。

砂鉱ハ地中ニ一定ノ鉱脈ヲ有シ若クハ成層スルモノニアラス崩壊セシ土砂ト共ニ土地ノ表面ニ堆積スルモノナレハ鉱業条例第二条ニ掲クル鉱物トハ存在ノ状況ヲ異ニシ其採取ニ関シ鉱業条例ノ如キ制裁ヲ設クルノ必要ナシ故ニ同条例ニ於テハ砂鉱ヲ省クト雖モ砂鉱採取ニ付亦法律上相当ノ保護ナカルヘカラス現ニ砂鉱中砂鉄ノ如キハ我国産鉄上枢要ナル原料トナリ安芸、出雲、伯耆、美作等ノ山間ニ於テハ其採取ニ従事スル人民数十万ニ上リ此業ノ盛衰ハ我国産鉄上ニ最モ著シキ影響ヲ来スノミナラス又砂鉄産出地ノ利害ニ関スルコト最モ大ナリ其保護ヲ要スルハ多言ヲ待タスシテ知ルヘシ

砂鉱採取ノ業ニ於テ最モ保護ノ必要トスルトコロノモノハ其採取及製煉上ニ必要ナル土地ノ使用ニアリ之ヲ採取人ト土地所有人トノ自由契約ニ放任スルニ於テハ砂鉱業ノ如キ薄利ノ事業ニ於テハ到底其維持ニ窘ミ事業ノ衰退

ヲ招クハ瞭然タリ事コヽニ至レハ之ニ従事スル数十万ノ人民言フニ忍ヒサルノ困厄ニ陥ルノミナラス其国家経済上及軍事上非常ノ不利ヲ免カレサルヘシ故ニ採取人ノ土地使用ニ関シ保護最モ厚カラサルヲ得スト雖モ然レトモ亦土地所有者ノ権利ヲ全ク泯滅スルヲ得サルコト勿論ニ付土地所有者ニ優先権ヲ与ヘ且賠償ヲ得ルノ途ヲ規定シタリ夫レ此法律ヲ設クル所以ノ大要ナリ(50)

砂鉱採取法制定の理由は、第一に、砂鉄が「国家経済上及軍事上」重要な資源であること、第二に、鉱業条例では砂鉄採取によって生じる問題をカバーしきれないこと、第三に、中国地方の山間地域の砂鉄採取・製錬に関連する農民を保護すること、第四に、採取人の土地使用を保護し土地所有者との利害調整をはかることであった。

同法は、日本の在来産業たる砂鉄精錬業を保護してゆく方向を明らかにした。その衰微が、「国家経済上及軍事上」重大な不利を招くために、採取人や精錬業を保護することを目指していたのである。しかし、砂鉄採取は同時に下流への土砂の放流を促すことから、第三回帝国議会貴族院において国土の保全と水害予防の観点から修正がなされた。

砂鉱採取法成立の背景には、日本坑法にかわって鉱業条例が公布されたが、鉱業条例は、砂鉄採取のような地表における鉱業を想定していなかった。したがって、砂鉄採取に関する法的な規定がなくなったことから、砂鉄業を保護育成するために砂鉱採取法を制定する必要があったのである(51)。特に、砂鉄業者が地表において、砂鉄採取・精錬を行う場合、地主が自ら砂鉄採取精錬を行う以外は、砂鉄業者に優先権を与えて砂鉄業を育成しようとしたのである。

こうして砂鉱採取法は、一八九三年三月二四日公布（四月一日施行）されたのである。

同法は、以下のような内容をもつものであった。

①砂鉱の採取は、所轄鉱山監督署長を経由して、農商務大臣の許可制となる（第二条）。

②砂鉱採取を帝国臣民に限定した（第三条）。

③「採取区域内ノ土地他人ノ所有ニ係ルトキハ所有者又ハ関係人ノ承諾ヲ受クヘシ土地所有者又ハ関係人ハ自ラ採取ヲ出願スルトキノ外前項ノ承諾ヲ拒ムコトヲ得ス但承諾ヲ与フルトキハ相当ノ砂鉱採取料ヲ要求スルコトヲ得」（第四条）。この条項は、採取人に対して優先的に砂鉄を採掘する権利を与えるもので、所有者および関係人は採取を拒むことができないということになった。採取人は、砂鉄採掘について大きな特典を得ることになっていた。

④採取事業が公益を害する虞がある時の規定が設けられていた。「採取ノ事業公益ヲ害スト認ムルトキハ農商務大臣ハ其ノ出願ヲ許可セス」（第五条）、「採取ノ事業公益ニ害アルトキハ農商務大臣ハ既ニ与ヘタル許可ヲ取消スコトヲ得」（第六条）というようになっていた。貴族院ではさらに農業を保護する規定が追加されていた。「採取業上ニ危険ノ虞アリ又ハ公益ヲ害スト認ムルトキハ所轄鉱山監督署長ハ採取人ニ其ノ予防ヲ命シ又ハ採取業ヲ停止スヘシ所轄鉱山監督署長ニ於テ採取業ヲ停止セントスルトキハ其ノ猶予シ難キ場合ヲ除クノ外ハ農商務大臣ノ許可ヲ経ヘシ」（第七条）。砂鉱採取の特殊性から公益規程を挿入し、農業など他産業との調和も考えたのである。

⑤採掘に関する規定ばかりでなく、同法には精錬所を建設する規定も含まれていた。第一三条では次のようになっていた。「左ノ場合ニ於テ採取人他人ノ土地ヲ使用スルコトヲ必要トシ其ノ貸渡ヲ請求シタルトキハ其ノ土地所有者又ハ関係人ハ之ヲ拒ムコトヲ得ス、一洗鉱ノ為、一精錬所建設ノ為、一洗滌用水路及溜池開設ノ為」砂鉄採取から精錬まで保護育成するものと位置づけられていたのである。

⑥採掘精錬などに事業を拡張する場合、土地所有者の利益を配慮しつつも、運用次第では砂鉄業者に有利な内容、保護規定がもりこまれていた。

「採取人ノ請求ニ依リ土地ヲ分割シテ売渡シ又ハ貸渡シタルカ為残地ノ利用ヲ害スルトキハ土地所有者ハ採取人

ニ対シ其ノ土地全部ノ買取若ハ借受ヲ請求スルコトヲ得此ノ場合ニ於テ採取人ハ之ヲ拒ムコトヲ得ス」（第一七条）

「土地所有者又ハ関係人ト採取人トノ間ニ於テ土地貸渡、採取料、借地料、損害賠償金又ハ土地売買代金ニ付協議調ハサルトキハ所轄鉱山監督署長ニ其ノ判定ヲ請求スルコトヲ得／所轄鉱山監督署長ノ判定ニ不服アルトキハ其ノ判定ヲ受ケタル日ヨリ三十日以内ニ土地貸渡ニ就テハ農商務大臣ニ其ノ裁定ヲ請求シ採取料、借地料、損害賠償金若ハ土地売買代金ニ就テハ裁判所ニ出訴スルコトヲ得／前項農商務大臣ノ裁定ニ対シテハ他ニ出訴スルコトヲ得ス」（第一八条）

農商務大臣の裁定は絶対的であり、裁判に訴える道も閉ざされており、裁定が砂鉄採掘業者に有利な形で決定された場合には、土地所有者および関係人の不利は免れがたかった。

以上のように、臨時製鉄事業調査委員会と同時にこの法律が通過したことは、政府が砂鉄精錬を製鉄所建設のための重要な資源の一つとして位置づけていたことを示すものであった。

〈砂鉄を利用した製鉄法の試験〉

砂鉄を利用して鋼を製造する試験は、報告の限りでは、野呂景義と金子増燿が試験を行っている。彼らの試験は、一八九五年四月に新設された製鉄事業調査会でも継続して実施されている。したがって、その結果は両委員会にまたがるものである。野呂の実験は大変有名で、三枝・飯田前掲書一六七～一七〇頁にもその内容が紹介されているが、金子の実験については記述がない。

金子は、「明治二十七年二月臨時製鉄事業調査委員会ノ嘱託ニ依リ同年三月七日ヨリ同月三十一日ニ至ル二十五日間ニ於テ横須賀鎮守府造船部ニ設置セラレタル石油炉ヲ応用シ銑鉄及砂鉄ヲ原料トシテ六回ノ試験ヲ執行シ六噸ノ鋼鉄ヲ試製」[52]した。金子が行った実験は、横須賀において、その所有する重油吹き込みの平炉において、銑鉄と砂鉄を装入して鋼を精錬しようとするものであった。

野呂が、砂鉄から錬鉄を直接製造する実験を釜石において行ったのに対して、金子は、銑鉄と砂鉄を使って鋼を製造する新製鋼法の研究開発を目指していた。野呂の実験が安価に錬鉄を生産し、平炉原料として錬鉄を利用しようとするものであったのに対し、金子の試験は、砂鉄と銑鉄を利用して鋼を直接に製造するものであった。

彼は、砂鉄を利用する独自性とその可能性を次のように述べていた。

二種ノ試験ニ於テ相共ニ特ニ砂鉄ヲ撰用シタルハ大ニ其理由アリテ存ス抑モ砂鉄ハ磁性鉄鉱ノ一種ニシテ他ノ岩鉄鉱ノ如ク有害ナル夾雑物ヲ包有セス殆ト純粋ナル天然ノ酸化鉄ナリ而シテ此ノ貴重ナル砂鉄ハ欧米諸国ニ産セスシテ独リ我国ノ特産物タリ故ニ欧米諸国ニ在リテ夙ニ岩鉄鉱ヲ以テ直接法ヲ試ムルモノアリト雖モ製品ノ性質粗悪ニシテ尚未タ好結果ヲ得ルニ至ラス之ニ反シテ本邦到ル所巨多ノ砂鉄ヲ産シ古来専ラ之ヲ以テ製鉄ノ原料ニ供用シ不完全ナル直接法ニ依リ良質ノ鉄類ヲ製出セリ（刀剣ノ如キ利器モ亦直接法ニ依リ砂鉄ヨリ製出シタルモノナリ）只我国製鉄業ノ発達セサルヤ従来大ニ砂鉄ノ利用ヲ試ミタルモノナク随テ砂鉄ノ真価ヲ解スルモノ鮮シト雖モ若シ能ク利用ノ方法ヲ研究シテ其目的ヲ達セハ却テ欧米諸国ノ製鉄事業家ヲシテ我国製鉄業ノ天與ノ幸福ヲ羨望セシムルニ至ラン是レ余輩カ特ニ砂鉄ヲ撰ンタル所以ナリ(53)

野呂の試験についても、それは外国人の眼からみても注目すべき内容であった。野呂の実験は、英文で外国人にむけても報道されていた(54)。

いずれにしても、二人の実験はその後実用化されることはなかったが、砂鉄を利用することは、一八九六年三月段階までは製鉄所建設計画の重要な部分を占めていたのである。技術史の観点から三枝・飯田両氏も野呂の実験を高く評価していたことはいうまでもない。

4　清国漢陽製鉄所をめぐって

〈清国漢陽製鉄所への派遣問題〉

清国における漢陽製鉄所は、官営八幡製鐵所成立以後、八幡に大冶鉄鉱石と漢陽銑鉄を供給したことでよく知られている。日本の官営製鉄所が国内の資源開発から外国の鉄鉱資源依存へと切り替わり、赤谷鉱山の開発を放棄した点についても、帝国主義的な資源政策の問題として佐藤昌一郎、藤村道生、安藤実によって検討されてきている[55]。しかし、日清戦争以前において日本の製鉄所との関係や、日本側の見方などは十分検討されてこなかった。結論的にいうならば、藤村氏のように、日清戦争以前から帝国主義的意図をもって製鉄資源を考えるというのは誤りであり、佐藤氏の主張が基本的に正しい。しかし、同時に製鉄所あるいは製鉄関連資源をめぐって、清国と日本との関係を考えると、清国の一歩先に進んだ側面が浮かび上がってくるのである。

ここでは、日清戦争以前における漢陽製鉄所および日本と清国の問題を、当時の日本側の見方について明らかにしておきたい。臨時製鉄事業調査委員会における清国製鉄所への調査派遣問題に関する議論と周辺の若干の資料によって、日本側の清国製鉄所に関する認識について検討してみたい。

また、この問題は、実は議会の駆け引きの側面ももつのである。政府は、第四議会において、製鉄事業調査費二万四九〇〇円を要求したが、衆議院は外国における調査費を削減し、貴族院が原案復活をはかろうとしたが、製鉄事業調査費から外国調査費が削られたという事情があった[56]。もちろんそれは、欧米方面への調査を企図したものであったが、この清国派遣問題の背景には、衆議院における民党と政府の対立が内包されていたのである。

『朝野新聞』（一八八九年八月一一日）では、張之洞「鉄道敷設の諮問に対する覆奏」が紹介され、鉄道建設とそれにかかわる製鉄事業の問題が報告されている。清国における製鉄所建設の動向は相当早くから日本において知られていたといってよい。漢陽製鉄所（一八九二年操業開始）は、日産一〇〇トン（実際は六〇トン程度）二基、高炉規模からいえば、当時の釜石よりも大きく、(57)完全な銑鋼一貫型製鉄所ではなかったが、八幡より早く操業に入っていた。しかも、外国人を雇い操業を開始していた点でも日本の目指すものと類似していたものといわなければならない。

清国における製鉄所の建設と稼動の情報は、日本の政治家にも伝えられていた。一八九三年二月二八日付け井上毅より伊藤博文宛の書簡では、「湖広総督張之洞は已に千弐百万両の資本を以て製鋼所設置に従事せりと聞く。支那人亦不可侮、彼の地視察にも派遣を仰付候て十分に探検も仕度奉存候」(58)と述べており、九三年には清国の製鉄所建設の状況を伊藤、井上は情報を得ていた。第二次伊藤内閣（一八九一年五月～一八九六年九月）は、清国の製鉄所建設計画情報も得ており、さらにそれについての情報収集の必要を認識していたことは確認することができる。

〈清国製鉄所の日本への売り込み工作〉

一八九三年三月、中国の公使館員劉慶珍が鉄道庁を訪問し、漢陽製鉄所の製造する鉄鋼（レール）の売り込みにやってきた。この模様を松本荘一郎鉄道庁長官は外務次官に対して報告し、漢陽製鉄所の実態がどのようなものか外務省に問い合わせている。

同国湖北省ニ近来規模頗ル大ナル製鉄處ヲ設ケ千五百両ヲ費シタリト云（フ）毎日百噸宛ノ鉄類ヲ製造セリ然ルニ右ハ同国内部ノ鉄道其他ノ需用ニ応ズルノミニテハ幾分ノ贏餘有之ニ付吾邦ニ於テ近来鉄道事業拡張ノ時機ニモ際会セルヲ以テ品質良好ニテ価格亦低廉ナラバ購入セラルル様致度希望ニ有之湖北省総督ヨリ公使館へ電報問合セ来リタルガ見本ニテモ差出シタラバ試験ノ上果シテ良質廉価ナラバ購入スベキヤ意向承知致度旨談話有之ルニ依テ其製造處ノ儀ニ付今少シク詳細ナルコトヲ承リ度トテ相尋候得共同氏ハ固ヨリ其辺承知有之趣ニテ尚本国ヘ問合セタル上回示スベシトノ儀ニテ相別レ候ガ右製造所（ママ）ハ事実如何程ノモニシテ如何様ノ鉄若クハ鋼類を製造スルモノナルヤ当省ニ於テハ其辺領事館ヨリノ報告ニテ知リオリ候義ハ無之成若シ無之候者報告ヲ徴セラレ御回

附相成候様致度御問合旁此段及御照会候也[59]……

外務次官林董はこれを受けて、上海領事代理林権助に調査の依頼をした。林は、張之洞に問い合わせ、それを外務省宛に報告しているのである。林は、張之洞が自分の管轄下で「製鉄事業ヲ興シ氏カ従来ノ持論ナル鉄道事業ヲ起スノ方便トナスモノノ如シ故ニ製鉄事業ノ成否ハ氏カ将来ノ運動ニ大関係ヲ有スヘキ儀ト存スルニ付」日本からの鉄道の注文を獲得することは好都合であると外務次官宛に送付している[60]。

林権助の報告には、張之洞の回答が添付されており、それは「秋末冬初ニハ炉ヲ開キ煉鉄スルノ運ビニ至ルベク候尤モ生鉄（銑鉄―筆者）ノ大炉ハ都合二坐アルモ不取敢先キニ一坐ヲ開ク筈ニテ毎日鉄六十噸ヲ出スベク熟鉄及び貝色麻鋼西門馬鉄鋼ヲ製煉スルコトヲ得□□（申候―筆者）尤モ製煉ノ熟達スルヲ俟チ二炉ヲ開用スル時ハ毎日鋼鉄壱百噸ヲ出スベク都テ鉄道需要ノ鋼軌橋梁等ノ如キモ皆能ク精製スベク将来銷路ノ増設ニ応スルトキハ尚ホ陸続事業ヲ拡張シ炉数ヲモ増設スベク都合ニ有之候」と述べている。さらに、「本国需要ノ外充分外国ヘ販売スルニ益出ニ付クノ如シ貴国ニ於テ御入用ノ節ハ予ジメ御通知有之度其節ハ同局ニ命シテ可然御取計可申候其代価ノ如キハ必ラズ外国産ヨリハ低廉ノ筈ニテ相互間ニ於ケル公事ノ為メニハ約シテ益スルコトアラント存候」。

添付の別紙では、毎年製鉄三万余トン、大冶鉄鉱石の鉄分六四％で燐硫黄は少ないこと、採掘は数百年可能であること、製鉄所御雇い外国人は、技師一名、副技師二名、労務掛および工夫五名であること、一日当り石炭消費高三〇〇余トンなどが報告されていた。

こうした情報は鉄道庁には送られていたはずである。したがって、臨時製鉄事業調査委員会の会議を通じてそのメンバーにも多少は情報が伝わっていたと見てよいであろう。

興味深いことは、以上のことから明らかなように、清国の製鉄所は日本より早く操業を開始し、日本に対するレールの売り込みを始めているのである。この売り込みが、客観的にどの程度の現実性をもっていたかは問題ではある。

しかし、清国において近代的製鉄所が建設され、日本を販売市場として取り込もうとする活動が始められていたことは、明らかに清国が日本を一歩リードしていたことを示すものであった。

〈臨時製鉄事業調査委員会における議論〉

清国めぐる情勢をふまえて、長谷川芳之助、和田維四郎、野呂影義、牧野毅によって、清国漢陽製鉄所の調査について建議（一八九三年九月八日）がなされた。その内容については一般には紹介されていないので掲げておこう。

清国政府ハ近年大ニ事業ノ発達ヲ計リ自ラ一大製鉄所ヲ興シ鉄道造船其他百般ノ需要ニ応スルノ鉄材ヲ製シ以テ興業ノ基礎ヲ鞏固ナラシメント欲シ両廣総督張之洞ヲシテ斯業ヲ監セシメ其工場ヲ漢陽ニ設立シ技師職工ヲ白耳義国ノコツクリール製鉄所ヨリ招聘シ資本金ヲ六百万両トシ既ニ二百余万両ヲ費シタリト云フ僅ニ一葦水ヲ隔テ我レニ隣スル清国ニ於テ果シテ一大製鉄所ヲ設立シ巨萬ノ資本ヲ以テ製鉄ノ業ヲ起スニ至ラハ我国経済上ニ影響スル所実ニ著大ナリト云フヘシ故ニ我国ハ此製鉄所ニ就テハ精密ナル調査ヲ遂ケ之レニ応スルノ方策ヲ講セサルベカラズ而シテ我国ノ人士ニシテ該工場ヲ巡視シタル者一二ニ止マラスト雖モ皆製鉄専門ノ人士ニアラサルヲ以テ其要領ヲ知ルコト能ハサルノ憾アリ

凡ソ製鉄業ニ就テ精密ノ調査ヲナサンニハ製鉄原料ノ所在及其性質ヲ査定シ製鉄工場ノ位置ヲ考ヘ製置セル諸機械ノ適否ヲ検案シ総テ詳細ナル設計ヲ熟悉セサルヘカラス而シテ是等ノ事項ハ製鉄専門ノ者ニアラサレハ調査スルコト能ハサルヤ明カナリ依テ記名委員等ハ我国製鉄事業調査上参考トシテ製鉄専門ノ技術者ヲシテ清国ノ製鉄所ヲ視察セシムルノ急務ナルコトヲ認メ速ニ之ヲ派遣セラレンコトヲ建議ス(61)

前述のように、清国が鉄道庁へレールなど鉄道向け鉄鋼用品の売り込みがあったこと、および、それに関連して製鉄事業が起こっていることについては情報がたっしていたと思われる。「清国ニ於テ製鉄ノ業ヲ起スニ至ラハ我国経済上ニ影響スル所実ニ大ナリ」と建議者たちは考えており、設計、機械設備に関する情報を早急に集める必要性を感じていたことは間違いないところである。特に、日本の製鉄事業計画と競合することも考えられることから、建議者たちが、清国製鉄所への関心を高めていたことは確実であった。

牧野毅（陸軍少将）は、製鉄所調査のために清国へ調査団を派遣することを求める急先鋒であった。牧野は次のように述べていた。

元来一国ノ独立ハ軍器ノ独立アリテ後完全ナル独立アリト謂フヘク我国現今ノ如ク兵器若クハ鉄材ヲ外国ノ輸入ニ仰クカ如クナラン乎一朝有事ノ日ニ於テ一国ノ体面ヲ保維セントスルモ殆ント能ハサルヲ恐ル、ナリ漢陽ノ製鉄所果シテ清国ノ兵器独立ヲ得セシムトヤ本邦ノ尤モ注目ヲ怠ルヘカラサルコト、信ス是レ清国製鉄所視察ノ必要ハ製鉄所自身ノ隆否ノミナラス其規模ノ如何ニヨリテ清国ノ軍器上ニ及ス重大ナル関係アルヲ以ナリ

先年清国ヨリ製鉄業研究ノ為メ欧州ヘ四五十人ノ生徒ヲ派シ留学セシメタルノ風説ヲ新聞紙上ニ散見シタルコトアリシト雖当時其事実ヲ信用セサリシモ今日ニ於テ初メテ其虚説ナラサリシヲ認メタリ又白耳義「コックリール」製鉄工場ヨリ四五人ノ技師ヲ清国製鉄所ニ送リ此技師ハ同国製鉄所ノ成立ヲ保証シタリト云フ[62]

清国がベルギーからの御雇い外国人を雇用し、技術導入によって製鉄所を建設し、さらに留学生を派遣している事実を確認した。しかも、それがかなりの確度であることを認識したのである。ただ、この製鉄所が軍需に応じることができるというのは、やや不正確であった。六月頃の情報でもまた、その他新聞の情報でも、清国の製鉄所は鉄道需要に応ずるためのものであった。

ベルギー人の技術指導の実態についてはよくわかっていないが、ベルギーのどの製鉄所から雇っているということまではわかっていたのである。一八九三年末には工場が完成していた。実際に稼動し始めたのは九四年八、九月であるとみられている。[63]一八九五年までベルギー人ブライブが、監督者であったといわれ、ドイツ銀行の借入を契機に、トッペにかかわったのである。トッペは、周知のとおり、官営製鉄所の最初の御雇い外国人である。ただし、清国での

トッペの製鉄所建設における役割は否定的なものであった[64]。日本は日清戦争後、清国で建設に従事していた外国人を招致することによって、同国に対抗したともいえるのである。

農商務省鉱山局長の和田維四郎は清国からの情報を数多く紹介している。

成程支那ニ製鉄所ガ起ル、完全ノ製鉄所ガ起ルト云フ方ノ考ヲ以テ視察スルバカリデナク、起リ得ルカト云フコトモ固ヨリ視察ノ大眼目デアツタ……

私一己人ガ見タ所デハ支那ハ製鉄所ヲ起ス丈ノ或ハ材料ノ乏シイコトハ無イカト云フ大変ノ疑ガアッタノデアリマス、ソレハ一応御話シナケレバ御分リニナリマスマイガ彼ノ製鉄所ニ使ハウト云フ石炭ハ湖北湖南ソレカラ四川ノ中ニアル六十何箇所カノ石炭ヲ備ヘテ居ル……彼ノ地方ノ工場デハ此種類ノ炭ヲ使ハウト何レデモト云フ訳デハアルマイガ、此地ノ一部ノ炭ハ少ナクモ大変機関ヲ損スルカラ使ハレナイト云フコトデアル、又日本ニ向ツテハ是ハ一方カラ言ヘバ支那ノ政略ダトハ言ヒマスケレトモ九州ノ炭ヲ毎月六百噸ハ是非買ヒ受ケル特約ヲシタイト云フコトヲ言ツテ来テ居ル、又鉄鉱ハ適当ノ買場ガアルナラバ随分輸入ノ道ガアルト云フコトモ支那人カラ云フテ来タト云フコトモ聴キ込ンデ居ル、ソレカラ石炭山ヲ調ベル為メニ張之洞自身ガ調ベル為メニ日本カラ技師ヲ借リタイト云フコトモ是ハハキツキリ立派ナ人ニ向ツテ請求ヲシテ居ルノデゴザイマス、ソレデゴザイマス以上ハ或ハ其原料ノ点ニ至ツテ支那デハ製鉄所ヲ起スト云フコトガ困難デハナイカト私ハ思フ[65]

和田は、漢陽製鉄所における石炭供給上の問題があることを指摘した上で、九州の石炭を購入したいとの意向が、清国側から伝えられていることを述べている。月六〇〇トンという具体的な数値もあげている。また、実際に日清戦争後すぐに日本に対して、コークス供給の引き合いが、清国側からきている[66]。この日本の石炭に対する清国側の引き合いは、謀略的なものとはいえないのである。

また、興味深いことは、鉄鉱石についても和田は、清国側からの輸入の可能性をすでに日清戦争以前に認識していたことを前述の発言は示しているのである。高山甚太郎より臨時製鉄事業調査委員会書記宛（一八九四年一月二七日付け）[67]によれば、「清国産鉄鉱ハ過般早川書記官ヨリ分析依頼有之同時ニ鉱石ノ見本請取候間其儘分析試験ノ上其結果ハ前委員長斉藤氏へ報告致置候」とあり、清国産鉄鉱石の分析試験が行われており、それは斉藤修一郎農商務次官にまで報告されていた。

この手紙には、天津領事代理荒川正次より外務省通商局長原敬宛の手紙（一八九三年一〇月七日付け）が添付されている。その手紙によると、天津総領事に盛宣懐から炭鉱用試鑿機械新調費取調の問い合わせがあった。それに対して、農商務省鉱山局長の回答も盛宣懐に送られていた。どのような石炭用の機械を必要としているのか明らかではないが、清国側は、製鉄事業経営に関わる石炭業の開発を計画し、日本側に接触してきたことは確認できる。

以上のように、清国の製鉄所に関する情報は、断片的ではあるが、日本側にもたらされており、漢陽製鉄所に関する調査の必要性が識者の間で高まっていたことは明らかであろう。

しかし、後藤農商務大臣は、製鉄所調査のための清国派遣に対して、中止するように申し入れた。その論拠は、日本で製鉄所を建設するために議論が進んでいることは既に清国側も察知しており、「競争」状態にあるなかで、調査員を派遣しても調査は困難であるというものであった。[68]後藤象二郎は、政府で秘密裏に調べて「漏レナイ様ニ委員会限リ秘密ニ是レカラ御示」するというものであった。

結局のところ、予算上の問題もあり、公的には清国への調査は実現しなかった。しかし、一連の動きは、日本と清国が製鉄所建設をめぐって競争状態に入って清国側の情報を、日本の製鉄プランナー達は真剣に求めていたことを確認することができる。また、この時点では清国の鉄鉱資源を獲得するという構想は全く存在していなかったことも明らかである。むしろ、清国側の日本に対する石炭供給に関する積極的接近のほうが顕著であることが興味深いのである。確かに日清戦争以後、製鉄所建設過程での赤谷放棄と大冶鉱石の供給契約は、製鉄所の資源問題の基本線となったが、日清戦争以前においては、日本より早く製鉄所建設を実現した清国の製鉄所は石炭供給、コークス供給、レール製品売込に関連して日本側に積極的に接近していたのである。

こうした関係が、日清戦争後、変化してゆくのは周知のことである。一八九四年度については、臨時製鉄事業調査委員会は予算措置が講じられず、調査は一旦中断した。一八九四年八月には日清戦争が勃発し、軍需を中心にした鉄鋼需要の増加と議会の動向も大きく変わり始めたのである。

第二節　製鉄事業調査会から官制発布へ

1　製鉄事業調査会の発足

〈貴族院における建議案と民設・官設〉

臨時製鉄事業調査委員会が終結したのち、一八九三年一二月第五回議会衆議院において、青山朗らが製鉄所設立に関する建議案を提出したが、一二月一〇日議会は解散し議決にはいたらなかった。第六回帝国議会一八九四年五月一八日貴族院において小沢武雄、内藤政共らが発議者となって、「製鉄所設立ニ関スル建議案」を提出し、同案は可決された。この貴族院建議案の可決は、製鉄所官設論につながる契機となったのである。同案をめぐる議論で興味深い点は、発議者は二人とも製鉄所官設論を主張して建議していることと、漢陽製鉄所の問題が議論の対象になっていることである。

小沢武雄の主張している根拠は、鉄道事業の拡張にともなって、鉄道需要とりわけレール需要が急増し、貿易収支を圧迫する原因となっていることを主張した上で、国内鉄鉱資源、石炭資源が十分にあることから製鉄所建設が可能であることを訴えている。また、張之洞による漢陽製鉄所が建設されていることをあげた上で、「支那デ出来ルモノデアレバ我国デ出来ナイコトモナイ」と述べて日本に製鉄所を建設することを主張していた。この建議案の説明で小沢は、利子補給によって民間企業の製鉄所建設を促す後藤案では製鉄所はできないということを述べていた。[69] 内藤政共はもっと直截に次のように述べている。

会社事業ニシテ悪ルイト云フモノデハ決シテナイ、併ナガラ私立事業トシマスレバ中々容易ニ是ガ今一二年ノ中ニ此事業ヲ設立スルコトハ迚モ出来ヌコトト考ヘマス、故ニ先ヅドウゾ是レハ政府ニ於テ設立サレテ愈々其事業ガ発達シ実地ニ研究ガ出来タ上デ始テ利益アルトナッテカラ然ル後ニ一会社ナリ私立会社ナリニ払下ゲルト云フ手続ニナルコトハ更ニ差支ナイ話ト考ヘマス、何ニシロ此ノ如キ今日鉄道拡張ノ場合ニ当ツテ此事業ヲ起スノハ経済上急務ノコトデアラウト考ヘルニ其私立会社ノ成立ヲ待ツテ居ルト到底出来ヌコトダラウト思ヒマス[70]

つまり、この建議案は、民設製鉄所は一向に成功しないなかで、官設による製鉄所建設を求めたものであったのである。建議案の中には具体的に書かれていないが、この建議案の意味しているところは、「官設製鉄所」の早期建設を求める内容であったのである。

この建議に対して、榎本の答弁も興味深い。榎本は、前述のように、後藤の民設論を引き継いで、民設論を臨時製鉄事業調査委員会において踏襲することを言明していた。事実、榎本は、第六議会でも民設路線を踏襲していたのである。榎本は「製鉄ヤ鉄道ノ需要ニ対スル軌道ヲ拵ヘル会社抔ハ今カラ官デヤラズトモ民設デ出来ルコトト思ヒマス」、「軍艦軍器ナドハ……民間デ拵ヘルナドト云フサウ云フ有様ニ至ツテ居リマセヌカラ、是等ハ陸軍海軍必要トスル所ノ省ニ於テ差詰ヤラナクテハナリマスマイ」[71] とはっきりと答弁している。榎本はまだ、この時点では民設論をかえていないのである。

しかし、この小沢武雄、内藤政共の建議案が貴族院で可決されたことは、単に製鉄所建設の建議というより、官設による製鉄所建設の方向性が貴族院で可決されたことを意味していたのである。すなわち、榎本の民設論は貴族院では多くの支持を得られなかったのである。その後、榎本が官設論へ傾いて行くことになったと推測される。

一八九四年一二月二五日、榎本は内閣総理大臣伊藤博文宛に、官設による製鉄所建設を閣議に対して提出した(72)。そのなかでは、本来民設によって製鉄所を建設すべきであるが、大規模な固定資本を必要とするから個人、資本家では困難であり、株式会社は投機的行動に利用されてしまう恐れがあるから、官設によって設立するとしている。そして、「況ヤ第六帝国議会ニ於テ貴族院ヨリ製鉄所ノ設立ハ政府ニ於テテ規画《ママ》スヘキノ建議アルニ於テオヤ」と述べてこの第六議会の貴族院決議の後押しを受けて官設論が復活したことを示しているのである。すなわち、一八九四年一二月の時点で、榎本は第六回帝国議会の貴族院決議を受け入れて官設論へとかわって行ったのである。ただし、この書類は未決並廃案書類のなかにつづられているから、この閣議申請の案件が、そのまま閣議決定されたのかどうかは確認できない。

〈製鉄事業調査会の発足〉

製鉄所建設の建議が第八議会衆議院を通過したのを受けて、具体的な製鉄所のあり方を決定するための委員会として製鉄事業調査会は、二八年四月発足した。結局、製鋼事業調査委員会、臨時製鉄事業調査委員会、そしてこの製鉄事業調査会(73)と三つの段階を経て、製鉄所建設の官制発布までたどりついたことになる。製鉄事業調査会は、製鉄所官制発布直前のもので、予算策定の最も重要な意義をもった。

製鉄事業調査会の議論の課題とそれぞれの分担は、表２－２を参照されたい。製鉄事業調査会は、野呂の原案を最終的に討議するもので、彼の構想が、陸海軍、鉄道関係者の利害を受け入れて結実したものといってよい。

表2－2　製鉄事業調査会（1895年）

分　担	氏　名	所　属
製鉄試験	高山甚太郎 向井哲吉	農商務省技師 海軍少技士
製品の種類及製造高	松本荘一郎 原田宗助 中村雄次郎 和田維四郎 山際永吉＊	鉄道局長工学博士 海軍大技監 陸軍砲兵大佐 元農商務省鉱山局長 農商務省技師
製鉄所の位置	原田宗助 中村雄次郎 高山甚太郎 和田維四郎 内藤政共＊	海軍大技監 陸軍砲兵大佐 農商務省技師 元農商務省鉱山局長 海軍大技士子爵
製鉄所の組織	原田宗助 中村雄次郎 山際永吉 和田維四郎	海軍大技監 陸軍砲兵大佐 農商務省技師 元農商務省鉱山局長
設立計画	松本荘一郎 原田宗助 中村雄次郎 内藤政共 長谷川芳之助 向井哲吉 野呂景義＊	鉄道局長工学博士 海軍大技監 陸軍砲兵大佐 海軍大技士子爵 元三菱、工学博士 海軍少技士 工科大学教授
予算	内藤正共 長谷川芳之助 向井哲吉 野呂景義＊	海軍大技士子爵 元三菱、工学博士 海軍少技士 工科大学教授

出典：『製鉄事業調査委員会議事録』製鉄所文書.
注：＊は主査.

2　製鉄所組織と予算作成過程

〈製鉄所組織のあり方〉

榎本が閣議に提出した製鉄所官設の提議は、そのまま閣議決定になったのかどうかは確認することはできない。しかし、日清戦争を契機にした鉄鋼需要の増加は、軍需、鉄道、その他の分野でも急増し、その後も増加することが予想された。民間製鉄事業の勃興を待っていることはできなくなってきたのである。その上、清国における製鉄所が稼動し始めており、製鉄所建設を急ぐ必要があった。

委員会議案には「製鉄所ハ官立トシ農商務省ニ附属セシム」とされていたが、六月二一日の第四特別委員会議案における議案（六月二一日）では「製鉄所ハ官立トシ農商務大臣ノ管理ニ属シ農商務大臣ハ重要ナル事項ニ就テハ陸軍大臣及海軍大臣ト協議決定スヘシ」なった[74]。これをめぐって議論がなされた。第三回製鉄事業調査会委員会（一八九五年六月二五日）で議論がなされた結果、「製鉄所所管官庁ハ内閣ノ裁決ヲ求ムルヲ可トシ」官庁所管を定めず単に「官立」とした。「製鉄事業ハ其竣功ヲ最モ安全」にもってゆくために、単に官立とし、その所管官庁の決定は、内閣に委ねたのである。

「第三回製鉄事業調査会委員会」（一八九五年六月二五日）における官設・民設の論議について、次のように伝えている。

松本委員ハ製鉄所ノ官立タルハ不可ナシ然レトモ民立（ママ）ニ私設ヲ希望スル者ナキカ非（ママ）ルカ故ニ十分官私設ノ利害ヲ討究シ置カサルヘカラストノ発議ニ依リ各委員審議ノ末結局原案ニ決セリ今其審議ノ概略ヲ云ンニ私立ヲ可トスルノ説ハ原案ニ於テ外国人ノ俸給ハ八万四千余円内国人ノ俸給ハ四万余円ニシテ其人員ハ日本人ノ数外国人ノ二倍ヲ超過シ居ル如キ不至ヲ生ス之レ則チ官製ノ然ラシムル処ニシテ私立ト為ストキハ如此制限ニ束縛セラルルコトナク而テ民業ハ営利ヲ目的トスルカ故ニ速成スルヤ疑ナシ

官立ヲ可トスル論ハ製鉄所ハ四五百万円ノ大資本ヲ要シテ直チニ収益ハ望ムヘカラス而シテ民設ハ重ニ営利ヲ目的トスルカ故ニ如此利益ノ漠然タルモノニハ保護ヲ与ヘサル可ラス保護ヲ与フルトキハ之カ為ニ株券ノ騰貴ヲ来シ株券売買ヲ惹起シテ遂ニ製鉄ノ目的ヲ誤ルニ至ル〈前調査会〈製鋼事業調査委員会―筆者推測〉ニ於テ官立ト決セシ主論ナリ〉現時諸会社此々皆然リ且既往ノ実歴ヲ徴スルニ製糸場ノ如キ鉄道事業ノ如キ政府之ヲ創設シテ

模範ヲ示シタルカ故ニ民間ニ之カ設立ヲ見ルニ至リ今日ノ盛大ヲ来タセシニアラスヤ我國欧米ノ文明ヲ採用シテ茲ニ廿八年民力十分発達シタリト云フ可カラサルノ今日理論上ハ民業可ナルモ実際ニ於テハ出来得ヘカラス創立ノ後民間ニ委スルモ可ナリト雖当始ハ政府創設シテ之カ模範トナリ奨励セサル可カラス(75)

以上の経過はいくつかの点で興味深い内容である。

まず第一に、官設、民設の論議が鉄道庁からの代表である松本荘一郎鉄道局長によってなされている点である。当初案は農商務省所管であったのが、単に官立とし、所管は内閣にゆだね、陸海軍の関与の条項も削られたのである。これは明らかに、議会の動向をかなり考慮に入れた措置をとっていることを意味している。官立として早く製鉄所を建設することに第一の意義をおいていたことを示しているのである。

第二に、陸海軍の製鉄所との関係については、「海陸軍両省農商務省鉄道局ニ最モ需用アリ随テ事業上協議ヲ要スルコトアルベキカ故評議官」を設置し、各省高等官をこれにあてるとした。そして、「評議官ハ製鉄所組織中即チ官制ニ編入セス特別ニ評議委員会ヲ置ク」ことに決定した。(76) この構想は、陸海軍の意見や構想が表に出ない構造となり、製鉄所の実態をわかりにくいものにした。製鉄所成立以後「商議委員」としてこの構想は実現した。商議委員は、製鉄所長官のアドバイザーとして影響力を行使することになった。しかし、それは表面には現れにくい構造であった。

その後の商議委員の役割については、三菱が調査した資料のなかに次のように述べられている。

製鉄所ハ我國最大且殆ント唯一の鉄鋼供給所ナルヲ以テ其生産如何等ハ直チニ我邦ノ軍事上ハ勿論一般産業界ニモ至大ノ影響ヲ及ホスヘキヲ以テ常ニ汎ク該方面ノ代表的人士ヲ挙ゲ事業上須要ノ議ニ与ラシメ此業各方面トノ調節ヲ保ツハ最モ必要ノコトナル因ルヘシ故ニ農商務大臣ハ実際上常ニ陸海軍次官及民間有力ノ実業家等六七名ヲ挙ケ商議委員トナスヲ例トセリ(77)

すなわち、ここで陸海軍の要求は、別な形で行使するルートを設定することになったのである。議論された評議官として影響力を行使するルートは、商議委員として実現してゆくことになった。

第三に、官設民設をめぐって委員の間で議論が戦わされたことである。閣議決定としてすでに決められていることならば、ここで再び議論することにどの程度の意味があったのか疑問である。しかし、この時点でも民間の動きを注視していたことは注目される。いわば、官設の決定は、少なくとも、貴族院―榎本の意向として確認されたが、再度議論をして慎重に官立という方針を確認したのである。

第四に、官立製鉄所を建設するという意味は、殖産興業時代の模範工場を建設するという意味合いが強くこめられており、製鉄事業を国家が単純に肩代わりするという意味ではなかったのである。

第五に、製鉄事業について、民間を基本とすることは当時の委員では共通の認識であった。しかも、それは長い間、官設とするのではなく、創立後民間に委せる、あるいは創立の当初のみ官設とする、という内容であった。

第六に、外国人への技術的依存を深めた内容になっていることは、この案の特徴でもある。第四特別委員会の議案でも外国人を七年間雇い、「本邦製鉄所長及技術部長ハ海外ニ於テ適当ナル技術長壱人ヲ選択シ雇入ノ約定ヲナシ同人ト製鉄所ノ設計ニ係ル一切ノ事項ヲ協議決定スヘシ(78)」となっており、外国人雇用の方法と建設における所長、技術部長、雇外国人技術長の役割についても明らかにした。

〈予算の検討経過〉

予算案責任者であった野呂が作成し、七月四日第四回委員会に提出された当初創立費予算は三三〇万円であった(79)（表2－3参照）。第四回委員会では予算の集中的な審議が行われた。そこでは、松本荘一郎が鉄道会計の観点から、野呂が作業費として計上していた費目は、鉄道会計では据置運転資本にあたるものであるから運転資本とするように提案があり、それは受け入れられ、費目は運転資本という名称になった(80)。その他、据付費用の計上などが決められた。第五回委員会では、機械（製鋼設備、高炉設備）据付費および地所が八万坪から一〇万坪に増加したことによる建築

表2－3　製鉄所予算主要項目の推移　（単位：円）

	海軍省所管製鋼所案	製鉄事業調査会当初案	製鉄事業調査会修正	官制発布議会可決
俸給諸給			183,200	183,200
製鋼	製鋼炉6基 162,000	転炉　70,000 平炉 100,000	転炉　70,000 平炉 100,000	転炉　70,000 平炉 100,000
錬鉄・ダンクス炉	錬炉14基　49,700	40,000	40,000	40,000
坩堝	29,250	25,000	25,000	25,000
鍛鋼（兵器関連）	183,300	230,000	230,000	230,000
兵器素材費			250,000	250,000
ロール	340,100	250,000	250,000	250,000
機械工場	87,300	鋼錬鉄工場費に含む＊	鋼錬鉄工場費に含む＊	鋼錬鉄工場費に含む＊
鋳物工場	43,600	47,000		
煉瓦石及坩堝製造	19,600	30,000	30,000	30,000
機缶場	67,600	90,000	90,000	90,000
工場建設費	555,900	781,200 地所 240,000 土工費　80,000	1,068,700	963,300 地所300,000 土工費100,000
雑項	56,450			
給料旅費など	155,200	183,200	183,200	183,200
製鋼工場費小計	1,750,000			
製銑工場費		600,000	547,700	539,700
外国人諸費		410,800	410,800	150,000
試験鋼材費				396,500
その他共合計	1,750,000	3,300,000	3,907,507	4,095,793

出典：『製鉄所沿革史』，『製鉄事業調査委員会議事録』．

注：①各費目の建て方は，費目に建築費を含んでいる場合，据付費を含んでいる場合，それぞれ含まない場合がある．建築費を基本的は含んでいない額を掲げた．含んでいる場合は，建築費を差し引いた金額を示せる場合は，建築費を差し引いた金額を掲げた．

②＊は費目の建て方が海軍製鋼所案と異なり，鋼及錬鉄工場費として一括して含まれてしまう．鋼及錬鉄工場費には製鋼設備、圧延設備など一括して掲げられている．

③ダンクス炉は，パドル炉を改良したものである．

費約二二万円の増加のため、三六五万七五〇六円六四銭の提案がなされた(81)。さらに、陸軍側の要求を受け入れた「兵器材料製造器械」の二五万円が追加されたことが主な要因となって、予算は三九〇万七五〇六円六四銭となった(82)。

第九回帝国議会への提案となった予算案は、その後さらに調整されて調査会の結論では四〇九万五七九三円四〇銭となった。三九〇万七五〇六円六四銭から四〇九万五七九三円四〇銭には、いくつかの基本的な予算の組み替えがなされていた。器械費は大きくかわらないが、銑鉄工場費が六二万四〇〇〇円から五三万九七〇〇円に減額され、機械据付費を一括経常した上で、全体として減少さえ示していた。それにかわって、死傷手当が新設され、庁費も増額された。もっとも大きな変更は、三九万六五六〇円の試験鋼材費が計上されたことである。これは後に述べるように、製鉄所の内部に資金をプールするための費目として新設追加されたのである。このアイディアは、鉄道局の松本荘一郎の提起を受けて考えられた費目であった。こうして、基本的には、四〇九万五七九三円四〇銭という製鉄事業調査会の構想が議会への提案となった(83)。以下では、その変更の経緯を検討して、議会に提出された製鉄所予算の性格を明らかにしておこう。

〈高炉生産能力の縮小〉

銑鉄については、野呂は次のように述べている。銑鉄は、「六万噸ト云フコトデ予算ヲ拵ヘマシタガ大分所々ニ民業論ガ激シイカラ銑鉄マデ皆製鋼所デヤルト民業ノ発達ヲ遮ルト云フヤウナコトニナッテ夫レガ為メニ種々ノ議論ガ起リハセヌカト云フ論モアリマス、併シ一方カラ云ヘバ今日ハ銑鉄ガマダ民業デ十分出来テ居ナイカラ民間カラ買アウト思ツテモ買フコトガ出来ナクテ困ルト云フ論モアル、私ハ六万噸ト云フ見積ヲ立テマシタガモ少シ減ズルヤウナコトニシテハ如何デゴザリマセウ(84)」。続けて野呂は、官立の製鋼所ができれば、銑鉄を製造する企業が起こり、価格も高くなることはないと指摘していた。そして、外国からの購入も視野に入れていたのである。

海軍の原田宗助はもっと極端で、銑鉄製造そのものの必要性を否定的にとらえていた。すなわち「私モ銑鉄ノ方ハ止メタイト云フ方デゴザリマス、其訳ハ先ヅ銑鉄工場ハ鉄山ノ有ル所デ起ルナラバ宜シイ、今日マデ鉄山ノ起ツテ居ル所ハ大抵鉄鉱ノ出ル地方カ又ハ石炭ノ出ル地方ニ工場ガ建ツテ居ル、製鉄所モドチラカニ片付クデアラウガ鉄山ヲ起ス趣意トハ少シ趣ガ違アウト思ヒマス製鉄事業ト云フモノハ丸デ鉄山ノ方ノ仕事トハ違ヒマスカラ事業ハ事業バカリデヤツタ方ガ永遠ノ策デハナカラウカト思フ夫レ故ニ銑鉄ハ丸デ止シタ方ガ宜イト考ヘマス」(85)。

原田の製鉄所構想は、銑鋼一貫製鉄所ではなく、銑鉄製造と製鋼部門を分離して、資源立地の構想になっていた。これに対して、同じ海軍でも山内万寿治は銑鋼一貫の熱経済を考えて、六万トンを主張した(86)。内藤は、三万トン程度の銑鉄製造を主張した。民間の助長と鉱業の発達を考慮すると、この程度が適当であると考えたのである(87)。中村も銑鉄を「全額デモ半額デモ」製造する方がよいとの意見であった(88)。

野呂はとにかく、議会における製鉄所予算の通過を第一に考えて高炉建設を抑える案を提起したのである。すなわち野呂は次のように述べている。「半額ニシテモ金高ハ餘リ違ハナイ営業費ノ方デ少シ違フ位デス、実際ノ御話ハ製鉄所ガ出来ルト横合カラ色々ナ議論ヲ試ムル者ガ起ルカ知レヌカラ此銑工場ヲ起スガ為メニ肝腎ナ製鉄所ノ設立モ破レハセヌカト云フ恐レガアル、委員長ノ御考ヘモサウデシタカラ其事ハ皆サンニ通ジテ呉レイト云フコトデゴザリマシタ、結局置イテヲク方ガ安全デアルト云フコトナラバ予算ヲ組立ル時ニ銑鉄ト鋼ハ二ツニ分ケテ置イテ貰ヒタイト云フ御話モアリマシタ」(89)。

結局、野呂は「スル位ナラバ四万噸ニシテ貰ヒタイ、サウスレバべすめるノ方ハ一定ノ銑鉄デナケレバ仕事ガ出来ヌト云フ理由モアッテ理屈ガ能ク附キマスカラ四万噸ニシテ金高ヲ少シ減スルコトニシマセウ」と述べているのである。そして、会議をとりしきっていた委員長代理（松本）は、「夫レナラバ四万噸ト云フコトニシテ……」(90)として、高炉建設の規模は確定し、それが創立予算として反映されていったのである。そして、実際には、ベッセマー転炉の規模に規定されて、高炉の規模は野呂が四万二〇〇〇トンにしたいという提案が受け入れられ、それが議会に提案さ

れたのである

以上の過程を見ると、委員の中で銑鋼一貫製鉄所の優位性から銑鋼一貫を主張したのは山内万寿治[91]だけで、後は政治的な配慮あるいは鉱業の助長などの観点から銑鋼一貫製鉄所である必要がないとしていた。結局議会通過を考慮に入れれば、ベッセマー転炉に必要な銑鉄を供給するために高炉を建設するという理由づけを行うことで高炉四万トンという数字が浮上したのである。ベッセマー転炉に要する銑鉄は、燐、硫黄などの低い熔銑でなければならないから、そのために高炉を製鉄所の内部に設置するということは合理的な理由となったのである。委員の案の妥協の結果、四万二〇〇〇トンに決定した。それは、内藤が述べているように一種の「政略」でもあった。

また、高炉規模の抑制は、銑鋼一貫製鉄所の優位性についての認識がとぼしかったということもできる。原田などは、資源立地の観点から製鉄所建設を発想していた。技術思想としては、一九世紀後半に急速に起こっている銑鋼一貫製鉄所の実態が十分には認識されていなかったのである。

彼らの発想の原点は、何度と無く挫折してきた官営製鉄所をとにかく建設し、一刻も早く日本において近代的な製鉄所を建設することであった。そのために、議会において予算を通過させることに全力を傾けていたのである。その典型的な例が高炉建設をめぐる議論であった。

第五回委員会（七月五日）においては、年間銑鉄生産量は、六万トンから四万二〇〇〇トンに引き下げられ、据付費などを加算した予算案三六五万七五〇六円六四銭が提案され議論にふされることになった。

〈試験費の計上〉

第五回では、本格的操業を始める以前の製品の代価をどのように扱うかという問題について、いくつかの議論をへて、製品代価を運転資本に入れるのではなく、起業費として内部に資金を留保しておく操作をした。雑収入にしておくと販売額は大蔵省にすべて入ってしまうことになるという、鉄道局長松本の示唆を受けて、代価を起業費中の一部分にしておくことにした。試験ということで職工の熟練費目として計上することにしたのである。

野呂：試験費を「起業費ニ入レルコトハムツカシイト思ヒマスカラ、ソコデ一度別途ニシテ……雑収入ニスルカ運転資金ニスルカト云フノデゴザリマス、雑収入デ入レヤウヨリハ見積リ代価デ運転資金ニ入レタ方ガ宜イト思ヒマス、其方ガ得デハアリマスマイカ、皆サンノ御考ヘハ……」

内藤：「私ハ運転資本ニ組入レタ方ガ政府ニ取ッテハ宜イガ製造所ニ取ッテハ自製ノ物デ中ニハ売ッテモ売レヌ物ガ出来ルカ知レヌカラ寧ロ大蔵省ニ納メテ仕舞フテ更ニ運転資金ヲ貰ッタ方ガ宜カラウト思ヒマス」[92]、「製鋼所ニ取ッテハドチラガ宜イカト云ヘバ悪ルイ物ハ売ッテ金ヲ餘計貰ッテ買（置）ッタ方ガ宜イト思ヒマス」

（（ ）内は筆者）

と述べて製鋼所における資金を内部留保しておくことを勧奨した。山際も内藤の意見に賛成し、結局松本委員長（代理）は、次のようにまとめたのである。

「夫レデハ「製鋼所全部竣功ニ先タチ職工ヲ練習セシメ製品ヲ確実ナラシムル為メニ幾分ノ製作ニ着手スルノ必要アリ依テ起業費ト共ニ左ノ起業費中製作費ノ支出ヲ決定シ置カル、ヲ要ス」ト云フ趣意ノコトヲ委員会ハ決議シテ置ケバ夫レハ起業費トシテ御組ニナラウガ製作費トシテ御出シニナラウガ委員会ハソコマデ議シテ置ク必要ハナカラウト思ヒマス」[93]

かくして、営業以前の段階の試製品は、製鉄所の内部に留保される構造になった。この議論を受けて、議会に提案された予算には「鋼材試製費」三九万六五六〇円が追加計上されたのである。なお、鋼材試製費の追加と引き換えに御雇い外国人の給与が減額されている。御雇い外国人の数を限定しようとしたと推測されるが、詳細はわからない。

〈兵器材料費の挿入〉

次に大きな問題は、軍事材料と製鉄所の関係である。中村勇次郎陸軍砲兵大佐は、製鋼所が軍事的目的を第一としたものではないことを認識した上で、やや控えめに次のように問題を切り出しているのである。

中村：「軍事上ノ必要ト云フコトヲ主ニ立テ、行カウト云フノナラバ私ノ方ニ必要ノ海岸砲ノ材料ガ出来ヌト小銃ノ材料バカリト云フヤウナコトニナルト大変需用ガ少ナクナルカラ大砲ノ材料トくれーんト焼ヲ入レル位ニハナラヌト餘リ陸軍ニ効用ハシナイヤウナコトニナル」

野呂：「種々ノ物ヲ入レテ居リマスカラ幾分カ這入ッテ居リマスガ焼ヲ入レルコトハ這入ッテ居リマセヌ」

中村：「軍器ノ独立ト云フコトヲ正面ニ出シテ都合ノ宜イコトトスレバ焼ヲ入レル位ノコトハ入レテ貰ヒタイト思ヒマス(94)」

「私ガ先ニ申シタノハ斯ウ云フコトニナレバ宜シウゴザリマス、是レハ特別ノ技術ヲ要スルコトデアルカラ先ヅ初メハ一年ニ六万噸ノ鋼ヲ造ル、段々熟練シテ来レバ拡張スルノデアルガ初メカラサウハ出来ナイカラ省イテアルト云フコトニナレバ宜イサウデゴザリマセヌト陸軍省ハ之ガ出来テモ何ニモナラヌト云フヤウデハ又別ニ計画シナケレバナラヌカラ製鋼所ガ軍器ノ独立ヲ笠ニ着テ起ルナラバ甚ダ釣合ヌコトニナラウト思フ、後来拡張スルニ付テハ夫レ等ノコトモヤルト云フナラバ陸軍省ハ夫レデ宜イ此後経験ガ積ンデ事務ヲ拡張シタル時ニ初メテ日本ノ鋼ヲ用ヰルト云フコトニナレバ宜イ(95)」

陸軍は、製鋼所を設立しても大きなメリットがないことから、砲身の製造設備を予算に挿入することを求めたのである。しかし、この製鉄所計画自体に全面的に最初から兵器用素材の供給を要求することはしなかった。

向井：「夫レヲ入ルレバ今度ハ鋼鉄弾マデ入レナケレバナラヌコトニナル、実際云フト海軍省ノ工場デモ十珊位ノ鋼鉄弾ハ造ルカラ夫レモ入レタイト思ヒマス」

松本委員長（代理）：「私共委員デ出タト云フノモ鉄道ノ方ノコトヲ云フ為メニ出タノデアル、夫レヲ見ルト今ノ軍器ノコトハ除イテ置クト云フ訳ニハ行キマスマイ」

原田は、「何モ彼モ製鋼所ノ中デヤラウト云フコト」ではないが、一七珊くらいまで製造と鋼鉄弾を製造する設備にするべきであると意見を述べた。中村は「実際ハ十七珊デモ声ハ二十七珊ト云フテ貰ヘバ宜イ陸軍デハ二十七珊三十五口径ノモノガアレバ夫レデ大丈夫」[96]と述べて、陸海軍の意向は合意に達した。野呂は、その器械費用を二五万円と見積もったところ、それを受けて委員長松本は「諸器械ノろーるノ前ニ弐拾五万円兵器材料製造器械ト云フ一目ヲ置ク」ことが決定した。

こうして、製鉄事業調査会の答申および議会に提出した予算では、兵器材料製造器械二五万円が挿入されたのである。その費目の説明によれば、砲身鍾器、旋盤、削側器などで構成され、「大砲其他ヲ仕上ケ焼キヲ入レルニ必要ナル器（ママ）ニシテ第二年ヨリ第四年ニ至ル三ヶ年間ニ漸次設置ノ見込ナリ」[97]とされたのである。

陸軍中村および海軍の砲身製造設備要求はこうして予算案のなかに反映されていったのである。当初案には、小規模な鍛圧設備があったが、「兵器材料製造器械」という名目は存在せず、砲身用の素材として最終段階で追加されたのである。

おわりに

議会提出までの経緯から明らかなことは、以下のとおりである。

第一に、陸海軍は、とりわけ海軍は兵器用素材を全て最初から官営製鉄所において供給することを目指していたのではなかったこと、製鋼所の建設は望んでいたが、日清戦争以前の段階では製鋼所への要求は控えめなものであったことが明らかである。しかし、同時に官立の製鉄所は最初から軍部や鉄道など様々な要求を取り込んで行かなければならず、経済合理性を追求する製鉄所として成立させることは困難であった。

第二に、同時に、清国漢陽製鉄所の建設という事態のなかで、早急に鉄鋼素材を供給する製鉄所を建設する必要があった。漢陽製鉄所の建設は日本における製鉄所建設を促すのに十分な存在であった。漢陽製鉄所の日本への軌条売り込みは、アジアにおける競争という点でも建設を急がせる要因となった。清国は、日清戦前から日本の石炭に注目していた。一方日本は、日清戦前には中国の鉄鉱資源獲得要求は存在していなかった。日清戦争前の製鉄所構想は、国内資源を前提としたものであった。

第三に、日清戦争前後では、製鉄所民設論は有力な意見として存在していた。それは原田宗助のような有力な海軍関係者にも存在していた[98]。こうした意見を考慮して製鉄所建設が構想されなければならなかった。軍器の独立ということは、陸海軍を取り込んで製鉄所建設を急ぐためには不可欠のシェーマであった。初期議会の状況では、軍器独立という国家的課題を前面に押し出さなければ、政府の積極政策は通過する見込みはなかった[99]。

しかし、その内容を見ると鉄道需要に応ずることは、製鉄所建設の一つ柱であった。二つの調査会は、レール用のベッセマー転炉を明確に打ち出していた。軍器用としては鍛造設備が構想された製鉄所は、日清戦争後の製鉄事業調査会の最終段階で兵器用材料費という費目が追加されたのである（表2－3参照）。一般に軍器の独立のために製鉄所建設は構想されたといわれるが、その建前と内実にはギャップが存在していたのである。

第四に、製鉄所構想を左右していたのは、議会であった。初期議会における民党の民力休養論は、製鉄所構想を決めてゆく上で大きなファクターであり、「議会の声」を軽視した構想は実現の見込みがなかったのである。「議会の声」を考慮して、議会へ提案された予算は、高炉の能力を四万二〇〇〇トンと著しく引き下げたものとなった。

第五に、官制発布までの構想は、国内資源を利用することを基本とする構想であった。それが、実際の建設の基礎となった第二代長官和田維四郎「和田意見書」[100]（一八九八年）によって一挙に粗鋼九万トン（第二期完成後一八万トン）、銑鉄一二万トン（同二四万トン）の銑鋼一貫の巨大製鉄所構想に転換したことによって、原料構想自体も変化せざるを得なかったのである。したがって、「和田意見書」以前においては、砂鉄もまた重要な供給資源として位置づけられていたのである。

野呂の失脚によって、官制発布までの製鉄所構想は、実現しなかった。官制発布と同時に予算化された野呂の構想は、国防、鉄道など社会資本の需要に応ずるもので、国内資源に依存した現代的な銑鋼一貫製鉄所構想への過渡的なものと歴史的に位置づけることができるのである。

注

（1）「臨時製鉄事業調査委員会」（一八九三年度）は、製鉄所文書の中でもしばしば「臨時」の文字が省略されて使用されている。「製鉄事業調査会」（一八九五年度）も史料によっては、「製鉄事業調査委員会」と呼ばれている。両委員会は、連続性をもった委員会と認識されていた。

（2）野呂景義は、一八五四年名古屋に生まれ、開成学校予科をへて帝国大学理学部採鉱冶金学科に進学、一八七三年官営鉱山のお雇い外国人クルト・ネットーの下で学び、一八八五年から八九年までヨーロッパに留学、イギリス、ドイツにおいて採鉱冶金学を専攻し、製鉄工場における実習に従事した。帰国後帝国大学において教鞭をとるかたわら、一八九〇年には農商務省技師を命じられ、嘱託として製鉄業確立ための主導的な役割を果した。しかし、一八九六年東京鋳鉄管事件に連座して、公職から退くことを余儀なくされた。その後、民間鉄鋼企業のコンサルタントとして各種会社の顧問につき、八幡製鉄所の初期の操業の不調にも嘱託として招聘されて、高炉操業の確立につとめた。野呂は、鉄鋼技術に関する学会である日本鉄鋼協会の創立に中心的役割を果し、日本の鉄鋼技術のパイオニアであった（松尾宗次、下村泰人「野呂景義」『フェラム』第5巻1号、二〇〇〇年五月、飯田賢一『日本製鉄技術史論』三一書房、一九七三年）。

（3）佐藤昌一郎「戦前日本における官業財政の展開と構造」(I)(II)(III)（『経営志林』第3巻第3号、同第4号、第4巻第2号、一九六六年一〇月、一九六七年一月、一〇月）。

（4）海軍省所管製鋼所案の性格を見ておくと、それは、ベッセマー転炉を利用したレール生産を基本とし、鍛圧工場（兵器加工）が予算的にも同額を占めているにすぎなかった。鉄道需要にこたえ、一方で軍事に部分的にこたえるといった内容であった。また、前著でも述べたように、海軍省所管とはいえ、当の海軍がみずから海軍省において素材生産をやることに消極的であった。また、日清戦争以前においては、民営論は決して根のないものではなく、民設を基本とすることは軍のなかにも一定の影響力をもっていたのである。近代的な製鉄所を建設することへの期待は軍も含めて大きいものであったが、それが軍事的目的にそったものとして構想されたとはいえないのである（以上の点については、高村直助編著『明治前期の日本経済（仮題）』日本経済評論社近刊所収の拙稿参照）。

（5）拙著『戦前日本鉄鋼業の構造分析』（ミネルヴァ書房、一九八七年）第二章官営製鉄所論において、海軍省所管製鋼所案提案者樺山資紀もふくめて、海軍省所管を積極的に主張していなかったこと、鉄道需要にこたえる側面をつよくもったものであったことを指摘した。海軍省所管から農商務省所管への「所管の変更は、製鉄所の性格を実情に合せて形式的に変えたもの」であると主張した。これにより、製鉄所の軍事的性格を強調する見解（山田盛太郎『日本資本主義分析』岩波書店、一九三四年、一一〇～一一六頁、佐藤昌一郎注3参照）に批判を加えた。筆者の基本的考えは変わっていないが、議会の議論から導いたという点では、実証的な詰めが甘かった。また、海軍省所管製鋼所案から第九議会への官制発布にともなう創立予算の検討へと進んでおり、臨時製鉄事業調査委員会の議論を検討しなかった。本稿は、この欠陥を是正し、製鉄所構想の内容とその性格を明らかにするということを目指したものである。佐藤昌一郎氏は大著『陸軍工廠の研究』（八朔社、一九九九年）において、官営製鉄所の性格について論じているが、「基本的意図は、軍器それ自体および軍器素材の生産を根幹とした鉄鋼確保」（一四三頁）であると規定し、官営製鉄所の性格規定は旧著と変化していない。筆者は、製鉄所が軍事的目的をもっていないということを論ずるものではないが、軍事的目的に製鉄所の性格が規定されているといえないと考えている。前掲拙著と同じく、筆者は旧講座派的な見解とは意見を異にするものである。

（6）拙稿「海軍省所管製鋼所案と製鉄所建設」（近刊高村前掲書所収）。

（7）「農商務省所管臨時歳出予定経費要求書各目明細書」（農商務省『農商務省所管経費予算書明治二六年度』一八九五年）国立国会図書館近代デジタルライブラリー所蔵。

（8）林茂「初期議会と国民」（岩波講座『日本歴史』17　近代⑷、岩波書店、一九六八年）八五～八六頁。

（9）佐々木隆『日本歴史：明治人の力量』第二一巻（講談社、二〇〇二年）一〇二～一〇五頁。

（10）海軍省所管製鋼所案もまた、製鉄所の民設を否定したものではない。この二つの流れは、官制発布の直前までたえず議論の対象となってきたのである。海軍省所管製鋼所案の性格もまた、官設を全面的に肯定していたものではないことを指摘した。詳細については、近刊高村前掲書の拙稿のなかで検討する。

（11）後藤象二郎が、六月一九日内閣総理大臣宛に提出した「製鉄所設立ノ方針ニ関スル件」（「製鉄所沿革史」製鉄所文書所収）の一部が三枝・飯田前掲書一五二～一五三頁では引用されている。
（12）三枝・飯田前掲書によれば、閣議決定は七月一〇日であるが、『公文類聚』第一七編、明治二六年第三三巻では、七月五日となっている。閣議決定の通牒が七月一〇日に農商務次官に発せられているのである。この間の事情は、製鉄所文書「鑛山局調査・製鉄所ノ沿革」によっているが、本書では『公文類聚』にしたがっておく。
（13）三枝・飯田前掲書一五三頁。
（14）一八九三年七月五日閣議決定（『公文類聚』第一七編、明治二六年第三三巻）。
（15）『製鉄事業調査委員会議事速記録』第三号、一八九三年一〇月二五日。なお臨時製鉄事業調査委員会が正式名称であるが、何故か議事録では、「製鉄事業調査委員会議事速記録」という名称になっている。名称は原資料につけられている名称を用いることにする。
（16）たとえば、和田維四郎の算定した「本邦鉄材ノ需用」（『工學會誌』第一四九巻、一八九二年五月）によれば、一八八八～九二年の鉄鋼需要のうち、軍需は合計で七％にすぎない。
（17）『製鉄事業調査委員会議事速記録』第三号、一八九三年一〇月二五日。
（18）同前。
（19）この時期の民間の製鉄会社設立運動については、簡単な記述が三枝・飯田前掲書一五二～一五六頁に紹介されている。
（20）前掲『商工政策史』第一七巻、八〇～八一頁は、三枝・飯田より、この間の事情を詳細に伝えている。これを参考にしつつ、当時の新聞で実際の状況をできるだけ明らかにしてみる。
（21）梅浦精一は石川島造船所の取締役などをつとめた実業家。新潟県出身（『大倉喜八郎の豪快なる生涯』草思社、一九九六年、一〇八～一〇九頁）。
（22）『時事新報』（一八九三年八月一九日）。
（23）『東京日日新聞』（一八九三年八月一二日）。
（24）『東京経済雑誌』（一八九三年八月一九日）二七六頁によれば、門司もしくは広島県三原で資本金一〇〇〇万円の予定とされている。
（25）『時事新報』（一八九三年八月一九日）。

(26)『東京日日新聞』(一八九三年八月一九日)。
(27)同前。
(28)同前(一八九三年八月一七、一九日)。
(29)小室信夫(こむろしのぶ)は京都府出身。民選議院設立建白書を板垣退助らと提出した。一八八二年には北海道運輸会社を設立し、共同運輸会社の創立委員ともなる(『日本近現代人名辞典』吉川弘文館、二〇〇一年)。小室は、官営以前の広島鉄山の経営をするために、設立された組合「鉄山社」の稼ぎ人であった経験をもっていた。一時砂鉄精錬の経営に関与していたのである(向井義郎「官営広島鉄山とその経営」たたら研究会編『日本製鉄史論』示人社、一九七〇年)。
(30)『東京日日新聞』(一八九三年八月二三日)。
(31)同前。
(32)同前(一八九三年八月一九日)。
(33)近藤吉雄『井上角五郎先生伝』(井上角五郎先生伝記編纂会、一九四三年、二一二頁)。
(34)三枝・飯田前掲書一五四頁。
(35)『製鉄事業調査委員会速記録』(第四号、一八九四年二月一五日)。
(36)弾丸製造所編纂『大阪工廠ニ於ケル製鉄技術変遷史』一九二七年、一七六頁(久保在久編『大阪砲兵工廠資料集』上、日本経済評論社、一九八七年)。
(37)同前一七八頁。
(38)しかし、実際には一八九六年着手して翌九七年ガス発生炉の附属した大型平炉でさえ十分な成果をあげることができず、一九〇〇年になってヨーロッパへ派遣されていた技術者の帰還によるヨーロッパ技術の導入によって「成績著シク高上《(ママ)》一変」したのである(同前一八六〜一八八頁)。
(39)原田宗助については、鈴木淳「製鉄事業の挫折」(鈴木淳『工部省とその時代』山川出版社、二〇〇二年)一六八頁。原田は、中小坂において鋼鉄製造の計画を指揮して一八八〇年に製鋼炉を築造した(三枝・飯田前掲書七五〜七七頁)。また、彼は、一八八二年築地海軍兵器製造所において、製造課長として、坩堝製鋼法の開発にも従事していた(有馬成甫「製鋼事業の沿革」海軍造兵史資料、防衛庁防衛研究所所蔵)。したがって、原田は、製鋼設備の建設、操業の経験をもつ数少ない日本人の一人ということになる。海軍でもこの分野で経験と技術をもった人物であった。

(40) 『製鉄事業調査委員会速記録』(第四号、一八九四年二月一五日)。

(41) 「呉兵器製造所新設ニ関スル件」一八九二年三月二六日決裁済(『自明治廿三年至同三十年兵器製造所設立書類』1、防衛庁防衛研究所所蔵)同資料については、佐藤昌一郎『陸軍工廠の研究』八朔社、一九九九年)第二章一参照。近刊高村前掲書所収、拙稿参照。

(42) 同前。

(43) 三枝・飯田前掲書一六七~一七〇頁。

(44) 砂鉄採掘は、土砂を下流に流出させ、下流の農業に被害を与えることから、採取に関する取締法が県レベルでは公布されていた。広島県では、一八八八年「砂鉄採取取締法」が公布され、土砂を河川に流出させることに対する取り締まりが強化された(向井義郎前掲論文)。明治前期のタタラ製鉄の状況については、野原建一氏の一連のすぐれた実証研究がある。取り敢えず『現代日本産業発達史』鉄鋼Ⅳ(交旬社、一九六九年、序章第三節野原建一執筆)、同「明治前期和式(たたら)製鉄業の危機」(『社会経済史學』第三六巻第二号、一九七一年)、同「明治中期のたたら製鉄業の展開」(『長野大学紀要』第七巻第三、四号、一九八六年五月)を参照。

(45) 藩営で操業されていた広島地方の鉄山は、廃藩置県により県庁稼ぎとなり、一八七二年政府より財政支出二万円が認められたが、一八七三年には和歌山県商人津田達蔵に払い下げられた。その後、小室信夫の経営となるが、経営に失敗し、一八七五年仮官業となった。大蔵省が県に経営を委託し、大蔵省が管轄するという形をとったのである。一八九八年には所管は農商務省となった(向井義郎前掲論文)。

(46) 『広島県史』近代Ⅰ、通史Ⅴ、三九〇~四一四頁(井上洋執筆)参照。

(47) 秋田鉱山専門学校岩谷東七郎『小花冬吉先生』(秋田鉱山専門学校、一九三三年五月)五~六頁、および「仏国に於ける砂鉄試験報告」参照。

(48) 『時事新報』(一八九一年一〇月二一日)。

(49) 「砂鉱採取法制定ノ件」(一八九二年一〇月二八日、『公文類聚』第一七編、明治二六年第三三巻)。

(50) 「砂鉱採取法ヲ定ム」(『公文類聚』第一七編、明治二六年第三三巻)。

(51) 陸奥宗光農商務大臣砂鉄採取法の趣旨説明(『第二回帝国議会、貴族院第二回通常会議事速記録』第四号、一八九一年一二月三日)。

(52) 金子増燿「製鋼試験報告（明治二八年一二月一二日）」（『製鉄所沿革史』一二五六丁）。
(53) 同上一二五五丁。
(54) Prof. Noro's Report,EXPERIMENTS FOR THE IMPERIAL IRON INDUSTRY, *The Japan Weekly Mail,* Aug. 1. 1896.
(55) 佐藤昌一郎「「製鉄原料借款」についての覚書」（『土地制度史学』第三二号、一九六六年七月）、同「戦前日本における官業財政の展開と構造：補論——赤谷鉄山開発問題と鉄鉱石輸送契約書」（『経営志林』第一一巻第二号、）藤村道生「官営製鉄所の設立と原料問題——日本帝国主義史の一視点」（『日本歴史』第二九二号、一九七二年九月）、安藤実「漢冶萍公司借款」(1)(2)、静岡大学『法経研究』第一五巻一号、二号、一九六六年七月、一二月）、同『日本の対華財政投資』アジア経済出版会、一九六七年）。
(56) 「製鉄所ノ沿革」（秘書科『自明治三十年至同四十三年　復命書並報告書』）。
(57) 釜石製鉄所において、コークスによる二五トン高炉の操業を始めたのは一八九四年のことである。
(58) 『伊藤博文関係文書　1』塙書房、一九七三年、四四五頁。
(59) 鉄道庁長官松本荘一郎ヨリ外務次官林董宛一八九三年三月三〇日（『各国製鉄工業雑件製鉄業ノ部』外務省外交史料館所蔵）。なお、資本金が一五〇〇両というのはいかにも少なすぎ、これは不正確なものであろう。
(60) 林権助より外務次官林董宛、一八九三年六月二九日（『各国製鉄工業雑件製鉄業ノ部』外務省外交史料館所蔵）。
(61) 「清国製鉄所視察員派遣ニ付建議」（一八九三年九月八日）（『製鉄所沿革史』九五－九六丁）『製鉄事業調査委員会議事録』所収。
(62) 「臨時製鉄事業調査委員会議事録」第二回、一九八三年九月二一日。
(63) 在漢口二等総領事瀬川浅之進から外務次官都筑馨六宛報告書「漢陽製鉄場」（一八九八年一二月二四日『各国製鉄工業雑件　製鉄業ノ部』外務省外交史料館所蔵）。
(64) 「昨年一年トッペハ数多クノ独逸人ヲ迎ヘテ工事ヲ分担セシメタリト雖トモ総督ト此等ノ雇外国人ノ間ニ屡々苦情ヲ生ジ総督モ殆ント其処置ニ苦シミ遂ニ百方金策ヲ運ラシ兼テ独逸銀行ヨリ借入レタル金額ヲ弁償スルト同時ニ独逸人ヲ解雇シテ再ヒ白耳義人ヲ聘シ」たと報告されている（在漢口二等総領事瀬川浅之進から外務次官都筑馨六宛報告書「漢陽製鉄場」、一八九八年一二月二四日『各国製鉄工業雑件　製鉄業ノ部』外務省外交史料館所蔵）。この情報は、農商務省には伝えられなかったようであり、清国で評判のよくなかったトッペが官営製鉄所の初期の操業を担うことになった。

(65) 「製鉄事業調査委員会議事速記録第一号」一八九三年九月二八日。
(66) 小田切万寿之助より外務省通商局長宛(一八九七年一〇月一八日起草、一〇月二〇日発遣『自明治三十年至同三十一年清国鉄路大臣盛宣懐ヨリ骸炭見本購入及価格等調査方以来ノ一件』外務省外交史料館所蔵)。
(67) 『明治二六年臨時製鉄事業調査会書類』所収。
(68) 「製鉄事業調査委員会議事速記録」(第一号、一八九三年九月二八日)における後藤象二郎の発言参照。
(69) 「第六回帝国議会　貴族院議事速記録」第四号、一八九四年五月一九日、五〇～五一頁。
(70) 同前五二頁。
(71) 同前五四頁。
(72) 「製鉄事業施設方針決定ノ件」(『公文別録』未決並廃案書類第三巻、国立公文書館所蔵)榎本の提出した文書が閣議決定されたのかどうかは確認することはできない。それは、同文書が未整理廃案書類の中に一括されているからである。しかし、これが閣議に出されたことは事実であろう。前掲「製鉄所ノ沿革」では一八九四年一二月二五日榎本が、官設とする意見を提出したとあるだけで、閣議決定したということは書かれていない。
(73) 三つの製鉄事業調査会は、しばしば混同して取り上げられている。三枝・飯田前掲書では、一八九五年の委員会を全て製鉄事業調査会と述べているが、史料によっては、「製鉄事業調査委員会」となっている場合もある。例えば議事録では「製鉄事業調査委員会議事録」となっている。「製鉄事業調査会規程」に従って九五年度の調査会は、以下「製鉄事業調査会」とする。ただし史料は原資料の呼称のままとする。
(74) 「第四特別委員会議案」(一八九五年六月二一日、『製鉄事業調査委員会議事録』製鉄所文書)。
(75) 「第三回製鉄事業調査会委員会議事録」(一八九五年六月二五日、同前)。修正後の部分を掲載。表題は原資料のまま。
(76) 同前。
(77) 三菱合資会社資料課『製鉄所ノ組織』(一九一七年八月)第一部、三八～三九頁。三菱史料館所蔵。
(78) 「明治廿八年六月廿五日議案　製鉄所ノ組織」(『製鉄事業調査委員会議事録』製鉄所文書)。
(79) 同案は、第四特別委員会(六月二一日)で修正を受けて委員会に提出され。その前の第三回委員会(六月二五日)提出されたが、実際の議論は第四回に行われたようである(『製鉄事業調査委員会議事録』製鉄所文書)。
(80) 「第四回製鉄事業調査委員会議事録」(一八九五年七月四日、同前)。

(81)　「第五回製鉄事業調査委員会議事録」（一八九五年七月五日、同前）。

(82)　三枝・飯田前掲書では、三九〇万円の予算内訳を掲載しているが、実際の議会の提出されたものとは異なることを注意しておく必要がある。

(83)　この予算の中身の詳細は、『製鉄所沿革史』に所収されている。

(84)　「第四回製鉄事業調査委員会議事録」（一八九五年七月四日、『製鉄事業調査委員会議事録』製鉄所文書）所収の野呂発言。

(85)～(90)　同前。

(91)　一八九〇年、山内万寿治が造兵監督官となり、厳島、松島などの兵装のために、クルップをはじめ、フランス、イギリスなどの兵器会社に発注した兵器類の監督、監視にあたっており、ヨーロッパの鉄鋼機械工場の実態に精通していた。山内は、呉において平炉製鋼工場を併設することを期して、アメリカ、イギリス、ヨーロッパ諸国を視察している。したがって、当時の銑鋼一貫製鉄所について知識をもっていたものと推測される（山内万寿治『回顧録』一九一四年、四五～六二頁）。

(92)　「第五回製鉄事業調査委員会議事録」（一八九五年七月五日、『製鉄事業調査委員会議事録』製鉄所文書）。

(93)～(96)　同前。

(97)　『製鉄所沿革史』所収。

(98)　この論点については、近刊拙稿「海軍省所管製鋼所案と製鉄所建設」においてより詳細に展開する。

(99)　これは鉄道敷設法を通過させるためには、鉄道官僚は軍部の意向も配慮しながら、鉄道幹線網も拡大しようとしたことと同じ構図である（原田勝正「鉄道敷設法制定の前提」『日本歴史』第二〇八号、一九六五年九月）。「組織防衛」（中村尚史『日本鉄道業の形成』日本経済評論社、一九九八年）するためにもこうした対応を迫られた。

(100)　三枝・飯田前掲書二一四～二二〇頁。

第3章　創立期の官営八幡製鐵所
——第二代長官和田維四郎を通して——

清水憲一・松尾宗次

はじめに

わが国に洋式の近代的鉄鋼業を定着させるための試みは、幕末の幕府・藩および民間における反射炉建設による鋳砲事業に端を発している。そうした試みを継承する形で維新後も展開して行くが、その中で釜石（官業一八七三～八二年）、中小坂（同一八七八～八二年）、広島鉄山（同一八七五～一九〇四年）において、官営の製鉄事業の試みが相次いだ(1)。これらとは別に本格的な洋式製鉄所建設に向けた調査・計画もなされた。一八七五（明治八）年工部省・陸軍省・海軍省の三省による官営製鋼所設立の稟請がその最初のもので、一八八〇（明治一三）年に三省の再稟請(2)、そして一八九一（明治二四）年の松方正義首相委嘱による野呂景義『鉄業調』・小花冬吉『製鉄所建設論』、この野呂案によって所管を大蔵省から海軍省に変更した同年の海軍製鋼所案の議会提出とその否決、翌九二年の製鋼事業調査委員会、九三年臨時製鉄事業調査委員会、そして日清戦後に初めて議会の協賛を得て設置された九五（明治二八）年製鉄事業調査委員会と、わが国に本格的な製鉄事業を創設する試みが連綿と続いた。[3] こうした結果として、一八九六(明治二九)年の第九議会において、農商務省所管製鉄所の「創立案」=予算が成立を見た。

ところで、前記各種委員会における調査・実験などにより、わが国の鉄鋼事業の技術的可能性が確認されていたが、[4] わが国初の本格的な銑鋼一貫製鉄所建設はまさに「難事業」であった。「元来斯業(鉄鋼業)ノ如キハ我邦ニ於テ殆創始ニ属シ其ノ経験ノ徴スヘキナク其ノ模範ノ據ルヘキナクシテ茲ニ設立セラレタルカ故ニ一モ支障ナク漫然成功ノ期シ難キハ勿論」であった。[5] そして、この難事業の「創立上の苦辛」(今泉嘉一郎)を一身に背負ったのが、官営八幡製鐵所の建設と作業開始にあたった第二代長官和田維四郎であった。

和田長官は、「故製鐵功労者」九名の一人として日本鉄鋼協会によって表彰されているが、そこでは次のように評価された。[6]

氏は明治三十年八幡製鐵所長官に任ぜられ鋭意同所の創業に努め、殊に大冶鉱山と買鉱の契約を結び原料供給上の基礎を開き、又二瀬炭坑を買収して同所燃料自給の途を開きたる等君の先見なりと云わざるべからず。今日我邦最大の製鉄所なる官立八幡製鐵所最初の溶鉱炉および製鋼圧延の事業は氏の長官時代創めて操業を開始せられたるものなり

和田長官の事績を概括すると、次の六点に整理できよう。[7]

①「創立案」を拡充する「意見書」(明治三〇年一一月)による「設立案」策定
②外国人技師・職工長の増員・雇い入れ
③原料鉱山の買収
④大冶鉄鉱石の確保
⑤建設工事の推進と作業開始式挙行

⑥販売などの運営方針の策定

本稿では、これら和田長官の事績に関連して、⑴長官就任の経緯および創立案の拡充による「設立案」＝「創立費追加予算」に関して、従来の研究で言及されることのなかった側面を中心に触れ、⑵官営製鐵所の性格に関わる「核心」ともいえる兵器用素材生産に関する経緯と論議を整理して、和田長官の製鐵所構想の「軍事的性格」を明らかにし、⑶開業式を盛大に挙行しながらも、製鐵所作業の不調、資本不足・追加予算の連続によって懲戒免官に至った経緯と要因、という三点を主として検討する。

これらの検討を通して、創立期における官営製鐵所のあり方に関して、これまでの代表的なモノグラフである三枝・飯田説を再検討したい。

第一節　長官就任と創立案拡充

1　長官就任の経緯

製鐵所官制および文官任用令によると、製鐵所長官は次官・局長級の勅任官で、閣議で決定し、農商務大臣の指揮監督のもとにあった。技監は技師・技手の技術官を指揮した。事務官（奏任）は長官が大臣に具申し、書記（判任）は長官が専行決定した。なお、製鉄事業調査会の「職員説明」によると、「所長」は「製鐵所ノ業務ハ単ニ技術ニ止ラズシテ元料《ママ》ノ買入製品ノ売却等重要ノ事務多ク加之製鐵所ハ東京以外ノ地ニ設立スルノ目的ナレハ遠隔ノ為メ主務大臣ノ指令ヲ待タズシテ決行スルヲ得サル事務少シトセス故ニ其任重キヲ以テ各省次官相当ノ勅任官ヲ以テ所長トス」、「技監」も「製鐵事業ノ成立ハ人ノ難視スル処ナリ而シテ其成否ハ主トシテ技術ノ巧拙如何ンニアリ故ニ其長タル技師ハ熟練ノ者タラサル可カラス且ツ製鐵所ハ数名ノ外国人ヲ使役スルヲ以テ随所之カ技術工ノ管理ヲ為ス其責重キハ言ヲ俟タス此重任ヲ果タシ亦タ能ク部下ノ技師ヲ指揮スルニ足ルヘキ者ヲ以テ技術長ニ任セサル可カラス依テ技監ヲ以テ之ニ充ツ」ために勅任官とした。

一八九六（明治二九）年二月、創立予算四〇九万円が第九回帝国議会衆議院で協賛され、三月二九日には製鐵所官制が公布、四月一日に施行された。この官制公布に先立って製鐵所長官の人選が急がれ、三月半ばには初代長官に元帝大総長渡邊洪基(8)が内定した。

渡邊は技監に和田維四郎をあてることをその条件とした。しかし「和田氏ハ従来榎本農商務大臣トノ間柄妙ナラザル所アリ、其他渡邊氏提出条件中当局者ノ賛同ヲ得ルべカラザルモノ(9)」があった。「妙ナラザル」間柄は不詳であるが、結局これが原因で内定が破談した。榎本農商務大臣の「平素微細ノ製作技術ニマデ其心ヲ労シ時ニ釜石ノ鉱山ニ遊ヒ自カラ鋳鉄ノ試験ヲ為ス等瑣末ノ所ニマデ立入ル性質」で「自然他人ト其意見ノ衝突ヲ免カル(10)」点にも由来していた。

破談後、榎本農商務大臣は山内堤雲を推薦するが、この場合には技監の人選に問題が生じた(11)。五月中旬には、「技監」について、榎本大臣は渡辺渡佐渡鉱山所長に内意を伝えるが固辞された(12)。長官および技監が決定しないことには、製鐵所の位置も確定できなかった。榎本大臣は「自己の配下に属すべき重要の官署なるを以て自分に於て充分信任し得べき人物ならざれば推薦するを得ず(13)」として、結局は初代長官に山内を決定した。官制公布から五〇日後の一八九六（明治二九）年五月一八日のことであった。

山内堤雲は旗本家臣の出で、英蘭学を修めて幕府に仕え、一八六三（文久三）年欧米（パリ）派遣、一八六七年にはフランス万国博覧会に派遣された。オランダ留学中の榎本などが博覧会を見物し、この時に榎本と知り合った。戊辰戦争の際に、榎本軍とともに函館戦争を戦い、敗北して収監された。維新後は黒田清隆開拓次官の知遇を得て、開拓使としてライマンについて北海道の石炭調査を行った。ライマンの報告書をもとに一八七七（明治一〇）年に煤田開採見込書をまとめて幌内炭坑の石炭採掘、鉄道建設を計画し、この事務長をつとめたが、開拓使が廃止され逓信省が設置されると、榎本逓信大臣、林薫通信局長の関係で逓信大書記官となった。一八九〇（明治二三）年には鹿児島県知事となり、九二年に退職するど、内国生命保険会社の社長に就いた。

こうした山内の経歴からすると、製鐵所長官に相応しい人物であったかという点では大いに疑問があろう。山内就任の要因として考えられるのは、まず第一に農商務大臣榎本との「つながり」である。「山内堤雲氏は維新前より親交あり且開拓使の頃には今の炭礦即ち煤田開採事務を担当し居たる人にて製鐵所長には適当たるべし」と榎本が強力に推進したが、山内自らが大臣に請願したともいわれている[14]。また、山内の実弟徳三郎の影響も考える必要がある。長崎で医学を修めた山内徳三郎は、その後英語塾を開き、一八七二年には榎本に従って北海道の鉱山巡回に参加し、ライマンの助手、そして弟子の一人として地質調査の先駆者となった。一八九四（明治二七）年七月から鉱山局長心得となり、一八九五年の製鉄事業調査会の委員をつとめ、製鐵所技師を兼任した。九七（明治三〇）年三月に榎本が大臣を辞任した直後の四月に徳三郎も辞任した。したがって、堤雲が長官に就任した時期には榎本大臣、山内鉱山局長心得がその地位にあった。

ところで、製鐵所の技監に関しても紆余曲折があった。榎本大臣は、既に触れたように当初は渡辺渡を考えたが、渡辺に固辞されると、「西山農商務技師及び赤羽造兵廠の金子技師其他横須賀造船所の技手一名」などが候補に挙がった[15]。この頃、堀田連太郎の名も挙がっている。しかし、「学術経験共に適応の人あるも一躍勅任となるべき官辺の経歴なきとか或は又官辺の経歴あるも輓近の製鉄事業に経験を有せざるとかにて兎角決する所な」かった[16]。結果的には、六月三日に工学博士大島道太郎[17]が任命された。金属精錬を専門とする大島が製鐵所技監となった経緯は不詳である。汚職連座事件による非職がなければ、野呂景義が当然のこととしてその地位を占めていたことが考えられた。

長官に就任した山内は、何よりも製鐵所立地場所の選定にあたった。一八九六（明治二九）年六月二二日には大島と共に広島、福岡に出張し、二九日に八幡村を視察した。「燃料の豊富なる洞海湾なれども、若松港口の水深浅く到底大船、巨船を出入せしむる能」はないために、二人は「絶望」した。[18]「大島は或は大里を第一」[19]とした。八月下旬、欧米視察（一〇月二〇日出発）前の大島が広島、山口、福岡に出張し、二八日に八幡の他に板櫃を「頗る精密に調査」[20]した。一〇月二一日には土地買収を担当した製鐵所事務官長尾泰辰が福岡県への出張辞令を得ているから、[21]この頃までには八幡村への立地が決定していたことになる。

この決定は、大島技監が判断したと思える。長官山内はわずか一度の視察であり、長官が「八幡村に確定」を公表した第一〇議会予算委員会分科会の一八九七（明治三〇）年一月二七日の質疑では、山内の答弁は要領を得ず、井上角五郎に「貴下の御言葉は寧ろ土地を御覧になったとしても、成程さっきの御話の如く、技師の云ふがままに御覧になったものと認めますよりしかたがない」[22]と決めつけられた。

山内長官がその後行ったのは、八幡村の民家（大和生太郎）を買収して仮事務所とし、六月一日に開庁して建設工事に着手したことである。しかし、大島技監が欧州で製鐵所設計の調査中でもあり、八月段階で「僅かに官舎十五棟の建築に着手」したのみで「開設準備一向渉取らず」[23]という状況であった。

こうした山内の事績を見るとき、山内は在任一年余で「更迭」されざるを得なかった。後ろ盾であった榎本は既に三月に農商務大臣を辞任していた。八月九日付で山内は「諭旨免官」となった。山内免官前の七月二八日には農商務技監堀田連太郎[24]が「長官事務取扱」に就き、[25]八月二〇日付で「長官心得」となった。[26]

堀田事務取扱は、着任直後の八月一五日には大島の設計図による創立案拡充を大臣宛に提出した。[27]「本所作業工事其他経営スヘキ諸般ノ事務」として作業方針と予算の変更を求めた。

一八九七（明治三〇）年一〇月六日、和田維四郎が製鐵所長官に就任した。和田の経歴については略年表として示しておく（表3－1）。和田が東京大学理学部教授、農商務省鉱山局長という鉱物学の権威であったこと、初代製鐵所技監に推挙された経緯があったこと、また製鐵所創立に調査委員として深く関わってきたことが、長官就任の要因といえる。ここではとくに調査委員として和田が製鐵所構想にいかに関わっていたかを明らかにしておく。

和田と官営製鐵所構想との関わりの最初は鉱山局長として、海軍製鋼所案の作成に従事したことである。[28]ついで製鋼事業調査会（明治二五年六月）に関しては、鉱山局長として委員であると同時に、局長名で調査費を閣議に要求し、調査会議決を河野敏鎌農商務大臣に提出して中心的役割を果たした。[29]一八九三（明治二六）年の臨時製鉄事業調査委員会では、(1)長谷川芳之助・野呂景義・牧野毅と連名で、後藤象二郎農商務大臣宛に「清国製鐵所視察員派遣ニ付建議」、委員会においても「製鐵所設置ニ関シ一大関係アル時期」なので速やかに派遣すべきであると出張し、委員会はこれを可決した。(2)特別委員として調査順序方法の「大要説明」を次のように行っている。

①鉱山調査は全国すべてを調査する必要はなく、釜石、赤谷、仙人で充分である
②新潟県東蒲原郡日出谷・広谷村産鉄鉱を釜石に送って試製する
③内国鉄材の良否について、明治二五年九月以降の報告書をつくる
④内地製の耐火煉瓦の調査を行ったが、適質のものが少ないので、試製を続ける
⑤骸炭について、本邦に製造業者が少ないが、野呂の試験結果を検討する
⑥製鐵所の組織
⑦製鐵所位置は特別委員の審議に付すことが適切である

このうち内地鉄鉱の製銑、製鋼の成績について、大阪砲兵工廠は数年来、近年は内国銑のみを需用し「満足ナル結果」を得、横須賀造船部でも初めて充用し「予想外ノ好成績」に満足している、昨年九月以降の結果がわかれば有益である、と答弁した。また浅香克孝が釜石製鉄業のために森林が伐採され治水問題が生じているので、製鉄所設置に

表 3－1　和田維四郎略年表

西暦年	和田維四郎	日本の製鉄事業
1856（安政 3）	3. 若狭国小浜藩で誕生	2．水戸藩反射炉溶解試験成功
		1．大島高任，釜石鉄山洋式高炉火入
1858（安政 5）		
		2. 大阪製造所（砲兵工廠）創設
1870（明治 3）	10. 小浜藩貢進生として大学南校入学	
		7. 釜石鉄山官堀場指定（1882.12）
1873（明治 6）	開成学校鉱山学科（Schenck に師事）	
		5. 三省官営製鋼所設立稟請，広島鉄山官行（～1904）
1875（明治 8）	開成学校助教，金石調査所で鉱物調査	
1876（明治 9）	『各府県金石試験記』，『金石学』刊行	
1877（明治 10）	4. 東京大学助教，『金石鑑別表』刊行	
		5. 中小坂製鉄所官行（～1882）
1878（明治 11）	5. 内務省地理局地質課，『本邦金石略誌』刊行	
1879（明治 12）	6. 地質課長心得，『晶形学』刊行	
		2. 三省官営製鋼所再び稟請
1880（明治 13）		9. 築地海軍兵器製造所坩堝鋼製出
1882（明治 15）	2. 地質調査所初代所長	
		12. 工部省釜石鉄山廃止
1885（明治 18）	東京大学理学部教授（鉱物学）兼任	
1886（明治 19）	3. 農商務省地質局長	7. 釜石田中製鉄所発足
1887（明治 20）		7. 大阪砲兵工廠釜石銑による坩堝製鋼，7. 日本製鉄(株)創立
1889（明治 22）	9. 農商務省鉱山局長兼任	
1890（明治 23）		海軍横須賀工廠にわが国初の酸性平炉
		12. 帝国議会海軍省製鋼所案否決，呉鎮守府造船部操業開始
1891（明治 24）	7. 帝国大学教授退官	
		5. 再提出の製鋼所案再否決，貴院内藤建議案可決
1892（明治 25）	6. 製鋼事業調査会委員	
		7. 後藤象二郎農商務大臣の民設論を閣議決定
1893（明治 26）	4. 鉱山局長辞任，臨時製鉄事業調査会委員	
		8. 釜石田中製鉄所コークス製銑成功，12. 製鉄所官設を閣議決定
1894（明治 27）		

1895（明治28）	5. 製鉄事業調査会委員，12. 御料局生野支庁長心得	2. 衆院製鉄所設立建議案可決，呉兵器製造所製鋼工場
1896（明治29）	5. 生野鉱山などの払下に反対して「意見」と辞表提出（留任） 8. 製鉄事業調査取調嘱託	3. 製鐵所官制布告，野呂景義非職，5. 山内長官任命，6. 大島技監任命
1897（明治30）	10. 製鐵所長官就任，11.「意見書」提出 11.「製鐵所顧問技師傭入に関する復命」提出，11. トッペ雇入契約	2. 八幡村公示，4. 設計変更の大島書簡，6. 製鐵所開庁 8. 山内免官、堀田長官心得
1898（明治31）	5. 追加予算（647万円），6.「製鐵所創業順序之件伺」提出	
1899（明治32）	4. 大冶鉄鉱石購入契約，8. 赤谷出張所，12. 二瀬出張所	2. 軍艦水雷艇補充基金
1900（明治33）	5.「兵器用鋼材製造に関する意見」提出	
1901（明治34）	2. 辞表提出，4. トッペ解約，9. 追加予算（391万円）上申，11. 作業開始式	2. 製鐵所第一高炉火入，呉造兵廠拡張費に関し協定
1902（明治35）	2. 製鐵所長官休職，8. 懲戒免官，5. 中国鉱業事情視察	4. 中村雄次郎長官，7. 高炉作業中止命令，12. 製鉄事業調査会報告
1904（明治37）	5.『日本鉱物誌』刊行	6. コッペー式コークス炉作業開始，7. 野呂による第一高炉第3次火入れ
1905（明治38）		2. 第二高炉火入れ，6. ソルベー炉建設工事開始
1906（明治39）		3. 第一期拡張工事の議会協賛
1916（大正5）	5. 製鉄事業調査会委員	
1917（大正6）	12. 貴族院勅撰議員	
1918（大正7）	10.『訪書余録』刊行	
1920（大正9）	12. 死去	

出典：松尾・清水前掲論文による.

際しては土木会議に照会する必要があることを建議すべきと主張したが、和田は将来の燃料は骸炭であり、木炭に依存することはないと発言した。(3)調査は際限がないので、第五議会に政府が製鉄所設立を提出するように、それに向けた決議にしていくべきではないか、つまり早期に製鉄所を設置すべきという考えであった。ただし、後藤農商務大臣の民設案が提起されると、委員会の継続を求めた。

一八九四（明治二七）年一二月二五日に榎本武揚農商務大臣は製鐵所官設を閣議で決定した後に、製鉄事業調査会（明治二八年五月）を設置した。ここでは和田は、①製品ノ種類及製造高、②製鐵所ノ位置、③製鐵所組織を担当した。この調査会では製鐵所組織について、「外国人技師長雇入ノ件中第四項ノ内兵器用鋼材部ニハ外国人壱人本邦技師壱人及海陸軍省ヨリ専門ノ技師壱人宛ヲ兼任セシムトヘシヲ削除シテ之レカ大略ヲ説明」し、「……製鐵ハ海陸軍両省農商務省鉄道局ニ最モ需用アリ随テ事業上協議ヲ要スル事アルベキカ故評議官ヲ置キ前記各省ノ高等官ヲ以テ之ニ充テタリ[30]」と修正報告した以外には、欠席がちであった。

以上の委員活動を見ると、各調査会でリーダーとして原案を作成した野呂景義には及ばないものの、製鉄事業全般を見通せる見識を有していたことが確認できる。

2 創立案拡充

製鉄事業調査会が作成した「製鐵所創立費」原案は、前議会での製鉄所建設建議案の可決および伊藤博文内閣と自由党の提携もあって、一八九六（明治二九）年二月の第九議会ではほとんどの論戦もなしに協賛を得た[31]。この創立費は明治二九年度から三二年度の四カ年継続事業として四〇九万円余を支出するものであった。この事業は「軍備ト工業トノ需用」に応じるために、「本邦鐵材ノ需要ヲ調査スルニ其額凡ソ拾参万噸」で、この半分「壱ヶ年製造高六万噸」の鉄鋼材、つまりベッセマー転炉鋼材（三万五〇〇〇噸）マルチン平炉鋼材（二万噸）、錬鉄（四五〇〇噸）、坩堝鋼材（五〇〇噸）を生産しようとするものであった。しかし銑鉄生産については日産六〇トン高炉二基で年産三万六〇〇〇トンとし、なるべく民間（釜石など）から購入することにしていた。「其種類形状ニ至テハ其数巨多ニシテ俄ニ悉ク之レヲ製造スルコト容易ノ業ニ非サルノミナラス経済上不得策ナルヲ以テ其製造ハ最初小額ヨリシテ漸次ニ拡張スルヲ便益トス」ということを基本方針とした。

技監大島道太郎が任命されると、技師小花冬吉・高山甚太郎の三人は、「製鐵所起業ノ準備」として「各国ノ実況視察並ニ器械購入」のために欧米に派遣されることになった。三人は同年一〇月二〇日に出発した。大島技監には外国技師雇入と製鉄用器械購入が委任され、後者については随意契約の権限が与えられた。

ところで、この派遣決定に際して、「創立案」を見直すことが前提となっていた。「而して近年斯業の著しき進歩発達に鑑み、従来の計画（創業案）に満足すべからざるを以て、大島技監及び技師三名を海外に派遣[32]」したのである。

この大島派遣について、後の「追加予算」の予算委員会分科会では政府委員の藤田四郎農商務次官、衆議院本会議では金子堅太郎農商務大臣が、かつて議会において技師の海外派遣予算が削除され、このために「単純ニ我国ニ在ル所ノ技術者ダケデ、此計画ヲスル」ことになり、こうした意味で創業案は不十分なものであったこと、十全な計画をつくるためには海外派遣が必要であり、創立費にはその予算を加えたことを次のように指摘している。

政府委員（藤田）……二十六年ノ議会カト思ヒマスガ、製鐵所調査費ト云フモノヲ請求致シマシタノデ、即チ製鐵所ヲ建ツルニ付キマシテハ、未タ俄ニ経験ノナイコトデアルカラシテ、兎ニ角製鐵所ヲ建ツルノ方針計画等ヲ立テ、、然ル後ニ議会ノ協賛ヲ得タイト云フノデ、先ヅ之レニ要スル費用ヲ議会ニ要求ヲ致シタノデゴザイマス、其当時ニ於キマシテハ、今ノ製鐵所長ガ鉱山局長デ居リマシタノデ、能ク其事ハ承知致シテ居リマスガ、新ラシイ仕事デゴザイマシテ、唯調査ト云フテモ、兎ニ角外国ヘデモ人ヲ出シテ其状況ヲ能ク承知シタ上デ、製鐵所ヲ建ツルト云フ予算ヲ立テマシタ、当時十分ニ説明シ得ラレナイ事情モアッテ、不幸ニシテ外国ヘ出スコトノ

予算ガ削ラレマシタ、ソレガ為メニ、単純ニ我国ニ在ル所ノ技術者ダケデ、此計画ヲスルト云フコトニナリマシテ、……[33]

九七年四月一五日付の「ライン州ステルクラーテ発書簡」[34]によって大島は設計変更の骨子を伝え、五月三一日付で設計図を送付してきた。山内長官は対応できなかったが、堀田長官取扱は着任早々に設計変更を「上申」[35]し、「創立案」との違いを次のように指摘した。

今回大島技監ヨリ送付セル設計図案ニ依リ考察スルニ曩ニ第十議会ニ於テ決定シタル製鐵所予算案ニ対シ相違ヲ生スル件左ノ如シ

一　坩堝鋼及煉鉄製造ヲ休止シ専ラシイメンス及ベセマ鋼製造ヲ主トスル事

二　銑鉄製造年八万噸ノ規模ヲ拡張シテ十二万噸迄トナセンコト

三　鎧鈑及大砲製造ハ前項シーメン鋼試製ノ結果ニヨリ直ニ着手スル事

四　以上変更ノ結果トシテ器械装置上増減ヲ生シタルコト

長官に就任した和田は、大島帰国後の一一月一八日にいわゆる「和田意見書」を大臣宛に提出した。[36]この「意見書」による設計変更こそ八幡製鐵所の具体的な建設案になるもので、そのために従来の研究でも必ず触れられているが、骨子を整理しておく。

(1)「創業ノ設計」は「決定ノ予算全額ヲ標準トスヘキ」ではなく、「我国軍事及経済上必要トスル所ノ製鐵所ヲ設立スルヲ主眼トシ是レニ必要ナル規模及施設ヲ以テ設計スルコト」というのが基本方針である。

(2)我が国の鉄材需要は予定（一二万噸）の倍に増大しているので、欧米製鉄業との競争を考えて、「規模ヲ鴻大ニシ施設ヲ完全ニシ務メテ冗費ヲ省キ廉価ニ多量ノ製造ヲ為ス」ことにする。

(3)予定では銑鉄は唯ベッセマー鋼（転炉）製造用のみであったが、マルチン鋼(平炉)用も製造する。

(4)錬鉄は軟鋼で代替するようになってもいるので、この計画を止め、坩堝鋼については「其需用狭小ニシテ之ヲ需求スル陸海軍省所管ノ工場ニ於テハ各其製造ノ装置ヲ備ヘ且斯ノ事業ハ少資本ヲ以テ設立シ得ヘキモノナルヲ以テ」、その「製造ハ其需用供給ノ状況ヲ調査シ若シ軍用上ノ必要アラハ他日之ヲ開始」する。

(5)「鉄山炭坑及石灰山ヲ購入シ自ラ之ヲ採掘シ務メテ廉価ノ原料ヲ供給スルノ途ヲ計」る。

(6)製鉄事業の難しさを考慮して外国人技師を増員する。

(7)原料・製品の運搬を考えて、洞海湾を浚渫する。

(8)「予定ノ計画ニ於テハ兵器用機械費トシテ四十八万円ヲ予定シタレトモ此費額タル大砲々身ヲ製作セントスルトキハ著大ナル不足ヲ告ケ且兵器ノ製作ハ製鐵事業中最モ至難ニ属スルヲ以テ製作ノ難易ニ応シテ漸次起業スルヲ以テ得策トス」。

(9)かくして「計画ノ全般」を、「製銑量一ヶ年二十四万噸製鋼量十八万噸トシ斯ノ事業ノ竣功ヲ二期ニ分ツヘシ又兵器用鋼材ノ如キモ其難易ニ従ヒ二期ニ分」ける。

(10)第一期は、製銑一二万噸、製鋼九万噸とし、明治三十三年度で完成する。兵器用材は、「坩堝品及大砲、甲鉄板ヲ除キ軍艦砲架機械及其他ノ材料ヲ供給」する。

(11)第二期は、明治三十五年度から開始し、製銑・製鋼を第一期の二倍にする。また、「坩鋼工場ト兵器製造用鍛鋼プレッス工場トヲ起スヘシ然ルトキハ甲鉄板ノ外総テ他ノ鋼材ハ悉ク製作シ得ヘシ」。

設計変更の和田「意見書」を踏まえた「追加予算」は、松方内閣を継いだ第三次伊藤博文内閣の第一二臨時議会（一八九八年五月一九日～六月一〇日解散）に提出された。しかし、議会提出までの間に、原料鉱山購入費および若松築港会社補助は閣議において「削除」[37]された。これら二項目と据置運転資本が、翌年第一三議会で「紛糾」[38]の末に実現するが、国家財政逼迫の折り、これらを含めると一〇〇〇万円を超える追加予算になることがその一挙実現を阻んだものといえる。

さて、この審議の中でも明らかになったが、製鐵所創立費の資金源が、この追加予算をきっかけとして当初の賠償金から事業公債に転換し、事業の「収益性」を明確にした。この間の事情を説明しているのが、呉製鋼所案で紛糾した第一五議会での政府委員・阪谷芳郎大蔵次官の次の発言である。(39)

政府委員（阪谷芳郎）……四百九万円ト云フモノガ二千万円ニ増加スルノダカラ甚ダシイ計算ノ狂ヒデアリマスカラ當局ニ於キマシテモ種々講究イタシテ、到底是ハ製鐵ノ事業ヲ廃メルカ或ハ之ヲ進行スルカト云フコトノ方針ヲ先キニ極メナケレバナラヌ、丁度其問題ノ起リマシタノハ明治三十年頃ノコトデゴザイマス、ソレデ其時ノ形況ト申スモノハ段々此鐵ノ需要ト云フモノガ盛ニ起リ、其他機械工場ト云フモノガ盛ニ起ッテ鐵類ノ輸入ガ著シク増シテ來ルト云フ形況デアル、又逓信省ニ出願シテ居ル所ノ鉄道敷設願ト云フモノハ其資本額ガ五億カラニ上ボルト云フヤウナ訳デゴザイマシテ、一方ニ於キマシテハ余程鐵ノ輸入ト云フモノガ盛ニナルト云フ有様デアル、殊ニ政府ニ於テハ台湾ニモ鉄道ヲ敷設スル其他政府ノ事業ノ鐵道モ延長スル経画ガアル、旁々是ハ即チ余程鐵ノ輸入ニ対シテ防禦ノ法ヲ講ゼナケレバナラヌ、進ンデ日本ノ製鐵業ヲ盛ニシナケレバナラヌト云フコトデアリマシテ、即チ此問題ト云フモノハ寧ロ廃メルヨリハ進ンデ拡張スル方ガ宜イト云フコトニ決シテ、今日ノ製鐵所ノ二千万円ノ経画ガ出来マシタ、其経画ガ出来マスルト同時ニ、是ハ公債支弁ニスル即チ公債ヲ以テ支弁スルト云フ経画ヲ立テ、而シテ此製鐵所ノ事業カラハ公債ノ元利ヲ償却スルニ足ルダケノ利益ト云フモノヲ上ゲルト云フ計算ヲ持ツガ宜シイト云フコトニ、其當時ノ政府ニ於テ決シマシタノデアリマス、即チ此福岡県下枝光ニゴザイマスル所ノ製鐵所ノ事業ト云フモノハ専ラ普通ノ軍用材品及れーる等即チ一体ニ此商品トシテ使用シ得ラル、所ノ材料ヲ供給スルノ経画ニ致シ、即チ其作業ノ利益ト云フモノハ年々上ッテ行クト云フコトノ目的ヲ主ト致シテ今日ノ業ト云フモノハ経画サレテ居リマス、……

ここには製鐵所「追加予算」に際して、廃止を含めて検討したが、将来の需要拡大を考慮して「進んで拡張」することにしたこと、拡張する以上年々作業利益を上げ、その利益が「公債ノ元利ヲ償却スルニ足ルダケノ利益」となること、したがって製鐵所の「経済性」が主目的として位置づけられたことを示している。

追加予算を受けて、和田長官は直ちに『製鐵所創業順序之件伺』(40)を提出して、具体的な建設工事に取り組んだ。計画では、(1)第一高炉は明治三三年度初、第二高炉は同三四年度に竣工、(2)製鋼工場は三三年度竣工し三四年度初から試製、(3)製品（圧延）工場は三三年度竣工・試製、(4)コークス工場とその他すべては三四年度竣工とした。

第二節　製鐵所と兵器素材生産

1　照会と回答

和田長官「意見書」（＝第一・二期）による官営製鐵所の設計変更は、普通鋼生産による規模の拡大と「経済性」を優先することによって兵器用鋼材生産を後景に追いやったとして、日清戦後の軍備拡張をはかる陸海軍と摩擦を引き起こした。それは陸海軍が製鐵所における兵器用鋼材生産の方針を照会し、製鐵所がそれに回答するという形で始まった。

一八九八（明治三一）年五月、陸軍次官（中村雄次郎少将）から製鐵所長官に対して、「追加予算」審議期間中に口頭による質問に端を発している。

陸軍は、①兵器用鋼材とくに砲身鋼供給のすべてを製鐵所に仰ぐ予定である、②自ら鋼材生産設備を設けることはしない、③製鐵所創立当初において砲身鋼生産ができないことはやむを得ないので認める、④しかし陸軍兵器用鋼材生産の全部を第二期に回すことは同意できないので、製砲の手段を速やかにたてること、を求めた。これに対して製鐵所は、①精良な鋼材生産が実現できた上で砲身鋼生産に従事することになっている、②主任技術官とそれに精通した外国人技師によって当初から研究を行っている、③小口径から始めて漸次大口径の砲身を製作する計画、④完全な設備は第二期である、とした[41]。

したがって陸軍の砲身鋼生産については、その後一九〇〇（明治三三）年八月に製鐵所はその需要高を陸軍省に問い合わせ、一九〇一（明治三四）年八月には陸軍からの砲架（二四センチカノン砲、二八センチ榴弾砲、二七センチカノン砲）材料仕様書に対して、製鐵所ですべて供給可能であることと二〇―三〇ミリの鋼鈑も供給できることを伝えた[42]。

製鐵所における兵器用鋼材生産をめぐる「衝突」は、むしろ海軍が必要とする装甲鈑に関するものであった。対露の日清戦後の海軍拡張は、「戦艦六巡洋艦六」を第一期（一八九六年度から一〇年間）第二期（修正増加、総額二億一三一〇万円）において整備する大規模なもので、賠償金を財源にすべてを輸入に依存するものであった。しかし清国賠償金を使い果たし、軍艦水雷艇補充基金（九九年四月公布）を転機に軍艦国産化をめざす海軍は、その材料としての装甲鈑などの自給が不可欠であった[43]。この装甲鈑生産を製鐵所と海軍（呉製鋼所）のどちらが、どのように行うかが急がれた。

まず一八九九（明治三二）年一二月に、海軍軍務局長（諸岡頼之少将）は製鐵所長官に対して、「鋼鉄板製造所ヲ本邦内ニ設立センコト兵器独立上最モ緊急ノ事業ト思料候処、貴所ニ於テ右設立方ニ関シ従来御計画相成ルベキ御見込モ可有之哉」を照会してきた。製鐵所長官は「目下着手中ノ事業ニ於テハ鋼鉄板製造ノ計画無之将来之ヲ当所ニ於テ製造スヘキヤ否ヤハ政府ノ方針ニ依ル」と応えた[44]。

続いて一九〇〇（明治三三）年一月に海軍大臣が農商務大臣に対して、装甲鈑製造が急務にもかかわらず、軍務局長の照会に対する製鐵所長官の回答は「計画ナク将来之ヲ製造スヘキヤ否ハ政府ノ方針ニ依ルヘキ」としているが、農商務大臣の見解はどうか、「何等カノ施設ヲ計画スル必要」があると思うがどう考えるか、と照会した。農商務大臣は「三十四年度ヲ以テ工事ヲ終ルヘキニ付其全部竣功ヲ俟テ兵器用鐵材ヲ製造スルニ充分ナル工場等ヲ設クル見込ニ有之」、またその際には「貴省需用材ノ詳細ヲ承」って海軍大臣と協議するとした。同時に製鐵所の事業計画として明治三二年度追加予算の国会審議の際に配布した「製鐵所創立費追加ヲ要スル理由」、「製鐵所設計ノ要旨」を送付した。[45]

『製鐵所文書』収録の製鐵所と海軍との照会・回答のやりとりは、以上の二回である。しかし田中隆三鉱山局長による「大臣命ニ依リ鉱山局長調査　製鐵所ト兵器材トノ関係」によると、「第三ノ照会」として一九〇〇（明治三三）年二月に海軍は製鐵所が三四年度に装甲鈑工場を建設して三六年度から製造供給できるように依頼してきた。これに対して製鐵所は、兵器用鋼材生産は陸軍にも関係するので関係三大臣が協議し、その結果を閣議決定するようにしたい旨を回答した。[46]

　第三ノ照会即チ卅三年二月一日海軍大臣ヨリ農商務大臣ニ宛タル照会ニ依レハ「鋼鉄板製造工場ハ卅四年度ニ於テ設立ニ着手セラシ候様致度（中略）是非トモ卅六年度ニ於テ鉄鋼板并兵器用材ヲ製造供給セラルル様致度」トアリ此ノ照会ニ対スル卅三年二月三日農商務大臣ヨリ海軍大臣ニ宛タル回答ハ「兵器用鉄材製造ノ件ニ関シ御来示ノ次第モ有之候処右ハ陸軍省ニモ関係有之事業ニ付キ貴大臣并陸軍大臣ト御熟議ノ上閣議ノ決定ニ依ルヘキモノト存候ニ付キ其ノ運ニ致度云々」トアリテ海軍省トノ応答ハ此ニ一段落ヲ告ケタリ

ところで、これらのやりとりの背後には別の動きがあった。

呉造兵廠長、海軍大佐山内万寿治が既にこの年の四月から一一月にかけて欧米の装甲鈑調査[47]を終えて帰国した後に、海軍は初めて照会をしてきた。他方で製鐵所も後に触れるように、製鐵所構想からは除かれていた装甲鈑製造に関して、非職中の野呂景義を煩わせて欧米に調査派遣を行っていた。双方ともにこうした準備を行った上での照会、回答であったことになる。また、山内が調査に出発したのと同時期の九九年四月、政府・大蔵省は海軍が兵器用特殊鋼を製造したいという頻繁な要請に対応するために、製鐵所にそれを追加するかどうかの調査を始めた。大蔵省主計局長が八幡、呉そして大阪砲兵工廠を現地調査した[48]。一八八九（明治二二）年から継続事業の呉兵器製造所では大砲などを製造することが可能になっており、これを拡張すれば輸入よりも安く製造できるということで、明治三三年度予算で呉造兵廠拡張費（一一〇万円）の議会協賛を得た。この拡張費は海軍用の「大口径新式砲ヲ製造スヘキ施設」を完備しようというもので、呉兵器製造所は五〇〇〇噸の鍛造用水圧機を購入し、一九〇二（明治三五）年には八幡製鐵所製鋼工場の平炉（塩基性）と同規模の二五噸酸性平炉二基が作業を開始した。装甲鈑製造には一万噸鍛造機が必要であり、装甲鈑製鋼所設置を求める明治三四年度呉造兵廠拡張費は、明治三三年度予算の延長にあったことになる。したがって三三年度予算を提出した時点で、政府は八幡製鐵所ではなく呉造兵廠での兵器用特殊鋼生産の方向を打ち出していたと判断できる。製鐵所と海軍との照会・回答は、政府のこうした方向性が定められた三三年度予算の第一四議会の審議期間中に行われたのである。政府のこうした対応は、呉造兵廠拡張案（呉製鋼所設置）を審議した一九〇一（明治三四）年の第一五議会貴族院予算委員会における政府説明（阪谷芳郎大蔵次官）によって知ることができる[49]。

……所ガ其當時ニ於キマシテ一方陸海軍ノ方ニ於キマシテハ段々ト此一種特殊ノ大砲ノ弾トカ、大砲ノ砲身トカ、或ハ軍艦ニ用ヰマス所ノ鋼鉄板ト云フヤウナ一種特殊ノ材料ト云フモノ、供給ヲ頻ニ仰ギタイト云フコトノ経画ノ要求ガ當局ニ向ッテアッタ次第デアリマス、ソレ等ノコトノ経画ト云フモノヲ合セテ製鐵所ニ於テ此上予算ヲ加ヘテヤルベキヤ否ヤト云フコトニ就キマシテハ大キニ議論ガアッタ次第デアリマス、……其結果ト致シテ一昨年四月ニ政府ノ内命ヲ受ケマシテ大藏省主計局長ハ福岡ノ製鐵所、呉ノ製鋼所及大阪ノ陸軍ノ砲兵工廠ト云フモノ、視察ニ参リマシタ、サウシテソレ等ノ問題ノ実地ヲ取調ベテ参リマシタ次第デアリマシタガ、其呉ニ於キマシテハ既ニ百二十五万円ノ継続費デ二十二年カラ兵器製造所ヲ経画シテ居ル、尚ホ百二十八万円ト云フモノヲ臨時軍事費カラ出シテ矢張リ兵器ノコトヲ経画シテ段段其事業ガ進行シテ居ル、其結果ニ依ッテ見ルト十五珊ノ以下ノ大砲トカ、魚形水雷トカ、又大砲ノ弾デアルト云フヤウナモノヲ十分ニ製出シ得ルダケノ技術ト云フモノハ呉ノ兵器製造所デハ出来テ居ッタ、現ニ出来タ品物モ備ヘテ居ル訳デアリマス、所デ呉ノ兵器製造所ニ於キマシテ其當時當局ニ向ッテ請求セラレタノハ海軍ノ軍備拡張ニ依ルト其軍備拡張ニ伴フ所ノ大砲ノ弾ト云フモノハ海外カラ購入スル経画ニナッテ居ルガ、之ヲ呉ニ於テ製造スルトキニハ其弾ガ凡ソ海外デ買フヨリハ半分ノ直段デ出来ル、サウシテ見ルト此弾ノ安ク出来ル爲ニ拡張スル方ノ費用ヲ減ズルコトガ出来ルカラ此費用ヲ以テ大砲ノ弾ヲ造ル所ノ工場ヲ呉ニ起セバ弾ガ廉ク出来タ上ニ跡ニ機械ガ残ルト云フ一ノ利益ガアルカラ、其事ヲ経画シタイト云フノデ、ソレハ一昨年ノ四月本官ガ内命ヲ受ケテ参リマシタ時分起ッテ居ッタ問題デアッタ、其結果ニ依リマシテ昨年即チ明治三十三年度ノ豫算ニ呉造兵廠ノ拡張費ト云フモノヲ百十万円、政府ガ豫算ヲ提出イタシタ此百十万円ノ豫算ト云フモノハ何デアルカト云フト詰リ海軍省ノ方カラ軍備ノ拡張費ノ一部分ヲ減ジテ呉ノ兵器製造所ノ方デソレヲ以テ、即チ五千噸ノ槌ヲ買ヒタイ、五千噸ノ目方ノアル槌ヲ買ヒタィト云フノガ重ナル趣意デアル、ソレデ其五千噸ノ槌ガコチラニ参リマスト云フト、十二吋ノ大砲ニ用ヰル弾モ呉デ出来ルト云フ経画ニナリマス、……極ク厚イ所ノ甲鐵ヲ拵ヘルニハ一万噸ノ槌ガ要ル、其一万噸ノ槌ヲ買フト云フノガ此度要求シタ所ノ費用ノ重モナルモノデゴザイマス、ソレガ六百三十万円ニナルノデアリマス、斯ノ如ク呉ニ於キマシテ千噸ノ槌デ一ツ試験ヲ致シ、尋デ五千噸ノ槌ヲ購入シ、此度一万噸ノ槌ヲ購入シテ据付ケヤウト云フノデ、其技術ト云フモノハ一歩ハ一歩ヨリ進メテ行ッテ十分成効ヲ示シツ、アルノデゴザイマスカラ、其當時ノ内閣ニ於キマシテモ又今日ノ内閣ニ於キマシテモ此事業ハ十分成効スルモノニシテ、又極メテ必要ナモノデアルト云フコトヲ見認メテ豫算ヲ提出シタ次第デアリマス、……

こうして製鐵所と海軍の照会・回答は「一段落ヲ告ケ」た。農商務省・製鐵所側は三省大臣の協議によって兵器用鋼材生産をどのようにするかを決定するつもりであったが、政府の意向は既に呉造兵廠で行う予定にしていた。したがって、海軍は大蔵省との協議を終えて、八月二九日付で「軍艦用甲鐵板并砲楯用鋼鈑製造所設立ノ件」を山県有朋首相に提出した(50)。九月一二日には呉製鋼所を建設してそこで装甲鈑製造を行うという閣議決定がなされ、このための予算要求を第一五議会に提出することを海軍は農商務省・製鐵所に通知してきた(51)。

2 呉製鋼所案と貴族院否決

呉製鋼所を建設する「海軍省所管臨時部第十二款呉造兵廠拡張費」を審議した第一五議会は、異例の幕開けとなった。

一九〇〇(明治三三)年九月に伊藤博文・憲政党によって立憲政友会が発足し、第二次山県内閣から第四次伊藤内閣に替わった。しかしこの伊藤内閣は成立早々に躓いた。組閣に際して、渡辺国武(政友会創設委員長)の異常な大蔵大臣猟官が起こり、組閣後には政友会のボス的存在である星亨逓信大臣(兼東京市会参事会員)をめぐる東京市会汚職事件が発覚した。法相金子堅太郎が星を不起訴にすると、貴族院は政党政治・政友会への不信感をあらわにした。星は逓相を辞職(一二月二〇日)したが、衆議院の審議を左右する院内総務にあった。貴族院の政党政治嫌悪と星への反発が議会審議に影を落とすことになった(52)。

こうした波瀾の中、一五議会は一二月二二日に召集され、一二五日に開会した(翌年三月二四日閉会)。三四年度予算をめぐって、最大の争点は北清事変(義和団事件)費の財源としての増税案(一八二〇万円)であったが、歳出に関して衆貴両院において「最も審議された」のは呉造兵廠拡張費であった。この審議過程を表3-2として表示して

表3－2　兵器用鋼材生産をめぐる経過

【陸軍】	【海軍・呉造兵廠】	【製鐵所】
	M27.9 呉兵器製造所仮工場建設費	
	M28.6 仮設呉兵器製造所設立（所長山内万寿治）	
	M28.7 兵器製造所で3トン酸性平炉稼働	
		M29「創立予算」
	M30.10 海軍造兵廠条例（呉造兵廠）	M30.5.31 大島設計図送付
		M30.11.18 和田意見書
	M30 呉に12トン酸性平炉	
M31.5.11 大砲鋳造を照会		M31.6.6「追加予算」
		M31.8 野呂調査派遣辞令
	M32.3 軍艦水雷艇補充基金	M32.3 追加予算と若築補助・据置運転資本協賛
	M32.4－9 山内装甲鈑調査	
	M32.4 阪谷主計局長現地調査	
	M32.12.27 軍務局長照会	
	M33.1.23 海軍大臣照会	
	M33.2.1 海軍大臣照会	
	M33.2 呉拡張費（110万円）議会協賛	
		M33.5.22 和田「兵器用鋼材製造ニ関スル意見」
M33.8.9 砲身製造照会	M33.8.29 予算の閣議提出	
	M33.9.12 閣議決定	M33.9 大島調査派遣
	M33.10.6 予算請求の製鐵所宛通知	M33「大臣ノ命ニヨリ鉱山局長調査」
		M34.1.14「製鐵所方針決定ノ件」
	M34.2.1 和田長官、衆院予算委員会答弁，海軍と食い違い	M34.2.4 和田長官の辞表提出
	M34.2.18「呉造兵廠拡張費ニ関シ海軍省ト協定ノ件」	M34.2.25 和田長官留任
	M34.3.23 呉製鋼所案否決	
	M34.5.23 和田「兵器用鋼材製造工場設計復命書」提出	
M34.8.17 厚さ20mm以下製造可能の通知		
【その後の展開】		
		M34.11.18 作業開始式
	M35.2.8 第16議会で拡張費協賛	M35.2.3 和田長官休職（8.18免官処分）
		M35.4.17 中村雄次郎長官就任
		6.20 製鉄事業調査会設置（12.27 報告書提出）
		7.26 高炉作業中止命令
	M36.11 製鋼部独立	
		M37.1 臨時事件費勅裁（総額470万円）
		7 野呂による第3次火入れ
		M38.2.23 第2高炉火入れ
		7 坩堝鋼，弾丸作出工場稼働
		12 厚板工場稼働
	M38 修理用のニッケルクローム鋼製造（25トン酸性平炉2基・ローリングミル）	
	M39.9 筑波・生駒用のKC鈑に成功	M39—42 第1期拡張（1,088万円）
	M41 金剛建造からVC鈑に転換 安芸建造（八幡製鋼板，M44 竣工）	

出典：清水前掲論文（中）58頁，『呉海軍工廠製鋼部史料集成』によって作成した．
注：紙幅の関係で，年月日は明治をMとして略表記している．

おく。

呉造兵廠拡張費の審議は、一九〇一（明治三四）年一月二三日の衆議院予算委員会から始まった。五回の会議で分科会（二月四日）、予算委員会（二月五日）を通過し、二月七日の衆院本会議で協賛された。つまり軍器独立のために製鐵所をつくることにしたが、実際の設計になると経済性を第一にすることになり、砲身装甲鈑を除くことになった。他方で日清戦争に際して呉で兵器の製造を行うことになり、大砲を造る設計になった。今日軍器独立が必要である以上、兵器用鋼材生産も設備が備わっている呉でやるのがよい、ということが衆院における賛成の理由であった[53]。この間、二月一日の予算委員会には和田長官が請求されて出席し、山本権兵衛海軍大臣との見解対立が明るみとなったが、この点は後述する。

衆院から送付された予算案は、二月一五日から貴族院での審議が始まった。この直後に「海軍・農商務両省互ニ其議ヲ異ニシ、政府ノ方針一定セザルガ如ク説クモノアルヲ以テ」、政府は貴族院予算委員会において「政府ノ方針ノ在ル所ヲ言明スルノ必要アリト思考」して、両大臣・両省所管政府委員間に相互協定を結び、「想定問答集」を確認して貴族院に臨んだ。そこでの確認は次の諸点であった[54]。

(1)呉造兵廠拡張費製鋼事業というのは「特種ノ甲鉄板及砲楯用鋼鈑」を造るためのもので、製鐵所にはこのための設備がなく、将来も生産する計画はない。

(2)「軍器独立」という点からは、製鐵所では銑鉄・造船材料・速射砲弾丸用丸棒・砲架材料を供給し、呉造兵廠は砲身材料・大砲・水雷・弾丸・甲鉄板・砲楯を造る。

(3)衆議院で質疑のあった点について、

①製鐵所の第一・二期について、とくに第二期というのは閣議で決定したわけでも、議会の協賛を得たものでもない。

②農商務大臣が「経済的に引き合わない」といった意味は、装甲鈑生産について言及したものではない。
③製鐵所が海外派遣したのは装甲鈑調査のためだけではない。
④製鐵所長官がクルップに照会したのは参考のためである。
(4)海軍は装甲鈑製造の設計・方案を具備し、研究実験を行い遺す所なく準備している。
(5)陸軍用材料は製鐵所と相まって供給する。

しかし、貴族院において政府は強硬な反対を受けた。結果的には、増税問題は伊藤によって、異例の貴族院を対象とした二度にわたる「停会」（貴族院予算委員会で否決され、それが本会議に上程された二月二七日に一〇日間、三月九日には五日間延長された）と「詔勅政策」によって切り抜けたが、呉造兵廠拡張費は否決され、元老会議（三月一九日、山県有朋、松方正義、西郷従道、井上馨）によって拡張費は削除され[55]、両院協議会で否決が決定された[56]。

議会審議の経緯概要は以上の通りであるが、(1)呉製鋼所建設案はどのようなものであったか、(2)海軍はこのスムースな議会協賛をめざして事前に「根回し」を行っていた、(3)議会での参考意見であった和田長官の説明はどのような内容であったか、(4)衆貴両院での論点はどのようなものであったか、(5)貴族院が否決した理由は何か、(6)海軍の主張はどうであったか、という諸点を以下に順に整理しておく。

(1)呉製鋼所建設案とは五カ年継続費六三四万円で、呉造兵廠を拡張して装甲鈑（「特種ノ鋼鉄板及砲楯用鋼材」でニッケルクローム鋼、年産二〇〇〇トン）製造場を建設するもので、このために一万トン水圧鍛造機を購入して設置する。製鉄所あるいは製鋼所を建設するということではない。

なぜ建設が必要かについては次のように説明した。

日清戦争において海軍は造兵の必要を痛感し、呉（仮）兵器製造所を設置した。短期間の間に速射砲の弾丸を製出できるようになり、一昨年予算で一二インチ大口径砲が造れるようになった。これは主として日産一五〜二〇トンの鋼製造ができるようになったからである。しかし「大ナルモノ」は依然輸入しており、軍艦水雷艇補充法による軍拡のためには装甲鈑を自給できるようにしたい。また、八幡製鐵所は兵器用鋼材、とくに装甲鈑を生産する計画をもっていない。八幡製鐵所で製出する鋼は普通鋼材で、大砲用でもない。八幡製鐵所は軍事的には良質の銑鉄を供給できればよく、「軍器の独立」ということからすれば「幇助」でよい。

呉の設備・技術・ヒトで装甲鈑製造が可能であることも、対八幡製鐵所との関連で強調された。つまり、これまでに砲材（四〇〇〇トン水圧器）弾丸材料（五〇〇〇トン水圧器）を鍛造し、一二インチ大砲・六インチ砲楯が製造できるようになった。あと一歩で装甲鈑ができるまでになっている。これは雲州砂鉄を原料にした製鋼事業が進歩したことによる。またパテントおよび技術伝習の必要はない。これまでの経験でクルップが発明したものをパテントなしで造ることができる。装甲鈑製造のために外国に派遣した技術者・職工が二四人おり、実地に経験を積んでいるので熟練の点でも心配ない。しかも例えば一万五〇〇〇トンの最新艦を建造するとした場合、必要な装甲鈑四四四九トンを輸入すると五七八万円、国内では四四五万円で製造でき、一七八万円も安くできるとした。

基本計画である「呉造兵廠拡張計画見込」と「枝光製鉄所ト呉海軍造兵廠ノ相違ニ関スル書類」で、これらを確認しておく。これらは日付がなく、「秘」扱いとなっている。(57)

(2)海軍が行った対議会「根まわし」を『斎藤実日記』で見ておくと次のようになる。(58) なお斎藤実は山内呉造兵廠長とは海軍兵学校同窓（明治一二年度卒）で、山内が首席で卒業した。

明治三三年八月二九日　製鈑所設立費予算大蔵省協議済、本日閣議ニ提出ス。

一二月二六日　村上（経理局長）・山内ト共ニ研究会ニ至リ製鋼事業ノ説明ヲ為シ、有地男爵（品之允、海軍中将、貴族院予算委員会第四科主査、幸倶楽部）ヲ事務所ニ訪フ。

一二月二七日　農商務大臣（林有造）、次官（藤田四郎）等、陸軍次官（中村雄次郎）及海軍大臣、村

明治三四年一月一七日　上・山内等大臣官邸ニ集リ、製鋼事業ニ付談話アリ。

一月二一日　海軍出身貴族院議員ヲ大臣官邸ニ招、山内大佐ヲシテ製鋼事業ノ説明ヲ為サシム。

一月二七日　午後一時ヨリ木曜会ニ至リ、村上・山内等ト説明ヲ為ス。

一月二八日　伊達邦宗公ヲ訪ヒ海軍省ニ至ル。午後日蔭町ヲ経テ大臣官邸ニ至リ、山内大佐ト共ニ下飯坂（権三郎、政友会）外ニ名ノ代議士ニ面談ス。

一月二九日　午後衆議院予算会議及分科会ニ於テ質問アリ。

二月一日　午前衆議院予算分科会質問臨時部迄了ル（乙号及呉造兵廠除ク）。午後衆議院本会議ニ出席ス。山内大佐「幸クラブ」ニ赴キ説明ス。委員会後政友会ノ委員等ト相談会アリ。

二月二日　衆議院予算分科会――質問終了。

二月三日　午後六時ヨリ海軍省ヲ代表シ衆議院議長官舎ニ赴キ、政友会ノ予算委員会ニ臨ム。各大臣総ム等来会、陸海大臣来ラズ。

二月四日　午前海軍大臣ヲ私邸ニ訪ヒ昨夜ノ模様ヲ復命ス。午後大野氏ヲ訪ヒ海軍省ニ至ル。

二月五日　衆議院予算分科会、決議。

二月七日　衆議院予算委員会三十四年度予算決議。

二月八日　衆議院本会議――予算案決議ニ至ル。山内氏ニ招カレ花屋ニ晩餐ス。村上氏トハセ川ニ寄ル。

二月一二日　貴族院議員――天春（文衛）・中山（文樹）・松永（安彦）三氏（多額納税議員）来省、山内ヲシテ説明セシム。

製鋼所問題ニ関シテ農商務ニ交渉ス。

三月一六日　早朝平田東助ヲ訪フ。貴族院増税案通過。貴族院第四分科会ニ出席、七ニ対スル五、製鋼問題否決セラル。村上・山内ト浜ノ屋ニ会食。

三月一九日　貴族院予算委員総会、我製鋼所案否決ス。15v. 27

三月二〇日　明治三十四年度予算貴族院本会議ニ上ル、製鋼所問題否決セラル。239ノ内127v. 112

三月二一日　此日午後衆議院本会議アリ出席。村上・山内ト共ニ大臣官舎ニ会合協議ス。

三月二二日　貴・衆両院予算案ニ対スル協議会アリ、貴族院ハ復活ノ諸費ヲ衆議院議決ニ譲リ、衆議院ハ製鋼所否決ニ同意シテ協議成ル。

こうした「根回し」にもかかわらず、衆議院では与党政友会が賛成したが、貴族院では木曜会・幸倶楽部は賛成、研究会は反対した。(59)

(3)議会審議の争点をつくったのが、二月一日に衆議院予算委員会に出席を要請された和田製鐵所長官の発言であった。和田長官＝製鐵所の装甲鈑生産に関する見解は、後に詳細に検討するので、ここでは議会での発言を概括しておく。

製鐵所では兵器用鋼材を製造する予定で三五年度予算を提出するために、現在技師（大島技監）を海外に派遣して具体的な調査をしている最中である。ただし一般的には海外の状況、とくに兵器用鋼材生産技術の日進月歩を考慮すると今装甲鈑を製造すべき時期ではないと考え、製鐵所では初めから装甲鈑製造を行わないことにしていた。ところが昨年春、海軍から製鐵所で装甲鈑を造るか造らぬかという問題が出てきた。政府が決定すれば製鐵所でやってよいと回答した。そしてそれをやる場合の順序方法について調査し、大臣に報告した。アメリカ海軍省の議会報告を参照した。また専売と技師が必要と考え、クルップにその二点を書面で問い合わせた。「製鐵所デヤルト云フ命令ガアルナラバ、私ハ専売ヲ買ッテ外ノ技師、熟練ナル技師ヲ雇ッテ伝習ヲ受ケサセルガ安全ナモノデアラウ」と考えている。

(4) 議員からあがった質疑を整理すると、重複する趣旨もあるが列挙すると次の諸点になる。

① 呉製鋼所は六三四万円の予算で建設可能か。追加されて一〇〇〇万円が必要になるおそれはないか。
② 製鋼所の生産規模が小さいが、収支は合うのか。
③ 海陸軍の大砲が呉だけで出来るか。陸軍は陸軍で又別に計画することはないか。
④ 装甲鈑はクルップのクロームニッケル鋼か。その時には技師はどうするか、またはクルップに依頼するか。
⑤ 装甲鈑の需要量はどれくらいか。
⑥ 呉製鋼所の供給量はどれくらいか。
⑦ 官設の装甲鈑工場は世界ではロシアだけで、その品質はクルップに劣っている。日本ではその心配はないか。
⑧ 枝光の製鐵所では兵器用鋼材が出来ないから、呉で作ると云うことになるが、枝光の初めの目的はそうであったか。
⑨ 製鐵所では多量の需要がなくては経済的に引き合わないというが、海軍で装甲鈑を製造するとなぜ引き合うのか。海軍の説明だと、敷島に必要な四四四九トンの装甲鈑を製造すると一五〇万円の利益があるという。製鐵所では装甲鈑製造は利益がないという。この違いはどういうことか。
⑩ 枝光が第二期まで実現すれば呉製鋼所は不要ではないか。枝光で第二期をやればどれだけの費用が必要か。
⑪ 昨年の海軍の照会からすると、その時は海軍では作るつもりはなかった。昨年九月に製鐵所は装甲鈑製造の海外派遣を行っている。「其後俄ニ海軍省デ之ヲヤルコトガ出来ルト云フコトニ決定ニナッタ」のはどういうことか。
⑫ 海軍が装甲鈑の試験をやったかというとそうではなく、本年七月に四〇〇〇噸の水圧鍛造機がくれば幾らか試験が出来るという。こういうことで本当に出来るのか不安である。

⑬　陸軍の需要を充たすことができるのか。海岸砲・野戦砲はどこで作るか。その地金はどこで拵えるか。

⑭　呉造兵廠で今回作ろうとする装甲鈑は「呉式」というが、それがクロームスチールならば、クルップの専売との関係はどうなるか。

⑮　外国から買うことと比較して、価格はどうか。

⑯　和田長官が今回に限って政府委員にならなかったのはなぜか。「はずされた」のではないか。

⑰　製鐵所は「軍器独立」のために設置されたのではないのか。いつ、どのように兵器用鋼材生産を行わないようになったのか。

⑱　海軍から製鐵所への「照会」は「要求的」なものではなかったのか。海軍は製鐵所に兵器用鋼材の供給を求めたのではないのか。

⑲　海軍は輸入に比して三割も安く製造できるというが、そのコストには人件費などが含まれておらず、それを入れるとむしろ「割高」になるのではないか。

こうした論議の中で、陸軍の意向だけをここでは確認しておく。陸軍が必要とする兵器用鋼材はどのように調達する予定かという質問に対して、野田豁通陸軍省経理課長は「是までは外国から購入してきたが、呉製鋼所ができれば大部分を呉から、ある部分は枝光から。陸軍は両所から求める」、中村雄次郎陸軍総務長官は「初めの見込みでは枝光で地金を作り、大阪工廠で大砲をつくる予定であった。その後呉で鋼鉄板を作ることになったが、是は枝光では出来ない。陸軍としては自前で地金を作ることは得策ではなく、出来るところから求める。三省で交渉し、大砲地金は呉から、砲架材料などは枝光からということにした」と答弁した。つまり、陸軍は兵器用鋼材の自製は行わず、三省交渉によって砲身鋼は呉製鋼所、砲架材は八幡製鐵所から供給を受けることになった(60)。

(5)貴族院が否決し、一年延長とした理由は、政治的背景を別にすれば、曽我祐準の発言に尽きる。曽我は予算委員会および本会議で四点の「安危」を述べているが、つまるところ呉造兵廠で、パテント・技術指導もなしに、六四〇万円の予算で本当に製造できるのか確信がもてないということである。また製鐵所で本当にできないのか、海軍が製鐵所の製鋼事業を「横取り」して「出来サセナイ」ようにしているのではないか。したがって製鐵所でやるか、呉でやるか調査が必要であるとした。

(6)海軍の反論と否決に対する対応に関して主要な点を確認しておこう。

呉製鋼所原案を作成し、議会でも政府委員として趣旨説明などを行った呉造兵廠長山内万寿治[61]は、その長い海外研修を通して、伝習＝技術指導とパテントおよびクルップに関して疑義と強い反発を懐いていた。

山内は「往年目黒に火薬製造所を起せし時」の経験から「外人教師の技術伝習上に於ける効果は、是亦頗る疑問」をもち、八幡製鐵所を建設する時には、榎本農商務大臣にもこのことを指摘したという[62]。装甲鈑は難事であるが、「大砲に比すれば較や其平易なる」、「大砲用材を出し得る者にして、始めて甲鈑を造り得べし」。大砲や弾丸は、「皆既に予が家常茶飯事に属す[63]」という自信があった。こうした意味でも専売権（パテント）の購入についても当然に否定的であった。とくにクルップに対してより批判的であった。

一八九九（明治三二）年五月に山内は装甲鈑調査のために欧米出張するが、この頃欧米には装甲鈑工場は一七カ所（英五、仏六、独二、米二、伊一、墺二）、別に官立が露一、仏一であった。同業者はクルップを中心に一の同盟をつくり、利益を壟断していた。彼等は「クルップに納付する秘法使用料以外、別に莫大なる暴利を貪らんが為め、一噸に付き実に一五〇〇円乃至二〇〇〇円と云へるが如き、突飛値段をさへ唱へ」ていた。「我が国では、海軍製艦費より、明治三〇から三三・四年の間にクルップに納めた秘法料のみで二〇〇万円の巨額に達[64]」していたという。「吾人には、自己が多年積める学理と実験より修得せる全く別途の手段方法あり、何を苦んでか他を模倣し、又は其の伝習を受くるの愚を学んや[65]」。「呉式という名が付いているわけではなく、我々の研究の結果、他の力に依らずに鋼、クロームスチールが出来る見込みが確立したということである。クロームスチールはすべてクルップ式ということではなく、クルップからパテントを買わなければ出来ないということではない[66]」。「其結果終に一種独特の鋼鈑を創製せり。即ち此板の合金たる全く我が技術者の考案に基き、其鍛錬法は之を米国の例に倣ひ、在来の四千噸水圧機に依て試みしが、幸に予期以上の効果を挙ぐるを得た[67]」。

ところで第一五議会における否決の要因について山内は、第一六議会にむけた準備の中で次のように山本海軍大臣に報告している[68]。

①大臣宛山内万寿治書簡（明治三四年一〇月二日）

書啓　帰任之前鳥渡拝謁願度考之処其機ヲ失シ遺憾千万ニ候扨来ル十一月中旬枝光製鉄所開業式ニ貴衆両院議員等ヲ同所へ招待セラル、ニ付其帰路宮島ヨリ同議員等ヲ呉へ迎へ本廠一覧セシメラルベキ赴之義斎藤長官ヨリ内話有之候ガ右ハ果シテ御実行相成候御見込ニ御座候哉実ハ本廠ニテモ多少準備ヲ要スル次第ニ付右御決定次第一応御下命ヲ蒙リ度豫シメ願出置候

閣下ニハ東京之諸新聞ハ日々御閲読可被□候へ共大坂新聞抔ハ如何ニヤ昨一日刊行大坂毎日ニ別紙切抜キノ如キ旨掲載アリ在東京中原鹿一（蓋シ仮名ナラン）ト名ヲ署シアレバ全然無責任ノ投書ニテモ非ザルベシ此内尤モ注意スベキ点二ツアリ、乃チ農商務省（大臣ヲ除キ）省内ニ反対者多キト云フ事、是レハ過日平田農相来呉ノ砌随行シ来リシ窪田書記官并ニ山脇秘書官抔之口気ト稍ヤ符号スルヤノ感アリ彼等ハ「早晩ヤラネバナリマスマイガ中々本年モ六ヶ敷ウゴサイマシヤウ」ト云ヒ居タリ孰レモ製鐵所側ニ在ラハ反対ナルコト勿論ニ可有之候、第二、部内技術官某々切リニ反対云々トアルハ嘗而宮原ガ反対ノ意見ヲ洩ラシタルコトアリ又鶴田モ呉ニ向ケ反対論ヲ述べ嘗而大学校ニ於テモ呉造兵廠ニ於テ施行スル大砲ノ層成法ハ全ク理論ト反戻シ逆手段ナルガ故ニ終ニハ失敗ニ終ルベシ云々ト口外シタル為メ本廠技術官大ニ激昂セシコトアリシモ遂ニ鎮圧シテ無事ニ世間ニ顕サズ

相済マセ候今回モ例ノ悪口反対論デモ唱ヘシニハ非ザルヤ極秘ニ申進置候此他多少造船ノ方面ニモ反対者アルヤニ承知致度候間何卒造兵、造機、造船ノ親方連ヘ御論告ノ段希望ニ不堪候

又前議会ニ於テ堀田貴族院議員反対論ノ中ニ

「海軍大臣ハ枝光ニ於テ是レハ出来ナイト明言サレマスガ果シテ農商務省ガ出来ナイノデアルカ、出来サセナイノデアルカ、ソレハ分ラヌ云々」

此「出来サセナイノデアルカ」ト云フ一句意味頗ル深クシテ如何ニモ両省ノ間ニ大葛藤、大モンチャクデモアルカノ様ニ相聞エ居候ニ付今年ハ此点ニ付説明上戒心ヲ加フヘキ事カト被存候

答弁ノ材料蒐集中ニ付出来次第一応御一覧ニ供シ度尤モ来十一月初旬ニハ鳥渡上京仕度心算ニ御座候先ツ當用ノミ内々得貴意度　如此御座候

十月二日　　　　　　山内万寿治

大臣閣下

②大臣宛山内万寿治書簡（明治三四年一〇月五日）

謹啓　過日ハ議会問題ニ関シ杞憂ニ属スル事共申進置候處又々一昨三日之大坂毎日ニ藤田四郎ノ談トシテ別紙切抜キノ如キ記事有之迷惑至極ニ被考候ニ付供御一覧置候昨年ノ敗モ必竟彼背ニ過マラレシ形跡ナキニ非ズ旦彼ハ井上伯之意ヲ受ケ進退スル木偶ノ外ナラズ彼ガ此回ノ口気ハ井上ノ心事ヲ微カ洩シ候者ト認メラレ候ニ付鳥渡御注意申上置候可成ナラバ井上ニ御会見ノ上充分御話シ置被下度又小子ガ預リテ恰モ昨冬伊藤侯を訪問セシ如ク説明仕リテモ宜敷候兎角井上ガ研究会ヲ動カシ又一方ニハ藤田和田如キ奴等ヲ陰ニ陽ニ使ヒテ反対ヲ試ミシハ明カナル事実ト被考候和田ハ今日モ尚反対スル主本ノ一人トシテ確カニ陰裏ニ運動致居候事ト被致候間此際尤モ戒心

ヲ要スル義ニ有之候
○前年製鐵所ヨリ欧州ニ派出シ特ニクルップ社ニ就キ装甲鈑工場取調ベニ従事セシト云フ大嶋技師之報告書ハ必ス和田ノ手元ニ可有之之レヲ閣下ヨリ平田農相ニ御談ノ上御取寄被下度候若シ此事ガ出来ズバ和田ナリ大嶋ナリヲ東京ニ呼ビ小生ト会合ノ上充分協議ヲナシ置クノ必要有之候間何レニカ御裁断ノ段偏ニ奉願上候
段々昨年ヨリノ速記録等ヲ借読致候ニ付種々ノ疑□モ相生シ議員等モ□テ色々ナル難問ヲ持出スベクト被存候ニ付唯今ヨリ着手置候方可然候来月ハ例ノ開業式ニ付トテモ和田ハ上京ヲ承諾スマジクト存候ニ付一日モ早ク右ノ会合ヲナシ度熱望候先ハ毎度ナガラ大要得尊意度如此御座候

十月五日　　　　　　　　　　山内万寿治

大臣閣下

この二通の書簡は、否決の要因について次の四点を指摘している。①農商務省が強く反対していること、②海軍部内にも宮原二郎などが反対していること、この点については『回顧録』においても「此際予をして一層不快の感に堪へざらしめしは、意外にも我海軍部内より、彼の反間（ママ）を事とする一種の細作に等しき不逞の悪漢を出せし事なり」[69]と記している。③海軍が製鐵所に「出来サセナイ」ようにしているという反発を招いたこと、④井上馨が貴族院の研究会に働きかけ、藤田四郎農商務省総務長官・和田製鐵所長官を動かして反対したこと[70]。また、「横浜及び神戸に営業せる独商等は皆一斉に起ち、元来装甲鈑の製造たる、世界到る處皆「クルップ」の専売権を尊重し、何人にも決して無償模造を許さざるなりと揚言し、公然枝光の声援するが如き態度を表」し、「枝光製鐵所は其創立以来年を累ぬるも、未だ良果を挙げしを聞かず、特に何故か運転資金さえ消尽し、否は追加予算請求の口実にも窮せし際、恰も好し海軍に甲鈑問題の起れるを見、大に奇貨居クベシト為し、直ちに之を自家工業の範囲に加へ、以て一時其資金を融通せんと欲し、先づ其前提として海軍の所管より之を掠奪するの策を講じ、或は反対派の議員を説き、或は自己と利害を共にする巨商を使嗾し、百方海軍の為め不利の言論を放たしめ、終には手を伸ばして平生予等に反目する部内の徒までを物色し、以て通款使役の用に供したり」と回顧している。[71]

こうしたことから第一六議会に向け、①製鐵所開業式後に議員を呉に招待すること、[72]②部内の反対論を「鎮圧」すること、③「出来サセナイ」という誤解を与えないように説明を配慮すること、④井上に会見して同意をとりつけること、⑤大島の装甲鈑調査報告書を入手し、和田・大島と協議することとした。

八幡製鐵所の「不始末」と和田長官の免官もあって、第一六議会では呉造兵廠拡張・呉製鋼所設置は多数の賛成を得た。[73]

3　製鐵所の対応と辞表提出

わが国における装甲鈑製造に本来的に否定的な和田製鐵所長官の認識は、長官就任時からのものであった。「創立案」の設計変更を踏まえた一八九七（明治三〇）年一一月の「意見書」では、この点を次のように指摘していた。

尚兵器中十五サンチ已上ノ甲鉄板ノ製造ハ巨額ノ資本ヲ要シ本邦ノミノ需用ヲ以テ経済上存立シ難シ故ニ本所ニ於テハ其製造ヲ為サヽルコトニ定ムヘシ若シ軍政上経済如何ニ係ラス其製造ヲ必要トスルトキハ別途ノ経済トシ製鉄所構内ニ於テ特ニ其工場ヲ設クヘシ

また一九〇〇（明治三三）年五月の「兵器用鋼材製造ニ関スル意見[74]」においても、同様の趣旨を述べている。

甲鉄板ノ製造ニ就テハ本官上任ノ際既ニ之ヲ我国ニ於テ製造スルノ不可ナルコトヲ述ヘタリ更ニ其理由ヲ陳述スヘシ

甲鉄板ハ其製造方法近年大ニ発達シ今尚進歩ノ時期ニ在リ而シテ其進歩スルニ従テ其製造ニ益困難ヲ加ヘ其価格

益騰貴シ最近ノ発明ニ係ルクルップ専売ノクロームニッケル鋼ノ如キハ一噸ノ価千円以上ナルモ尚今之ヲ多額ニ製造セサレハ収益ナキモノトス而シテ其工場設立費モ巨額ヲ要シ欧米各国中甲鉄板ヲ製造スルモノ少カラスト雖トモ収益アルモノハ三四ニ過キス……

我国軍艦及水雷艇ノ補充造船事業ニ毎年若干ノ甲鉄板ヲ要スルヤ之ヲ詳ニセスト雖トモ憶フニ一ヶ年六千噸ヲ消費セサルヘシ然ルトキハ巨額ノ資金ヲ投シテ工場ヲ起シ而シテ海外ヨリ購入スルモノヨリ多額ノ製造費ヲ要シ尚其品質或ハ海外ノ如ク精良ナルコト能ハサルノ憂アラン故ニ甲鉄板ノ製造ハ軍備上特ニ必用アルノ外之ヲ官立スヘキモノニ非サルモノト信ス固ヨリ兵器ノ独立上ニ於テモ亦造船上ニ於テモ之ヲ我国ニ於テ製造スルコト便利ナルコト必然ナリト雖トモ国ノ軍備ハ或程度マテハ国ノ経済ニ伴フヘキコト海外ノ強国ニ就テ看ルモ明白ナラン故ニ本官ハ我国ノ現状ニ於テハ甲鉄板ノ製造ヲ他日ニ譲ルモ敢テ我国ノ軍備ヲ歎クモノト云フニ足ラサルヘク且造船上必シモ其必要ナキモノト信ス

装甲鈑製造の技術進歩は急速で、わが国の需要量は少なく、製造費が高くつくために輸入した方が経済的である、ただし「軍器独立」のために採算を度外視して生産するならば製鐵所においてそれにあたる、というのが和田長官の基本認識であった。照会・回答および議会での論議においても、「第二期」の中から装甲鈑製造は除外されていた。それにもかかわらず和田長官は、装甲鈑生産のための事前調査を進めた。計画にはないが、行うとしたら製鐵所が担うべきであるという立場からである。

まず、一八九七（明治三〇）年一二月、海軍が英国シェフィールドへ装甲鈑製造に関して技術者を派遣するに際して、製鐵所も技師の同行を要望した(75)。

製鐵特発第二十二号

明治三十年十二月十五日執行

甲鉄板製造ノ監督者ノ件ニ付照会按

今般貴省ニ於テ英国「シエフフキルド」ノ三大会社へ甲鉄板製造ノ監督者トシテ技術者御派遣ノ趣ニ候処右甲鉄板製造上ニ付テハ當所員ニ於テモ専ラ講究中ニ有之何レ海外へ派遣ノ上研究為致度存居候然ルニ右様監督者トシテ差遣候トキハ単ニ学術研究トシテ派遣セシメ候者ト異ナリ極メテ機密ノ点マテ探求スルコトヲ得将来我邦ノ製鉄上ニ於テモ不少裨益ヲ與ヘ候義ト存候間右御省ヨリ御派遣可相成監督者ハ當所員ヲシテ御差向相成候得ハ頗ル好都合ノ義ニ有之候条特ニ御詮議相煩度及御内議候也

年　月日　　　　長官

海軍次官宛

追テ當所ニ於テ派遣ヲ希望候ハ差向五名ニ有之モ右監督員身分ニ就キテハ何レニモ御協議致度此段添申候也

軍造第七五二号

甲鉄板製造監督者英国へ派遣之義ニ付特発第二十二号ヲ以テ海軍次官へ御協議相成候処右監督者ハ既ニ派遣済ニシテ目下派遣スヘキ者無之候得共御協議ニ係ル希望者五名ハ如何様ノ技倆及経歴ヲ有スルモノニ候哉又帰朝後ハ直ニ貴所ニ御使用可相成御見込ニ候哉右参考ノ為メ承知致度候条御回□相煩度候也

明治三十年十二月二十一日

海軍省軍務局造船課長佐双左仲

製鐵所長官和田維四郎殿

海軍は今回は既に派遣済みであると伝えてきた。そして製鐵所が派遣する技術者の技量と経歴を問うてきた。製鐵所は派遣技師とは「帝国大学ニ於テ冶金ノ学科ヲ修メ候者ニ有之在学中及卒業後モ釜石其他ノ鉱山ニ就キ実地ノ研究ヲ遂ケ當所ヘ就任セシ爾来モ専ラ製鐵所創立ノ事業ニ従事致居候者」で、製鐵所技手の宗像十郎・瀬尾巧・大橋釚四郎・飯島懿男・高壮吉であった。

第二は、一八九六年三月に東京市水道鉄管事件で公職を追われていた野呂景義を装甲鈑の最新の製造法を調査するために欧米に派遣した。上申と大石正巳農商務大臣の決定はなされたが[76]、実際の派遣については「製鐵所文書」に「復命」などの関連資料を見つけ出していない。しかし「三十一年八幡製鐵所の嘱託を以て再び欧米各国を巡礼し汎く斯界の状勢を視察[77]」した。九八年八月二五日付の嘱託辞令は、派遣目的などを次のように記している。

非職農商務技師工学博士野呂景義

欧米ニ於テ左ノ事項調査ヲ嘱託シ手当トシテ金千五百円給与ス

一　兵器用鋼材製造ニ関スル調査

一　マルチン鋼ヲ以テ小銃々身ヲ製造シ能ハサルヤ否ヤノ調査

一　甲鉄板最新ノ製造法ニ関スル調査

明治三十一年八月二十五日

農商務省

第三が一九〇〇（明治三三）年九月の大島技監の派遣である。海軍との照会・回答がひとまず「落着」し、海軍が閣議に拡張費予算を提出（八月二九日）した直後の八月三〇日に「農商務大臣協議」し、九月六日付で総理大臣山県が「請議ノ通」と出張を認めた。既に見たように大島出張の目的は、機械の購入、技師の雇入そして兵器用鋼材製造調査であった[78]。

呉造兵廠長山内がその重要性から入手を要望していた大島調査「甲鉄板及大砲製造工場設計」は、和田長官の「副申」を付して一九〇一（明治三四）年五月二三日に林有造農商務大臣、五月二六日付で農商務大臣から総理大臣、大蔵・陸軍・海軍三大臣に提出された[79]。大島はクルップ社で設計を行い、年産三〇〇〇噸の装甲鈑工場を八幡製鐵所構内に建設すると、建設費は約六四〇万円になるとした。詳細な設計は数十頁の別冊になっているので、「復命書」を引用しておく。

大島技師復命ニ対スル副申

昨年大島技師欧米出張ノ際将来ノ参考材料トシテ鋼製大砲及甲鉄板製造工場ノ設計ニ関スル取調ヲ内命セラレタリ其後政府ニ於テ甲鉄板製造工場ヲ海軍省所属呉兵器製造所ニ設置シ同時ニ陸軍所用ノ鋼製大砲モ亦併セテ同製造所ニ於テ其供給ヲ負担スルコトニ決定セラレタルヲ以テ本官ハ直ニ電報ヲ以テ右二工場ニ関スル設計ノ必要ナキ旨ヲ通知シタルモ既ニ其以前ニ於テ大体ノ設計成リタリトノ返電ニ接シ尚同技師帰朝ノ上今回別紙復命書差出候ニ付本官之ヲ検閲スルニ其設計ノ完全ナルコトヲ認メタリ且此設計中大砲工場ノ設備ハ需要ノ遅速ニ応シ漸次ニ之ヲ完備シ得ルヲ以テ若シ建設ノ当初ハ小口径ノ大砲ニ止メ大口径ノモノハ漸次着手スルモノトセハ其建設費ハ著シク省略シ得ヘリ且大砲工場ニ設備スル機械ハ一般ノ造船及機械製造等ニ必要ナル鍛鋼材ノ製造ニ共用シ得ルモノナリトス本設計ハ将来我政府ニ於テ該工場建設ノ際参考トシテ有益ノモノト認メ候ニ付内閣総理大臣及陸海軍両大臣へ御回付相成可然モノト思料ス

尚此設計ニ就テハ「クルップ」氏好意ヲ以テ無料ニテ其技術官ヲシテ調査セシメタルモノニ付外務大臣ヨリ同国公使へ謝辞被申送候様御取計相成度此段副申候也

明治三十四年五月二十三日

製鐵所長官　和田維四郎

農商務大臣　林　有造殿

兵器用鋼材製造工場設計ニ関スル復命書

本官欧米出張ノ際鋼製大砲及甲鉄板製造工場ノ設計ヲナスヘキ内命ヲ承ケタルヲ以テ独国「クルップ」工場ニ於テ其取調ニ従事シタリ

初メ「クルップ」工場ニ至リ総長ヤー子ッケ氏ノ代理「クルユッペル」氏及鋳鋼工場及甲鉄板工場長「エーレンベルゲル」両氏ニ面会シ右二工場ノ設計ニ就キ協議シタルニ「クルップ」工場設計部ニ於テ好意的ニ其設計ヲ引受クヘキコトヲ諾シタリ依テ我製鐵所敷地図面ヲ示シ尚数回設計部長「ギールハウセン」及「エーレンベルゲル」ノ両氏ト会合シ設計ニ関スル事項ヲ熟議シタリ

此二工場ノ設計ニ関シ其製造力ノ明示ナキヲ以テ左ノ製造力ヲ基礎トシタリ

一、甲鉄板製造力一ヶ年三千噸

二、大砲製造工場

(一)砲口三十珊（cm）ヨリ各口径及野戦砲ヲ製造シ得ル装置ヲ備フルコト

(二)方針ハ鋳造鍛錬鑿口及油硬マテノ製造ニ止ムルコト

右ノ方針ニ依リ取調タル設計ハ別紙ノ如クニシテ其建設費ハ左ノ如シ

一、甲鉄板工場　六百三十九万九千六百十三円

二、大砲工場　七百六十五万九千百円

合計　千四百五万八千七百十三円

此建設費ハ製鐵所構内兵器製造工場ニ予定シタル場所ニ建設スルモノト仮定シ予算シタリ而シテ此二工場ハ経済上製鐵所現在ノ事業ト区分シ全ク独立シ得ルモノトシ一般ノ設備ニ関スルモノハ外ハ相互流用セサルモノトセリ

故ニ若シ此二工場ヲ製鐵所現在ノ事業中ニ合併シ共用シ得ルモノハ之ヲ省略スルトキハ総額ニ対シ二百十万六千五百六円ヲ減スヘシ然ルトキハ二工場ノ建設費左ノ如クナルヘシ

一、甲鉄板工場　五百三十四万六千三百六十円

二、大砲工場　六百六十万五千八百四十七円

合計　千百九十五万二千二百七円

又此二工場ニ於テ共用シ得ヘキモノハ合同シタルヲ以テ若シ此二工場ヲ各別ニ独立セシメントスルトキハ前記ノ建設費ニ対シ一割乃至一割五分ノ増額ヲ必要トスヘシ

此建設費中ニハ外国ヨリ本邦マテノ運賃、雑費、輸入税及築造費ヲ包括スルモノニシテ之ニ従事スル職員ノ俸給等ノ事務費ノミハ此以外トス

此二工場ノ設計上尚注意スヘキコトアリ甲鉄板製造ニ就テハ近年之ヲ鍛錬スルコトヲ罷メ強力ナル「ロール」機ヲ以テ延出スルヲ以テ該工場ニ於ケル強力ナル水力圧搾機ハ鍛錬ノ為メ使用スルモノニアラスシテ甲鉄板ヲ屈曲スル為メニ使用スルモノナリ之ニ反シ砲身ニ就テハ水力圧搾機ハ鍛錬ノ為メニ使用セラル丶モノトス而シテ水力圧搾機ハ其使途ノ異ナルニ応シテ其構造ヲモ異ニシ甲鉄板製造工場ニ用ユルモノハ幅大ナル甲鉄板ヲ屈曲スルノ構造ヲ要シ且其昇降度数ハ敏捷ナルノ必要ナキモノトス之ニ反シ大砲工場ニ用ユルモノハ幅大ノ必要ナキモ昇降度数ハ敏捷ナルヲ要ス二工場ニ於ケル水力圧搾機ノ使途斯ノ如ク異ナルヲ以テ之ヲ両者ノ製造ニ流用スルコト能ハス

装甲鈑生産は呉製鋼所を設置してそこが担当すると政府の方針が決定し、第一五議会にその予算案が提出されたにもかかわらず、衆議院予算委員会の席上で和田長官は、自説を展開した。和田は、呉製鋼所建設には反対で、当初の方針通り製鐵所で兵器用鋼材のすべてを生産すべきだとした。またその製造方法も呉とは違って、クルップ社からパ

テントを買って、その技術指導の下で行うのが確実な方法だとした[80]。

見解の相違が明らかになり、しかも政府の方針と異なっている以上、長官に留まることはできなかった。予算委員会後の二月四日に和田は長官辞職を提出した[81]。

しかしこの時は留任となった。高炉作業に続いて製鋼・圧延作業の開始が迫っていたことが理由として考えられる[82]。

以上の第一五議会を頂点とした兵器用鋼材生産をめぐる論議は、「軍器独立」をどのようにして実現するか、製鐵所がそれにどのように関わるか、したがって創業期官営製鐵所の性格そのものに関わる重要な事態であったといえよう。和田長官が政府の方針に反対し、職を賭してまで主張したのは、八幡製鐵所は普通・軍事用を含むすべての鋼材生産を担うという製鐵所構想であった。官営製鉄所設立の目的の一つは兵器用鋼材の製造にあり、「海陸軍需ノ鋼材ハ悉ク製鐵所之ヲ供給シ之ヲ完全ナル兵器ニ製造スルノ工作ハ海陸軍各其専属ノ造兵廠ニ於テ行フ」ということであった。和田「意見書」に基づいて軍需用鋼材供給は当分行わない、という場合の「当分」は、第一期竣工直後に軍需用鋼材生産に取り組むというのが、和田長官＝製鐵所の意思であり、そのための準備も政府の了解のもとに進められていたのである。

「第一期」の作業開始式段階の八幡製鐵所の実態はたしかに収益性を追求する普通鋼中心の生産体制である。この段階で八幡製鐵所が留まっているならば、「農商務省所管製鉄所の面目[83]」を見ることはできるであろう。しかし和田長官＝製鐵所はここに留まらなかった。「第二期」を準備し、普通・軍事用供給を満たす「本来の目的」を達成しようとしていた。これが不可能となるや和田長官は辞表を提出したのである。

第三節　建設工事・作業開始・追加予算と「免官」

第一六議会（一九〇一年一二月一〇日開会～一九〇二年三月九日閉会）に対して政府が和田長官の要求した追加予算案を提出することを渋るや、一二月一八日に和田長官は再び辞表を提出した。前年二月の場合と異なり、今回政府はこの後任人事を急いだ。そして年が明け二月三日付で和田は休職処分、その後八月一八日に文官懲戒令に基づいて「免官」処分された。(84)

判決

文官高等懲罰委員会議決

文官高等懲罰委員会ニ於テ休職製鐵所長官和田維四郎ニ対スル懲罰事件ニ付キ左ノ如ク議決セリ

文官高等懲罰委員会ハ休職製鐵所長官和田維四郎ニ対スル懲戒事件ヲ審査スルニ右和田維四郎ハ其在職中自己ノ総理スル事務即製鐵所創立事務ニ付物価騰貴関税法改正等ノ為ニ創立費予算金額ニテハ到底予定工事ヲ完成スルニ足ラズ殊ニ継続年度ノ末ニ至リ法則ヲ固守センカ既ニ負担セル義務ヲ支払フニ止リ作業ニ尤モ必要ナル工場ノ設備スラ完クスルコト能ハス遂ニ予期ノ年限中ニ事業ヲ開始スルコトヲ得ス此ノ如クナレハ国家ノ損失少カラス故ニ臨機処置トシテ負担義務ノ支払ヲ次年ニ繰延得ヘキ分ハ之ヲ繰延ヘ予算ノ追加要求ヲ為シ若シ追加要求不成立ノ場合ニハ既定ノ運転資金又ハ作業予算中ノ項ヨリ流用ヲ為シ而シテ其支払ニ充ツヘキ金額凡六十万円ヲ予定工事中開業ニ欠クヘカラサル工事費ニ振回ントノ方針ヲ立テ当時ノ農商務大臣林有造ノ決裁ヲ取リ事業ノ遂行ヲ為シタリ而シテ国庫ハ之カ為ニ予算外ニ巨額ノ支出ヲ為ササルヲ得サルニ至リタリ

右ノ事実ハ平田農商務大臣ノ審査要求書本人ヨリ林農商務大臣ヘノ伺定書及手続書ニ徴シテ明白ナリトス

右ノ行為ハ農商務大臣ノ決裁ヲ経且事巳ムヲ得サルニ出タリト雖モ製鐵所長官ノ職務上責ヲ免カルルコト能ハス文官懲戒令第二条第一号ニ該当スルモノニシテ同第三条第一号ニ依リ免官ニ処スヘキモノト議決ス

ここでは三四年度に製鐵所を開業するのためには、創立費予算不足によって予定工事を全うできないので、運転資本（作業費）から工事費を「流用」したことが国庫に「予算外ニ巨額ノ支出」をもたらしたこと、この「流用」は大臣の決裁を得た上でなされたものにもかかわらず、長官としての責任は重いとした。

この「処分」については説明が必要である。ここでは、(1)免官に至る経過について、とくに創立工事の遅延・資本不足を焦点として整理し、(2)この創立工事遅延と資本不足の実態がどうであったか、について検討しておく。この経過を表3－3として示す。

一九〇一（明治三四）年開業をめざして、前年の三月から六月にかけて外国人主任技師および職工長が着任し、八月には製鐵所処務規程が改正されて、ドイツ研修を終えて帰国した技師たちが製銑・製鋼・製品三部に新設された科長に就いた。[85]「機械ノ試運転ト職工練習等ノ必要アルガ為メ工場全部ノ完成ヲ待タス其竣功ノ部分ヨリ漸次操業ニ着手」[86]することが方針であった。年末には第一高炉が竣工し、一二月一七日に工務部から製銑部に引き渡されると、直ちに乾燥に入り、翌一九〇一年二月五日に点火された。当初は「障害ニ遭遇」したが、三月中旬には「ベスマー鋼製造ノ原料ニ供用スベキ目的」[87]の品質と日産五〇トンレベルに達した。こうして高炉作業は五・六月には日産八〇トンで作業は軌道に乗り始めた。高炉の公称能力一六〇トンに対して、開業式を行った一一月には約一〇〇トンを記録した。作業は「概して順調な経過」[88]をたどったが、「若松付近ノ骸炭製造所」による賃焼コークスが粗悪なので、九月からビーハイブ炉四六〇基の建設に着手した。またたびたび「炉況佳良ナラズ」と報告されたように、不安定さが絶えず同居していた。

製鋼部門では、五月末に平炉作業が始まり、「汽罐用鋼鈑ヲ製出シ得ベキ良質」で「意外ノ好成績」であった。[89]第二平炉は一一月、それに前後して転炉製鋼も始まった。しかし後者は、混銑炉および熔銑炉が築造されておらず、転炉用溶銑は高炉直送であった。

また六月下旬には薄板と中形工場で製品圧延も開始された。そしてその後各製品工場の作業開始が続いた。薄板

表3-3 追加予算・作業方針の変遷

資本不足・追加予算		作業方針	
M29	創立予算協賛（409万円）		
M30.10.19	創立費予算更正申請（一款一項に変更）（38－5）	M30.11	和田長官「意見書」＝設計変更と予算増額（953万円）（38－7）
M31. 1.10	追加予算臨時議会提出ノ件		
M31. 3.15	追加予算提出（697万円）		
M31. 3.18	閣議で原料鉱山費（156万円）削除		
M31. 3.19	追加予算ノ件（38－9）	M31. 3.19	「製鐵所工事竣功年度割表」（38－9）
M31. 3.20	若築補助（50万円）削除通知		
M31. 6	第12回臨時議会で創立費追加予算（647万円）（38－5）	M31. 6	長官から大臣へ「製鐵所創業順序之件伺」（38－11）
M32	第13議会，鉄山・炭鉱買収（363万円）若築補助（50万円）据置運転資本（450万円）協賛		
(M33初	予算不足（100万円）判明)	M33. 2	長官から大臣へ「製鐵所創業順長官から大臣へ「作業ノ方針ニ付伺」（38－17）
		M33. 5	長官から大臣へ「製鐵所創業順造ニ関スル意見」（38－19）
		M33. 8.29	大冶鉄鉱石購入契約
		M34. 4. 9	事業延期ノ件（38－31(2)）
		M34. 4.10	創立時行中完成セシムヘキ工場ノ義伺ノ件（38－32）
(M34. 4	創立費調査で400万円の予算不足)	M34. 8. 5	「製鐵所作業ノ方針ニ付上申」（38－34）→9.19「請議ノ通」（50－49）
		M34. 8. 7	製品売払ノ標準ニ付伺（38－36）
M34. 9.28	追加予算要求（391万円）→10.5「製鐵所事業経営ニ関シ大蔵農商務両省協定書」（38－41）	M34. 9.27	製品販売ノ義ニ付伺（38－37）→10.25決裁通知
M34. 9.28	「製鐵所作業据置運転資本繰入方請求ノ件」（38－41）		
M34.10. 5	「製鐵所据置運転資本不足補充方ノ義ニ付大蔵省へ交渉案」（38－41）		
M34.12. 5	長官「追加予算ニ付再上申」（38－38）		
M34.12.26	「追加予算ニ関シ総務長官ヨリ通牒」（38－39）		

出典：『製鐵所文書』より整理，作成.
注：(○－○）はその分類番号を示す.

（明治三四年六月二九日）、中形（同年六月二九日）、小形（同年一〇月一〇日）、分塊（同年一一月一二日）、軌条（同年一二月四日）と各工場が開業した。

部分的であれ製品を製造し得るようになったので、製鐵所は八月から九月にかけて販売方針を確立した。輸入鋼材価格が廉価で、しかもその輸入関税が低く抑えられているという経済的に不利な状況で生産を行わなければならないので、官需は協定価格、民間へはいわゆる「外注値段追随」という原則をつくり、九月から製品販売を始めた。[90]

こうして建設工事と作業が併行して進行するようになった。そしてこのことが二重の問題を引き起こした。(1)工場建設・作業開始の時差のために、各工場間の連携が後回しとなった。それが「事業経営の不順序」を生み出し、連携作業を行うためには、場合によっては設備の縮小となった。分塊工場では均熱炉七基が実際は二基、軌条工場では二重ロール機一基三組が一組、中形工場には三重ロール機一基四組が三組、小形工場でもロール機第二基は五組であったが実際は四組というような状況がつくりだされた。とくに銑鋼一貫の要である分塊工場が計画に反して二基しか均熱炉をもたず、しかも遅延した。三枝・飯田が指摘するように「一応中形工場や薄板工場は竣成したが、分塊工場はできず、しかも圧延工場はできても、ロールや加熱炉が足りない、といった跛行的状態のまま、製鐵所はその鋼材製造作業を開始することになった」。[91] (2)資本不足が表面化した。しかも工場建設と製造作業の同時進行は、建設費＝「創立費」と作業費＝「据置運転資本」の二つの予算が不足を来たし、その追加あるいは増額を要求することになった。この点が和田長官辞任の直接的原因となった。辞任後の予算委員会分科会において和田は経過説明と弁明を行った。[92]和田は、まずいわゆる「和田意見書」に基づく製鐵所創立費（創立費と追加予算の合計で、原料鉱山買収費なども含む）として一四〇〇万円を要求したが、相次ぐ内閣の後退と財政事情によって予算が細切れにされ、しかも遅れたことを指摘した。その上で明治三三年初には工場費の不足が明確になり、この時点での不足額一〇〇万円を追加予算として提出しようとしたが、財政事情から延期となった。明治三四年四月には四〇〇万円を追加しないと計画通りに完成しないことが判明し、とくにこの内約七〇万円をどうにか調達しないと開業できないということで、大臣と相談して「臨時ノ処分」をとることにした。これがいわゆる「流用」問題である。到着していない外国注文品代価約七〇万円を来年度以降に繰延べ、この据置運転資本の資金を工場費に充てるというものであった。そして創立費不足分三五〇万円を本議会に追加予算要求した。また資本不足になった原因を四点ほど列挙した。(1)機械・建築材の物価上昇で七・八〇万円、(2)輸入関税の上昇で三・四〇万円、(3)予想しなかった地盤の断層で地中工事費が増大した、(4)機械は可能な限り新鋭のものを購入したために一二・三〇万円である。

以上のように、一九〇一年四月段階に約四〇〇万円の創立費（いわゆる製鐵所建設費）不足が明らかになった。この頃の戦後恐慌の中、渡辺国武大蔵大臣は非募債（公債事業延期）を主張して閣内が紛糾し、伊藤内閣は五月三日に退陣した。後継には井上馨が推薦され、組閣を命じられたが失敗し、六月に入って第一次桂太郎内閣（曽根荒助大蔵大臣、平田東助農商務大臣、安広伴一郎農商務総務長官）が発足した。[93]

この間の公債支弁事業の延期は、製鐵所建設に資金的な不安をもたらした。事業延期の内閣令が製鐵所にもたらされると、その日の内に和田長官は、創立費によって支払う機械器具・建築材料の輸入代金は負債義務があること、作業費としての据置運転資本一〇〇万円の「特別ノ繰合」を求めた。[94] そして翌日には、製鐵所完成のためには抽塊、分塊、レール、中形、小形、薄板、精整各工場を完成させなければならず、このために必要な資金を「既定ノ運転資金中ヨリ支弁」することを大臣に打診した。[95] 前記和田の説明では、運転資本の流用について、職を賭けて林農商務大臣に談判して了解をとりつけたと発言しているが、記録としては九月下旬に約四〇〇万円の追加予算と据置運転資本繰延分一〇〇万円の使用を農商務大臣に要求した。そして一〇月には据置運転資本が約二〇〇万円不足するのでその増額を求め、[96] 追加予算については農商務省内での内議を終えて大蔵省に対して「協定書」を提出した。[97]

こうした状況で、一九〇一（明治三四）年一一月一八日に「作業開始式」を挙行した。[98] 伏見宮貞愛親王臨席の下、大臣、貴衆両院議員、官僚など六〇〇名余が招待され、地元からも多数が参会して盛大に催された。しかしこれが、とくに国会議員の不評を買ってしまった。当日の接待が悪く[99]、また溶鉱炉の出銑に手間取った。和田長官も作業開始式の不手際を陳謝し、出銑状況を説明する談話を発表した[100]。

今回製鐵所作業開始式を挙行したる結果として昨今各新聞に散見する製鐵所作業其他に関する非難……開始式の当日接待及び工場説明不行届の為め来賓を満足せしむる能はざるは余の最も遺憾とする所にして当日の来賓に深く其不行届を陳謝する所なり

しかし出銑の不出来については、

……当日製銑部溶鉱炉其物が不完全なりと云ふも決して然らず当日不幸にして炉孔を塞ぐ所の粘土漏水の為め固結し之が為め約二三十分の時間を経過したる迄にて斯の如きは溶鉱炉に有勝の事なり現に其前後に何等の故障を生ぜず一日百噸以上百二三十噸の銑鉄を製出し爾来引続き思ひ通りの製銑を為し居れり……然れども製銑の量に至りては□□に達せず其原因は目今使用するコークス□□て灰分の多きに基くものなり……（コークス炉を建設した後でないと製銑量の予定に達しないので）其建設費□□議会に追加予算として要求……

と、製銑不調の原因が灰分の多いコークスを使用しているためであり、この改善のためにコークス炉建設費を含む追加予算要求をしていることを明らかにした。この点は製鐵所事業の最大の弱点として、後の製鉄事業調査会および野呂景義によって指摘され、改善されるのであるが、和田長官自身もこの技術的弱点を十分に認識していた。

第一六議会（明治三四年一二月一〇日開会－明治三五年三月九日閉会）を前にして、作業開始式の不手際＝「不調」と追加予算とによって製鐵所の前途に暗雲がたちこめた。和田長官の責任追及も始まった。

「製鐵所と製鋼所　十年の計画、三年の工事、漸く作業開始式を挙ぐるまでに漕付けたる枝光製鐵所は、早くも世間攻撃の標的たらんとす。第一に軍器独立を標榜して今や全く之を放棄せる……四百九十万円の予算なりしを今や約二千万円の事業となせる……計画の粗漏にして杜撰……設計に多くの欠点……製品の良好ならざる……」[101]

「貴族院と製鐵所長官　政府は彼の若松製鐵所に要する費用二百余万円を追加予算として又々本期議会に提出する筈にて和田長官出京して尽力中なるが、貴族院の一部にては頻りに和田長官不信任の議論を主張し同長官を懲戒処分に付すべし等と主唱し居る人もある由なれば右の予算貴族院を通過する事は面倒なるべしいふ」[102]

「大隈伯の製鐵所長官攻撃　和田製鐵所長官は宜しく責むべきなり五年の星霜と一千幾万円の巨費を投じて尚十分なる成績を挙ぐるに至らず本期議会に於ても亦尠からざる追加案を提出せり其要求に応すれば果して予期の如き成績を挙げ得べきや是れ大なる疑問な……」[103]

和田長官は、職を賭して追加予算要求に臨んだ。政府の方針が定まらないと、和田長官は農商務大臣に「再上申」したが、議会に強い反発があり、政府は予算提出もしぶっていた。この「再上申」は、開業式を終えた段階でも工場・施設が「未整備」状態であること、しかも作業連携上重要な洗炭・骸炭工場、混銑工場がないこと、つまり建設工事の「不順序」を次のように告白している。[104]

追加予算ニ付再上申

本所創立費ニ不足ヲ告ケ参百九拾余万円ノ追加予算ヲ申請候ニ付テハ既ニ再三其必要ナル理由ヲ上陳シタリト雖モ尚悉サヽル所アルヲ慮リ更ニ其理由ヲ上陳ス

第一　工場費

工場費ノ追加要求額ハ参百七万七千余円ニシテ其工事タル悉ク現ニ一部分着手若クハ材料機械等ノ購入ヲ了シタルモノ若クハ其契約ヲ締結シタルモノニシテ其工事ヲ遅滞スルニ於テハ利害ニ関スル所最モ大ナリ此ニ其重ナル事項ヲ述フヘシ

一、資金不足ノ為メ未成ニ属スル工事ハ計画全部ノ十中ノ二三ニ過キサルモ其結果ニ於テハ生産力ハ予定ノ三分

ノ一ニ止マリ損益ノ差ニ於テ一ヶ年百万円以上ノ不利ヲ生スヘシ

二、熔鉱炉一基ノミヲ以テ作業スルトキハ不慮ノ故障ニ遭遇シ修繕ノ為メ一時製銑ノ業ヲ中止スルトキハ製鉄原料杜絶スルノ虞アリ

三、洗炭及骸炭工場ヲ速成セシメサレハ製銑量ニ於テ三分一ノ生産力ヲ減スルノミナラス製銑ノ現ニ於テ一噸ニ付六円余ノ不利ヲ生スヘシ

四、混銑器ノ設置ナキトキハベスマー鋼製造上重要ノ機関ヲ欠クモノニシテ該鋼製造上平順ノ作業ヲ□シ難シ

五、大形ロール工場ヲ完成セサレハ造船及建築ニ要スル該骨材ヲ供給シ難シ

六、各工場ノ補充機械并荷揚装置及鉄道等ヲ完備セサレハ作業上不便多シ

七、繋船岸壁工事ハ既ニ□□契約ヲ為シタルモノニシテ之ヲ解約シ得ヘシト是モ残工事ヲ中止スルトキハ運搬上不便アルノミナラス他日之ヲ完成スル資金現予算ヨリ著シク多額ヲ要スヘシ

八、航路浚渫工事ハ若松築港工事ト相待テ施行スヘキモノニシテ既ニ築港会社ト其契約ヲ締結セリ此工事ノ大部分ヲ三十六年中ニ竣功セシムルニアラサレハ築港会社ノ工事ニ影響ヲ来タシ且他日之ヲ施行スルトキハ資金著シク増加スルハ勿論本所経済上一ヶ年拾万円以上ノ損失アリ（尚此他損害賠償ノ責アルヲ□シ難シ）

九、鉄鉱運搬ノ契約ニ於テ三十五年ヨリ一ヶ年拾五万噸ヲ運搬セシムルノ義務アリ若シ熔鉱炉一基ノ作業ナルトキハ鉄鉱運搬ノ減量ヨリ生スル損害ヲ賠償セサルヘカラス

第二　原料鉱山費

原料鉱山費ノ追加要求額ハ七拾九万円余ニシテ赤谷鉱山ノ完成ト二瀬炭山ノ拡張費トニ使用スルモノナリ

一、赤谷鉱山ニ要スル補充額ハ二拾三万三千余円ニシテ若シ之ヲ完備セサルニ於テハ二基ノ熔鉱炉ニ対スル鉱量ニ不足ヲ告クルノ虞アルノミナラス万一清国大冶鉄鉱ノ供給ニ故障ヲ生スルトキハ他ニ補充ノ途ナキニ至ル

ヘシ

二、二瀬炭山拡張費ハ五拾五万六千余円ニシテ之ヲ完成スルニアラサレハ本所需用ノ炭量ノ半即チ二拾万噸以上ヲ購入セサルヘカラス然ルニ民間炭山ヨリ之ヲ供給ノ難キノミナラス仮リニ之ヲ供給シ得ルトスルモ本所ノ経済ニ於テ一ヶ年ニ拾万円以上ノ不利トナルヘシ

以上陳述セシ所ハ本所ノ事業上最モ重大ノ関係ヲ有スルモノノミニシテ尚大体ニ於テ既成工事ニ引続キ残工事ヲ施行スルニアラサレハ既ニ購入シタル機械材料等ニ損傷ヲ生シ著シキ損害ヲ被ムルヘキコト勿論ナリトス是等ノ事由ヲ酌量セラレ至急申請ノ通決定アランコトヲ要望ス

こうした状況から一二月一八日、和田長官は辞表を提出し、前年の辞表提出とは異なって、政府は今回は後任の人選を急いだ。年内に古市公威の名が挙がったが、本人が固辞したので「差当り適当の人なきに付当分大島技監を所長代理と為し」た[105]。長官代理大島道太郎に「追加予算ニ関シ総務長官ヨリ通牒」があったのは一二月二六日のことである[106]。しかし製鐵所追加予算は、実際には二月三日に提出、同一五日には一旦撤回され、一七日再提出された。政友会はこの予算提出そのものに対して内閣の責任追及の構えを見せた。三月三日に衆議院予算委員会、そして同七日には衆議院本会議が否決し、貴族院もそれに従った。予算否決を受けて政府は、契約済の約五五万円については第二予備金支出とした[107]。

製鐵所追加予算が提出された一九〇二（明治三五）年二月三日、文官分限令第一一条第一項四号によって、和田は「休職」となり、安広伴一郎農商務省総務長官が長官を兼任した[108]。その後四月一七日に陸軍中将中村雄次郎[109]が長官に就任した。六月二〇日に農商務省に製鉄事業調査会が設置され、八幡製鐵所の再検討がなされた（一二月二七日「調査報告書」提出）。そしてこの間八月一八日付で和田維四郎は「懲戒免官」された。

こうしてみると、和田維四郎の処分は、以上の経過によって判るように、(1)開業開始式における製銑作業の不手際

を含めて、予定期日を遅れてもなお「機械装置の未完備」によって製造が不完全であったこと、(2)「経理の杜撰さ」を含め追加予算の連続で、しかも所期の金額を大幅に超えても完成しえない状況の責任を問われたといえる。

さて、この創立工事の遅延およびその「不順序」、それと資本不足の「悪循環」の実態を整理しておこう。

一九〇二（明治三五）年六月に設置された製鉄事業調査会において、四月に長官に就任した中村雄次郎は「現在の状況・将来の計画」を次のように説明している。[110]

溶鉱炉は二本立てる予定で、一基が完成し、もう一基は建てる材料は揃っているが予算不足のためにそのままになっている。コークス釜は一つもできていない。洗炭機は到着しているが、据え付ける費用がない。据え付けても、コークス釜がない。炉材工場については器械は到着しているがそのまま放置されている。

一基の溶鉱炉をどのように動かしているかというと、仮のコークス釜を拵え、山からもってきた石炭をそのまま焼いている。だからコークスが「非常ニ宜シカラヌ」。日産一六〇トンの計画であるが、今は平均八〇トンでしかない。溶鉱炉から出た「ズク」を使用するはずの混銑工場は半出来で、「実際ノ用ハ一ツモシテ居」らない。製鋼工場はベッセマー炉二基、シーメンス炉四基とも出来ているが、総ての点で不充分である。例えば炉から出た鋼を持ち運ぶ器械は「非常に不足」し、この鋼塊を懸ける均熱炉は一通りできているが数が不足している。

レール工場も一通りできているが、ロールが甚だ足りない。大形ロール工場は家屋ができ、ロールも来ているが、金がなくてそれが転がっている。中形小形のロール工場そして薄板工場は、一通りできている。また修理のために工場もできている。

計画では溶鉱炉（二四本の蒸気罐を焚く）とコークス釜（同三二本）の余熱で蒸気を造るようになっているが、それぞれが不充分で、日々多くの石炭（二五〇トン）を使っている。

こうした状況で「完全ニシナケレバナラヌ」のは、第一にコークス釜、それから炉材工場、溶鉱炉を二本建てること、混銑工場を完全にすること、鋼工場は不備を補足して完備すること、大形ロール工場の器械を組み立てること、厚板工場を搾えることなどである。

ここには、設備・機械の不足、作業連関を欠如した建築状況、つまり建設工事の「不順序」、そして資金不足などによる製鐵所創立事業の「杜撰さ」が端的に表現されている。

そして「当初計画ノ予算ニ数倍スルノ経費ヲ追求シ尚今日ニ於テ更ニ巨額ノ欠乏ヲ生シ之カ補足ヲ要スルニ至」っている。つまり固定資本・据置運転資本其他創立費として支出したもの二〇〇〇余万円、その後第一六議会で一時借入金二〇〇万円が認められたが、これは三四年度までの作業損失一三〇万円を補填すると残七〇万円で三五年度の損失を償うことができず、さらに創立費追加七五〇余万円が必要で、それを投資しても三五年度から完成の三八年度までの作業上の損失は四〇〇余万円に上る状況であった。[111]

こうした「不成績ノ主タル原因」を調査会は次のように分析した。[112]

一、工事及作業ノ順序ヲ誤リタリ
二、按配会計ノ経理最其ノ宜キヲ失フタリ
三、外国技師雇入及使用ノ方法宜キヲ得ス
四、最初主トシテ内地ノ磁鉄鉱ヲ使用スルノ考ヲ以テ起リ中途之ヲ変シタルハ頗軽率ニシテ其ノ当ヲ得タルモノニアラス
五、諸般ノ設備未整頓セサルニ当リ作業ヲ開始シタルハ妄挙タルヲ免レス
六、監督官庁カ完全ニ其ノ監督ノ任務ヲ尽ササリシハ怠慢タルヲ免レス

そして製鐵本所創立費不足の原因については、次のように指摘している。

一、各部事業ノ経営ニ対シ其ノ予算ノ按配ヲ誤リタルコト

（単位：円）

追加要求	予備金
944,709	272,691
307,782	175,724
209,273	113,699
32,578	74,748
80,914	13,723
80,513	27,827
51,973	9,436
293,909	5,855
151,100	62,384
201,728	59,148
273,446	102,000
5,836,833	917,239

外の数値は原表の

表3－4　製鐵所創立費の予算決算（単位：円）

年度	予算	決算	差引
1896（明治29）	579,762	157,529	422,233
1897（明治30）	1,741,621	709,223	1,032,398
1898（明治31）	1,189,415	1,747,572	－558,157
1899（明治32）	2,845,168	3,011,008	－165,840
1900（明治33）	7,311,573	7,126,198	185,375
1901（明治34）	5,335,155	5,853,334	－518,179
小計	19,002,694	18,604,864	397,830

出典：『明治財政史』第三巻（大正15年）による．
注：この6カ年の総額については，他資料と不整合であるがそのままにしている．

議会協賛の予算は次のようになる．

創立費（明治29，第9議会）	4,095,793
追加予算（明治31，第12議会）	6,474,056
追加予算（明治32，第13議会）	3,632,845
創立費小計	14,202,694
若築補助・運転資本（明治32）	5,000,000
総計	19,202,694

表３－５　工場費予算過不足対照表

工事名称	予算額（a）	必要額（b）	（b－a）	流用	不足額
洗炭及骸炭工場	420,755	1,128,270	－707,515	－419,885	1,217,400
熔鉱炉	1,238,254	2,285,238	－1,046,984	563,478	483,506
炉材工場	71,281	347,937	－276,656	－46,316	322,972
混銑工場	115,385	225,717	－110,332	3,004	107,326
製鋼工場	669,781	967,535	－297,754	162,226	135,528
分塊及軌条ロール工場並精整工場	970,041	1,227,723	－257,682	163,043	94,637
大形ロール工場	288,592	445,539	－156,947	48,606	108,340
中小形ロール工場	255,932	407,406	－151,474	64,139	87,334
薄板ロール工場	121,716	325,152	－203,436	142,024	61,409
厚板ロール工場	427,388	760,506	－333,118	－427,388	760,506
鋼線材ロール工場	0	313,500	－313,500	0	313,500
ロール及誘導金物並ロール置場	377,119	843,057	－465,938	－330,084	796,023
器械工場諸装置	507,246	1,107,271	－600,025	300,261	299,764
運転用装置	192,801	167,324	25,477	－97,148	71,671
電気工事	175,712	238,134	－62,422	－151,062	213,484
給水及排水	238,641	524,995	－286,354	190,209	96,144
鑑査課用装置	28,657	51,283	－22,626	20,652	1,973
地均工事	117,308	300,745	－183,437	155,133	28,304
鉄道工事	311,475	586,045	－274,570	20,281	254,288
海岸荷揚装置	40,183	226,628	－186,445	46,975	139,469
繋船壁	234,550	392,311	－157,761	－103,114	260,876
航路浚渫	294,399	375,446	－81,047	－294,359	375,446
事務所倉庫並雑建物	59,182	352,858	－293,676	216,326	77,349
官舎及職工長屋	325,819	509,338	－183,519	－72,211	255,730
試運転及諸機械手入並材料構内運搬費	0	125,216	－125,216	25,216	100,000
汽罐及煙道煙突	517,071	524,751	－7,680	7,681	0
焼鉱炉	327,978	0	327,978	－327,978	0
官舎及工場用敷地	327,318	340,640	－13,322	13,321	0
兵器材料製造費	480,000	0	480,000	－480,000	0
瓦斯道	8,652	26,795	－18,143	15,843	2,300
蒸気管及排気管	30,982	196,202	－165,220	76,791	88,429
諸器具機械	0	131,890	－131,890	131,540	350
船溜	0	195,059	－195,059	195,059	0
船舶	0	5,265	－5,265	5,265	0
其他	0	182,469	－182,469	182,469	0
計	9,174,189	15,928,261	－6,754,072	0	6,754,072

出典：『製鐵事業調査報告書参考材料』第四号より．
注：「洗炭及骸炭工場」の「差」の元数字は「－797,515」であるが誤りを訂正したもの．それ以ままである．

各部事業経営ノ範囲及程度ヲ規画セス予算ノ流用ヲ濫ニシタルニ在リ
二、各部事業経営ノ不順序ナリシコト
（例：骸炭工場ノ施設ヲ為サスシテ他工場ノ設備ヲ先ニシタル
これは「畢竟第一予算ノ按配ヲ誤リツルヨリ生シタル結果」）
三、外国品価格ノ増加
四、輸入税ノ増加
五、予算外工事
六、補充工事
七、内地物価労銀ノ騰貴及地質軟弱ノ為土工費ノ増加

「予算ノ按配」の誤りと「不順序」以外は、和田が議会で発言した内容と重なる。

ところで創立費不足について、「明治二九年～三四年度の各年度をみれば、その間の創立費の予算は、三ケ年度において多額の未支出額を残し、決算が予算を超過している年度が三ケ年度存在するが、結局予算不足分は補塡されているのであって、その限りでは予算不足なる弁明は充分説得力をもちえない」[113]という佐藤の指摘がある。佐藤が依拠した『明治財政史』によって予算決算を整理したのが表3－4である。差引約四〇万円の未消化超過であるから、一見すると佐藤の指摘のようにいえる。しかし実態は、調査会報告がいうように、製鐵所建設を整備し作業が円滑に進行するためには資本不足で「創立費追加七五〇余万円」が必要である。

ところで、この予算がいかに「流用」によって消化されていたかを示しているのが、調査会報告の「工事費予算過不足対照表」である（表3－5）[114]。例えば最も致命的であった洗炭・骸炭工場について見ると、この建設のために一一三万円が必要であり、予算は四二万円が組まれていた。これだけでも予算不足なのに、四二万円を他事業に回して

いる。つまり建設しないで、そのための資金は他に流用されたことになる。厚板工場四三万円、ロール及誘導金物三三万円、航路浚渫三〇万円なども同様である。また焼却炉三三万円、兵器材料製造費四八万円は必要額でもないのに計上され、流用されている。流用による建設でもっとも多額になっているのが熔鉱炉五六万円である。当初計画になく、期間中に購入・整備されたのが諸機械・船溜など五一万円である。ほとんどすべての項目がなんらかの流用となっていることからしても、創立事業の根本的な「杜撰さ」を指摘できよう。

おわりに

設定した課題に従って整理しておこう。

(1)初代長官山内堤雲の就任の経過、そして和田維四郎が第二代長官となった要因として製鐵所設立に関わる諸事業に深く関係していたことを明らかにした。三枝・飯田を初めとする従来の研究では、一部の評伝類[115]を除いて、こうした長官人事について言及することがなかった。

製鐵所創立案は当初から設計変更を予定していたもので、この間の事情を三枝・飯田は新聞報道で触れている（前掲書二〇二、二〇五頁注(2)）。本稿では、この経緯を議会での政府委員の発言で明確に裏付けた。また、この大島技監による設計変更、和田長官「意見書」、そして追加予算という経過の中で、政府では製鐵所設置の中止も含めて論議し、国内鉄鋼需要の拡大に対応するために和田「意見書」の「第一期」を採用した。そしてこの規模拡大と普通鋼材生産を優先することは、その財源を賠償金から事業公債に転換させ、収益性を追求することになった。この財源問題に関しては、三枝・飯田は触れることなく、佐藤昌一郎論文の指摘に依拠して議会審議によって明らかにした。

(2)しかし、こうした製鐵所設立の「性格転換」は兵器用鋼材生産の後退をもたらしたために、軍備拡張とその国産化をめざす陸海軍の反発を招いた。これがまず数度の照会・回答の応酬となった。とくに海軍は呉造兵廠を拡張して製鋼所を設置し、装甲鈑などの自製をうちだし、それを政府方針として予算の実現をめざした。他方、製鐵所・和田長官は、官営製鐵所として「第二期」の兵器用鋼材生産を実現するために調査を行い、準備を進めていた。このため呉造兵廠拡張費が提出された第一五議会は混乱し、政友会伊藤内閣に対する貴族院の反目もあって、拡張費は否決された。

この経過は、兵器用鋼材生産をどのように国産化していくかということに関わる問題であった。和田長官は「(兵器材に関する)意見」にあるように、官営製鐵所は海軍製鋼所案以来の兵器用・普通鋼材のすべてを生産する立場であった。第一・二期計画の一体が和田長官の基本方針であった。開業式を挙行した製鐵所は確かに普通鋼材生産を専らとする銑鋼一貫製鐵所であったが、こうした意味においては、それはあくまで過渡的な生産体系であったといえよう。

三枝・飯田は、和田長官が辞表を提出してまで海軍案に反対した経緯には全く触れることなく、「農商務省所管製鉄所(つまり普通鋼材生産による民需優先のこと)の面目」を高く評価するという過ちをおかしている。

この和田長官の官営製鐵所構想は、この時点では政府の採用するところとはなり得なかった。むしろ内閣交替を繰り返す政府に確定した製鉄所構想がなかったともいえる。和田意見書を採用して追加予算を提出した第一二議会、呉造兵廠拡張費を提出した第一五議会ともに伊藤内閣であったが、製鐵所が兵器用鋼材生産にいかに関わるかという点では食い違いがあったといえよう。しかし、高炉構造とコークス製造を改善して操業が定着し、「第一期拡張」へと進んだ製鐵所は、軍工廠との分業関係が成立していった。そしてこの時の製鐵所は和田が構想した「第二期」(装甲鈑製造を除く兵器材生産)が完成した姿でもあった。[116]

(3) 製鐵所建設の「不順序」は創立費の流用と不足、そしてとくに建設工事と作業開始が併行して進行するようになると、深刻な資本不足を引き起こした。和田長官は流用と創立費および据置運転資本の増額によって対応しようとしたが、戦後恐慌が加わって財政難にあった政府の認めるところとならなかった。さらに作業開始式の不手際が議員の不評を買っていた。和田長官は辞職し、流用の責任で免官処分された。三枝・飯田はこの和田長官が免官処分された経過と要因について全く言及していない。佐藤論文(Ⅱ)は、資本不足が製鐵所が強調するほどのものであったかどうか、しかし作業開始後も完成までに七五〇万円も設備費が必要になるというのは、物価騰貴や関税改訂などでは到底説明し得ない「たんなる予算不足などというものではなく」(一九頁)、建設計画とその作業過程に大きな欠陥があったとする。この評価に同意せざるを得ないが、和田長官・大島技監のもとで行われたわが国初の大規模な近代的銑鋼一貫製鉄所建設が、「杜撰」さをともなった「貴重な試行錯誤[117]」であったことは疑いようがない。本稿はこうした点で、第二代長官和田の事績を評価した。

注

（1）各事業については大橋周治編『幕末明治製鉄論』(アグネ、一九九一年)に詳しい。なお幕末以来のわが国における鉄鋼業の短期間のキャッチアップについて、中岡哲郎は「三つの大きな技術移転」によって、次のように三段階に特徴づけている。

Ⅰ、佐賀藩の反射炉建設(一八五〇年)に始まる幕末鋳砲事業で、結果的に木炭高炉と大型鋳鉄技術の定着をもたらした。

Ⅱ、維新政府によってイギリスからのプラント輸入による工部省釜石製鉄所の建設(一八八〇年操業開始)で、「ひどい失敗」であったが、結果としては民営の釜石田中製鉄所の成立に導いた。

Ⅲ、ドイツからのプラント輸入による一貫工場である官営八幡製鐵所。

(中岡哲郎「技術史の視点から見た日本の経験」中岡哲郎・石井正・内田星美『近代日本の技術と技術政策』東京大学出版会、一九八六年)。

（2）赤羽製鉄所(明治四年)、釜石銑鉄・長崎錬鉄構想(明治七年)、クルップ社に依存した三省連合の製鉄所構想(明治八年)、三省連合の再構想(明治一三年)については、鈴木淳「製鉄事業の挫折」(同編『工部省とその時代』山川出版社、二〇〇二年）に詳しい。

（3）三枝博音・飯田賢一『日本近代製鉄技術発達史』（東洋経済新報社、一九五七年）第二章、工学会『明治工業史鉄鋼編』（一九二九年）第一編第二章第一節、編纂会『日本鉄鋼史　明治編』（五月書房、一九八一年）第四・五章、通商産業省『商工政策史第十七巻鉄鋼業』（刊行会、一九七〇年）第一編第二章、大沼健吉「明治政府の鉄鋼政策」（『経済集志』二五－5、一九五六年）、同「官営八幡製鉄所の設立とその性格」（『経済集志』二六－6、一九五七年）、酒井安隆「明治期前半期における鉄鋼企業の形成過程」（大阪市立大学経済研究所『明治期の経済発展と経済主体』日本評論社、一九六六年）参照。

（4）榎本武揚農商務大臣「製鉄所設立意見」（製鐵所文書Ｉ－14－5）。ただし実態的にも技術的に可能であったかどうかは検討する必要がある。

（5）『製鐵事業調査報告書』（製鐵所文書Ｉ－53）。

（6）日本鉄鋼協会は一九二五（大正一四）年の創立十周年に近代製鉄技術の発展に貢献した「故製鐵功労者」と「製鐵功労者」を表彰した。「故製鐵功労者」は和田維四郎の他に榎本武揚、大島道太郎、野呂景義、葛蔵治、田中長兵衛、横山久太郎、大河平才蔵、山内万寿治であり、「製鐵功労者」は向井哲吉、服部漸、香村小録、今泉嘉一郎、本多光太郎、俵国一、斎藤大吉、野田鶴雄の八名である。『日本鉄鋼協会要録』（一九二六年）参照。

（7）和田維四郎の略伝および事績については、松尾宗次・清水憲一「和田維四郎」（『ふぇらむ』日本鉄鋼協会、Vol. 7 No 10、二〇〇二年）を参照されたい。なお佐々木享「和田維四郎小伝（上中下）」（『三井金属修史論叢』四、五、六、一九七一年）および同『和田維四郎』（小浜市立図書館、一九八〇年）参照。

本稿は、右記論文の課題を限定してさらに深めたものである。また『九州国際大学経営経済論集』連載中の清水憲一「創業期八幡製鐵所と兵器用鋼材生産」㊤九巻二号、二〇〇二年、㊥九巻三号、二〇〇三年）においては、典拠資料としての『八幡製鐵所文書』、帝国議会議事録、新聞記事などを詳細にとりあげ、和田長官のもとでの製鐵所構想の軍事的性格について検討している。なお、『製鐵所文書』を典拠とする場合、例えば（Ｉ－１－１）と表記するが、この資料番号は八幡製鐵所作成『鉄鋼史関係文書』（昭和四三年八月一〇日整理、昭和五二年一〇月一日追補）の分類をベースに、九州国際大学社会文化研究所において作成作業中のＣＤ－ＲＯＭ版の文書番号を利用する。つまり上位二桁は『鉄鋼史関係文書』による分類番号で、Ｉ（経営）、Ⅱ（土地鉄道築港・水道）、Ⅲ（原料・設備・生産）、Ⅳ（労働）の大分類のもとに、次に関係書類ごとに簿冊化されている（二桁目）。三桁目は関係書類の中の文書番号を示す。また「（八幡）製鐵所」は固有名詞なので、以下「製鐵所」と略し、普通名詞の「製鉄所」とは区別して使用している。

(8) 渡邊洪基は一八四七(弘化四)年一二月、現福井県武生市の蘭方医家に生まれた。福沢塾などに学び、外務少記となって岩倉使節団に随行(明治四年)し、外務(明治六～九年)、太政官書記官(明治一四年)を経て工部少輔、東京府知事(明治一八年六月～明治一九年三月)、帝国大学初代総長(明治一九年三月～二三年五月)、特命全権公使(明治二三年、在ウィーン)などを歴任した。一九〇〇(明治三三年)立憲政友会の創立に参加し総務委員となった。この間衆議院議員(明治二五年、国民協会)、勅選貴族院(明治三〇年)に選ばれ、一九〇一(明治三四)年五月死去。多くの学術・社交団体の役員を兼ね、「三十六会長」の異名をとった。

(9) 「製鐵所長の候補談――新設製鐵所長の候補者としては渡邊洪基氏早くも推薦せられたりしが其愈よ所長と為るに就ては之が条件を当局者に提出し且自分所長となるに於ては和田維四郎氏を挙げて技監たらしめたしとの要求あり。然るに和田氏は従来榎本農商務大臣との間柄妙ならざる所あり。其他渡邊氏提出条件中当局者の賛同を得るばからざるものありしにより同氏の候補談も遂に立消と為り新に適任の人を求むるも容易に得べからざる折柄榎本大臣は豫て別懇の山内堤雲氏(元鹿児島県知事)を候補者として推挙されたり。されど山内氏にして所長と為らば技監技師等の人選折合如何ならんか。頗る面倒なる場合あらん。又其果して適任なるや否やの点に於ても疑はしといふものありて今日の処未だ何人にも確定せざるが如し」(東京朝日新聞、明治二九年四月一日)。

(10) 同前、明治二九年四月九日。

(11) 同前、明治二九年四月一〇日。

(12) 同前、明治二九年四月一九日。

(13) 「製鐵所長――同所長内定せしとは前号に報じたり。扨其人は誰なるやといふに山内堤雲氏なり。先に渡邊洪基氏辞任以来其候補者数名算せらるるに至りしも榎本大臣は自己の配下に属すべき重要の官署なるを以て自分に於て充分信任し得べき人物ならざれば推薦するを得ずとて久しく決定せざりしなれど此候補者の一人なりし山内堤雲氏は維新前より親交あり且開拓使の頃には今の炭礦即ち煤田開採事務を担当し居たる人にて製鐵所長には適当たるべしと主張し遂に同氏を挙ぐるに決したるなり。いづれ一両日中に発表せらるべし」(同前、明治二九年五月一七日)。

(14) 山内堤雲が明治四〇年春に記した自筆「製鉄所」メモには長官就任の経緯を次のように書き残している。(佐々木享「山内堤雲の生涯」『鉄鋼界』一九七〇年一二月号、七七頁)。

榎本子爵（農商務省）大臣たりし頃、同省に製鐵所なるものを置かれる事となりたるが、久しく其長官の任命なく、世間往々彼れ是れの批評ありき。当時予思えらく、製鋼の業たる未だ本邦に開けず、もとより難事業には相違なきも、欧人これを製す。あに邦人のこれをなし能わざるの理あらん。……予や北海道において石炭開採の業に預り、少く同道のために利する所あり。更に製鋼の業を創立しもって邦家を益せんと、不肖を顧みず、自ら製鐵所長官たらんことを大臣に請願す。大臣その志を嘉納し奏請、終に明治二十九年五月製鐵所長官の重任を蒙れり。よって工学博士大島道太郎氏の民間にあるを起して、技術長とし、起業の準備を協議し、先以工場立地の選定に掛れり。

(15) 東京朝日新聞、明治二九年五月一九日。

(16) 同前、明治二九年四月一〇日。

(17) 大島道太郎については大島信蔵編『大島高任行実』（一九三八年）の記載を紹介しておく。

万延元年庚申六月一八日盛岡に生る。明治三年八月大学南校に入学、同一〇年四月東京大学理学部採鉱冶金学科修業、同年一二月独逸へ留学、同一一年四月撒遜州フライベルグ鉱山大学に入り、同一四年一二月同大学卒業冶金工師の学位を受け同一五年二月帰朝す。爾後明治二三年に至る八箇年東北地方に於ける小眞木鉱山、白根銅山、其他鉱山の開発、選鉱所竝に製錬所の改築及新設に泰西の新技術を応用し、本邦鉱業の発展に貢献する所あり。明治二三年二月宮内省御料局技師に任せられ、同二四年七月御料局生野支庁付属大阪精錬所長に任ぜらる。同年八月工学博士の学位を受く、同二八年一二月御料局技師を退職、明治二八年自ら資を投じ広島県岩子島製錬所を新設経営銅鉱の中央製錬所の業務を開始す。同二九年六月八幡製鐵所創設に当り製鐵所技監に任ぜらる。同年八月欧米に差遣せられ、同三〇年九月帰朝す。同三一年一〇月技監廃止に尋で同三二年技術部長兼工務部長に任じ、同三三年九月再び欧米諸国へ差遣せられ、同三四年四月帰朝す。同三六年一〇月製鐵所工務部長を辞職す。明治二三年同二八年同四〇年の三回に亘り博覧会開催毎に其審査官を命ぜらる。同四一年二月東京帝国大学工科大学教授に任ぜられ、同四二年六月勲三等陞叙せらる。大正三年二月休職、尚大学在職中教務の傍ら住友別子銅山竪坑及第四通洞の設計及び本渓湖煤鐵公司の炭坑並に製鉄所の設計を指導す。大正三年二月有限公司漢冶萍煤鉄廠最高顧問技師に就任し、専ら任地支那漢口に在りて大冶鉱山等の経営に当り、八幡製鐵所に対する鉄鉱の供給を豊富円滑ならしむる重任を果せり。同五年二月特旨を以て従三位に陞叙、同一〇年一〇月一一日漢口に於て歿す。享年六二歳。

(18) 和田新一郎『的野半助』（一九三三年）一五七頁。

(19) 同前一五九頁の「明治二九年九月一〇日付的野半介宛安川敬一郎書簡」。当時平岡浩太郎妹婿の的野は長谷川芳之助、平

岡、安川の「伝令便」として在京で奔走していた。なお官営製鐵所の八幡立地については、三枝・飯田前掲書のいう客観的技術的な考量比較によって決定されたのではなく、石炭立地をベースにするが、この「安川書簡」などに基づいて政治的工作が最終的な決め手になったことを明らかにした清水見解については『北九州市史近代現代産業経済編Ｉ』（北九州市、一九九二年）参照。

(20) 門司新報、明治二九年九月二日。

(21) 「辞令案」（明治二九年一〇月二一日施行、製鐵所文書Ｉ－572－21）。

(22) 『帝国議会衆議院委員会議録八』（東京大学出版会、一九八六年）一四八頁。

(23) 三枝・飯田前掲書二三七頁。

(24) 堀田連太郎は一八五七（安政四）年四月二九日、信州松代の真田家重臣の家系で、父速見は目付役にあり、その長男として生まれた。八一（明治一四）年、帝国大学でネットーのもとで採鉱冶金を修めた。卒業後農商務省につとめたが、翌八二年九月に官を辞して、三菱に入社した。八六年吉岡鉱山次長、八七年一二月には吉岡鉱山長長谷川芳之助が本社副支配人・尾去沢鉱山長に転じ、堀田が吉岡鉱山長となった。八九年に面谷鉱山長、九五年に本社在勤に転じ、欧米鉱山・製鉄事業の実情視察中の三月に「依願」退職した。帰朝後九七年には官に復帰し、農商務省鉱山技監として、足尾銅山鉱毒事件では「禁止の無謀」を論じ、予防命令を執行した。同年七月に製鐵所長官事務を兼務、同年一一月には鉱山局長兼務したが、翌九八年一月には農商務省を辞した。この年三月の総選挙で東京府第七区から衆議院議員に当選し、一九〇七年まで五期つとめた。この間、パリ万国博覧会鉱山採掘用具調査（一九〇〇年）、製鉄事業調査委員（一九〇二年）、製鐵所調査委員・製鐵所商議委員（一九〇三年）、韓国殷栗鉱山調査（一九〇四年）と八幡製鐵所の「再建」を側面から援助した。一一年に日本鉱業会理事、ついで一五年には副会長となるが、一五年一二月二〇日死去。

(25) 「後任にいては和田維四郎氏との呼声あれど種々に事情ありて未だ決定に至らず先ず適任者を得る迄は製鉄事業に経験ある堀田技監当分兼任を命せらるべく山内長官の免官と同時に之を発表する筈なり」（門司新報、明治三〇年八月一日）。堀田は後の製鉄事業調査会においてこの間の経緯を説明している（第一三回（明治三五年一二月七日）議事速記録（Ｉ－54）四一二頁）。

「……大島君が帰ってくるまで、手を束ねて何もせぬで居ったということは頗る遺憾で、何もする事はないということで、その時の大臣に尋ねた。これは大臣として技監の帰るまでは製鐵所は何事もすることが出来ぬということは、いかにも相済まぬという考えから起ったのであります。それで往って調べて来いということで、臨時出張を命じられた。所が決してやる事ないのではない。大いにあるのであります。……」。なお堀田はこの席上で製鐵所創立期を振り返って、八幡製鐵所が「頓挫」した人的要因として、①野呂景義が不幸にして製鉄事業の中心を継続できなかったことが「遠イ原因」、②「山内長官ガ長官ト云フ名ヲ貰ッテ給料ダケハ貰ッテ居ッタ」、③大島は銅山などの専門で、「製鉄事業ニ経験ガナイ」、「大島君其人ヲ信任シタ人ノ罪」と大島が同席した会議で批判した。

(26)「製鐵所長官と堀田技監……長官心得を命ず

氏ハ昨年技監選定の際其一人に数へられしも官海に縁故なき者を一躍勅任たらしむるハ如何あらんとの因習論にて其議止みしが今や山内長官ハ罷められ堀田技監統督の足尾除害工事も粗落成したる折柄昨日の任命あり氏ハ曾て製鐵所設立の政府案に就て修正の意見を述べ容れられざりしともあり行懸上困却の事情なきにあらねど亦之を辞退するハ却て年来の言責に負くの嫌あり且国家事業の重大なるを思ふて竟に之に当るとに決心せる次第なりと云ふ尤も適当なる長官の候補者出づれバ何時たりとも之に譲る精神にして又此頃大島技監が欧州より送致せる設計図案の大体ハ宛も堀田技監が先年唱導したる意見と符節を合するが如きものなりと」(東京朝日、明治三〇年八月二一日)。

(27)「本所作業工事其他ニ関シ堀田長官事務取扱方針ノ件」(製鐵所文書I−38−4)。三枝・飯田前掲書二〇九〜二一三頁に全文掲載。

(28) 和田は、臨時製鉄事業調査委員会でこの間の経緯を次のように述べている(製鐵所文書I−6)。なお委員会が設置されるたびに重複した調査・実験が行われ、その継続性に問題点があることを指摘している。

私ハ製鉄事業ニ調査ニハ元ハ農商務省ニ奉職ヲシテ居ル時分カラ今日ノ組織ノ委員会ノ出来ヌ以前カラ従事シテ居ル、サウシテ注意シテ見ルニ委員会ガ無駄ナ時間ヲ費ス経験ガアリマス、只今ノ委員会ハ組織ガ変更シテ即チ三度目ノ委員会ト記憶致シマス、第一海軍省から先ニ議会ニ予算ヲ出ス時ニ内閣デ以テ公然委員ト云フ程ハアリマセヌデシタガ各省ニ関係ノ者ガ寄ツテ相談ヲシタコトガアリマス、牧野君モ野呂君モ私モ其時ニ居ッタ連中ト思ヒマス、其後農商務省デ公然委員ヲ設ケタ第二ノ委員、ソレハ幾分カ印刷物抔ガ残ツテ居ル、第三番目ノガ昨年起ツタ今現在ノ此委員会ナノデアリマス、然ルニ其委員会ハ前ノ委員会ノ仕事ヲ認メズシテ更ニ新ニ仕直シテ居ル、ソレ故ニ大変ニ重複スルコトガアルト思ヒマス、又実際アッタト思ヒマス第二ノ委員会デハ釜石ノ調査モシ、赤谷仙人ノ調査モシタ、然ルニ第三ノ委員会ニ於テハ第二ノ委員会ヲ直接ニ認メナイカラ、更ニ人ヲ遣ツテ調ベナケレバナラヌ鉱石抔ノ量ニ就テモ亦調査ヲシナケレバナラヌ、又只今大臣ノ御演説ニモアリマシタ通リ既ニ前委員会デハ内地ノ原料ヲ以テ鋼迄製造シテ外国ノ原料ヲ少シモ使ハズシテ即チ赤谷ノ鉱石、仙人ノ鉱石、釜石、各地ノ鉱石抔ヲ「ずく」ニシ其「ずく」ヲ横浜デ製シテ其成績ハ彼処ニモ見本ガアル、併シナガラ其試験ハ右ノ委員会デハシナカッタ故ニ委員会ノ変ハル毎ニ総テガ新シクナルト云フコトガ始終此事業ノ調査ニ妨ゲヲシテ居ルト思ヒマス

なお、いわゆる海軍製鋼所案が検討された時に海軍省に専門委員会が設けられ、野呂・牧野が参加したといわれているが(編纂会『日本鉄鋼史明治編』千倉書房、一九四五年、一八九頁)、それとは別に、和田の発言にあるように内閣のもとに「製鉄所取調委員」が設置された(一八九一年一〇月)。委員は渡辺国武(大蔵次官)、牧野毅(陸軍少将)、原田宗助(海軍大技監)、宮原二郎(海軍少技監)、野呂景義、小花冬吉そして和田維四郎の七名である(「新設製鐵所取調委員ノ件」(一八九一年一〇月五日)『公文別録』別一三五、この点は長島修氏のご教示による)。また臨時製鐵事業調査委員会については、議員まで含めた大がかりなもので、「これは既に前委員会で決定している建設案を政治的に仕上げるするための内面工作に過ぎないから、特筆する程の内容的な新展開はみられなかった」(同『日本鉄鋼史』二二八頁)と評価されているが、委員和田の位置そしてとくに清国に外国人技師の指導による大規模な漢陽製鉄所が建設されることに対して「著大ナ影響」を考えて「精密ナル調査」のために視察員派遣を決議した、つまりわが国に急いで製鉄所を建設する要因の一つとして清国製鉄所の問題がクローズアップされた(しかもそれに和田が深くかかわっていた)という点で、再検討が必要である。そしてこの臨時製鐵事業調査会については、「製鋼」から「製鉄」への委員会名称の変更の意義に触れることはあっても三枝・飯田前掲書はほとんど評価していない(一四八～一五一頁)。

(29) 「臨時製鐵事業調査会書類」(製鉄所文書Ⅰ－1)。製鋼事業調査会関連史料はここに収録されている。
(30) 「第四回会議案」(明治二八年六月二八日、製鐵所文書Ⅰ－9)。
(31) 製鐵事業調査会での野呂原案の修正によって創立案ができており、「兵器材料製造器械」二五万円が追加された。また創立予算は最初から「創立案」を再検討するための欧米調査旅費を組み込んでいた。
(32) 『明治工業史鉄鋼編』(工学会、一九二九年)一五〇頁。
(33) 『衆議院予算委員会速記録』(第四科第一号、明治三一年五月二四日)一五七頁。
(34) 「ライン州ステルクラーテ発書簡」(製鐵所文書Ⅰ－38－2)。
(35) 前掲堀田「上申」(製鐵所文書Ⅰ－38－4)。

(36)「本所事業ニ関スル和田長官意見書」（製鐵所文書Ⅰ－38－7）。
(37)「追加予算臨時議会へ提出ニ付大蔵省へ照会ノ件」「創立費追加予算ノ件」（製鐵所文書Ⅰ－38－8・9）。次節でみるように、和田長官はこの追加予算が細切れにされたことを、工事遅延および予算流用と不足の原因として弁明した。
(38)若松築港会社（社長安川敬一郎）浚渫補助金問題については、清水「『安川敬一郎日記』と地域経済の興業化について（一、二）」（九州国際大学『社会文化研究所紀要』三八、『経営経済論集』三巻二号、ともに平成八年）参照。
(39)『貴族院予算委員会議事速記録』明治三四年二月一五日。
なお、当時の松方大蔵大臣の戦後経営においては、製鐵所創立費は当初全額日清戦争賠償金が充てられることになっていた（「明治二十八年松方大蔵大臣ノ提出セル財政意見書」『明治財政史』第一巻、二〇～二二頁）。しかし戦後経営は財源不足に陥り、政府は経常費の財源は増税、臨時費は公債募集又は償金使用を原則とし、明治三一年度に増税計画が議会の協賛を得ることのよって「戦後経営ハ粗ホ一段落ヲ告ケ戦後予算ノ整理ハ始メテ其緒ニ就」いた（同二六頁）。こうして、製鐵所創立費四〇九万五七九三円の内明治二九年度支出五七万九七六二円は償金を充てたが、三〇年度予算からは「事業公債」に切り替わった。

したがって製鐵所創立費　一九二〇万二六九四円
内　五七万九七六二円　償金支弁
一八六二万二九三二円　公債支弁

(40)「本所操業順序ノ件」（製鐵所文書Ⅰ－38－11）。
(41)「大砲铸造ニ関シ陸軍次官へ回答ノ件」（製鐵所文書Ⅰ－38－10）。
(42)「砲身製造ニ関シ陸軍総務長官へ照会ノ件」（製鐵所文書Ⅰ－38－22）。
(43)海軍艦艇は日清戦前の六万ＧＴが日露戦前には二七万ＧＴと四倍以上も拡大された。この期の海軍拡張については海軍大臣官房編『海軍軍備沿革』（一九三四年）の第二章参照。また日清戦後財政政策と軍備拡張、そしてとくに軍艦水雷艇補充基金をきっかけとする主力艦国産化に関しては室山義正『近代日本の軍事と財政』（東京大学出版会、一九八四年）第二編第三章参照。
(44)「本所設立ノ趣旨ニ関シ海軍大臣へ回答ノ件」（製鐵所文書Ⅰ－37－9）。
(45)同前。

(46)「大臣ノ命ニ依リ田中（隆二）鉱山局長ノ調査ニ係ル製鐵所ト兵器材トノ関係」（製鐵所文書Ⅰ－705－4）。

(47)『海軍中将男爵山内萬寿治回顧録』一九一四年、一一四頁。なお「海軍省公文雑輯」明治三二年人事(82)（防衛研究所図書館所蔵）には山内の出張および帰国の報告が収められている。

(48)当時の大蔵省主計局長は阪谷であり、『阪谷日記』（国会図書館憲政資料室『阪谷芳郎文書』）によると、阪谷は明治三二年三月二八日に「京都大坂外ニ出張ヲ命セラレ」、四月三日に東京を出発して二五日帰京まで大阪・神戸・岡山・門司・福岡・広島・神戸・大阪・大津・奈良・津・名古屋・岐阜・静岡各地の日銀支店・農工銀行・税関を視察するとともに、八幡製鐵所・呉造兵廠・大阪砲兵工廠を巡視した。ただしどのように視察したかは記載されていない。

(49)『貴族院予算委員会議事速記録』明治三四年二月一五日。阪谷は一八八四年東京大学法学部を卒業して大蔵省に入り、九三年主計局予算決算課長、九七年主計局長を経て一九〇一年から大蔵省総務長官に就いていた。製鐵所計画・建設事業は長期にわたっており、この間内閣もしばしば交替したが、「本官ハ幸ニ此前後ヲ通ジテ予算編成ノ局ニ当ッテ居リマスカラ、稍々其事情ヲ審ニスル」立場にあった。なお『阪谷芳郎傳』（一九五一年）には、製鐵所創立事業そして呉海軍工廠拡張費問題についての記述は全くない。

(50)『子爵斎藤実傳』全四巻（一九四二年、第一巻七八一頁、および製鐵所文書Ⅰ－38－24）。

(51)「甲鉄板其他ノ義ニ付海軍省ヨリ来翰ノ件」（製鐵所文書Ⅰ－38－24）。

(52)呉造兵廠拡張費の貴族院否決の背景には、当時の政治状況も強く影響している。立憲政友会の成立、第二次山県内閣から第四次伊藤内閣への後退、そして第一五議会における貴族院の反政府的対応などについては、増田知子「一九〇〇年体制の確立」（井上光貞他編『日本歴史大系4近代Ⅰ』山川出版社、一九八七年）の整理をベースとしている。貴族院の反政府運動としては、一九〇〇年秋から翌年五月まで高揚した議会外の対外硬政策を求める貴族院議長近衛篤麿を中心とした国民同盟会運動もあった。この点は酒田正敏『近代日本における対外硬運動の研究』（東京大学出版会、一九七八年）の第三章参照。

そしてとくにこの期の貴族院については、一八九九年の幸倶楽部結成と一八九九年の有爵議員改選での研究会の勝利を指標に、第二次山県内閣に山県閥の貴族院支配体制の確立を明らかにした高橋秀直「山県閥貴族院支配の構造」（『史学雑誌』94－2、一九八五年）、そして坂野潤治『明治憲法体制の確立』（東京大学出版会、一九七一年）、あるいは山本四郎『初期政友会の研究』（清文堂出版、一九七五年）などがあるが、本稿の課題はこうした政治構造および運動の分析ではないので、政府の増税・軍拡路線による呉造兵廠拡張費に対して貴族院には「衆議院を監督し、政府の専制を牽制する」=「貴族院の牽制機関化」（増田）、あるいは貴族院の「自立」から「自制」への転機（小林和幸『明治立憲政治と貴族院』吉川弘文館、二〇〇二年）という政治状況を確認しておく。

(53) 衆議院本会議における予算委員長栗原亮一の報告（明治三四年二月七日、前掲『大日本帝国議会誌』第四巻、九九三頁）。

(54) 一九〇一（明治三四）年二月一八日の「呉造兵廠拡張費ニ関シ海軍省ト協定ノ件」（製鐵所文書Ⅰ－38－30）である。この「協定」は部分的に引用（三枝・飯田前掲書二三〇頁（ただし「軍器製造をめぐる海軍省と製鉄所との対立は、事実上ここではじめて落着した」訳では決してないことに留意する必要がある）、長谷部前掲論文九五～九六頁など）されているだけなので、また『製鐵所文書』には「想定問答」（国立国会図書館憲政資料室所蔵の『斎藤実文書』の分類では、「協定」は「呉造兵廠拡張費政府方針説明要領」（分類番号45－20－14）、「想定問答」は「呉造兵廠拡張事業対議会想定問答」（45－20－12）と別文書となっている）を含み、議会での論点が明らかである。

(55) 門司新報、明治三四年三月一二日。

(56) 鈴木敬義編『帝国歳計沿革史』（麒麟閣、一九一五年）七二三～七二六頁。

(57) 国立国会図書館憲政資料室斎藤実文書の「呉造兵廠拡張計画見込」（45－20－15）および「枝光製鐵所と呉造兵廠の相違に関する書類」（45－20－18）による。この資料については、『呉海軍工廠製鋼部史料集成』（編集委員会、一九九六年）、『呉市史（第三巻）』（呉市役所、一九六四年）、『広島県史近代現代資料編Ⅱ』（広島県、一九七五年）、前掲『子爵斎藤実傳』などいずれにおいても紹介されていないので、ここに紙幅の関係上前者を紹介しておく。

呉造兵廠拡張計画見込

㈠製鋼ノ程度

呉造兵廠ニ於ケル前年度ノ拡張ト今回提出セラルヘキ拡張ノ計画ト相合シ成功ノ暁ニ諸兵器、弾丸、水雷及ヒ砲楯、装甲鈑類ノ用ニ供シ得ヘキ鋼材ハ凡ソ左ノ重量ヲ下ラサル見込ナリ

一	二十五噸	シイメンス製鋼炉	四台（一日百噸）
一	十二噸	仝	一台
一	三噸	仝	一台

乃チ全部ヲ挙テ労働スルトキハ一日ノ産出高無慮百十五墩ナリ、然レトモ火炉ノ命数ニ限リアリ、各炉年中使用日数ハ凡ソ五ヶ月間乃チ百五十日ツヽト見積レハ一年間ニ諸炉ヨリ流出セシメ得ル鋼量二万七千二百五十墩トナル、但シ是レハ流出高ニシテ之ヨリ生スル除屑（スクラップス）凡ソ四割ヲ控除シ、実際兵器其他ト成ル量ハ凡一万〇三百五十墩ニ過キサルナリ其他必要ニ応シ坩堝鋼凡二千墩内外ヲ製出シ得ヘシ

㈡鋼材ノ区分

前記ノ鋼材ハ其性状ニ因リ各用途ヲ異ニス今其概要ヲ左ニ列記ス

○シーメンス鋼

一　二千三百六十五墩　砲身、砲架用（此内九百五墩ヲ陸軍用トス）
一　一千八百墩　砲楯、砲障、防禦甲板用
一　一千九百六十七墩　各種弾丸、水雷用
一　二千墩　装甲鈑
一　二千二百六十八墩　造船其他雑種用

○坩堝鋼

一　一千二百墩　特別弾丸用（此内七百〇一墩ヲ陸軍用トス）
一　四百九十六墩　銃身用

㈢造兵ノ程度

軍機ノ秘密ニ属ス故ニ公開ノ席ニ述フルコト能ハス今其大要ヲ摘テ左ニ録ス

毎歳竣工セシメ得ヘキ諸兵器数下ノ如シ

一　十二尹（三十「サンチ」半）砲　二門
一　八尹（二十一「サンチ」）速射砲　三門
一　六尹（十五「サンチ」）仝　十七門
一　十二斤（七十五「ミリ」）仝　二十門
一　各種弾丸　凡ソ一万六千発
一　各種水雷并ニ砲架、砲楯、砲具皆之レニ伴フ者トス悉ク新規製造ニ属スル者ノミヲ挙ク、此他修理、改造等ハ総

テ臨機ノ処分ニ付ス

(四)補充軍艦ニ対スル兵装準備

前述ノ造兵力ヲ具備スル時ハ補充軍艦ニ対シ兵器其他ノ供給ヲ行フニ多ク外国ノ手ヲ藉ラス充分内地ニ於テ之レカ準備ヲ了シ所謂兵備独立ノ実ヲ挙クルニ至ラン

仮リニ内地ニ於テ下記ノ年期間ニ各種補充軍艦ノ建造ヲ実行センニ之レカ兵装ノ準備ニ対シテハ本廠ノ製造力ヲ以テスレハ充分ニシテ尚ホ多少ノ余力アルヲ認メ得ヘシ

一　一等戦闘艦（一万五千墩）一隻　　工期四ヶ年半
一　一等装甲巡洋艦（九千九百墩）一隻　仝　四ヶ年
一　二等防禦甲板付巡洋艦（四千七百墩）一隻　仝　三ヶ年

上記諸軍艦ニ必要ノ諸兵器并装甲鈑数ヲ摘スレハ左ノ如シ

一　十二吋砲　　六門（内二門ハ予備）
一　八吋速射砲　九門（内三門ハ予備）
一　六吋速射砲　五十門（内十門ハ予備）
一　十二斤速射砲　六十門（内十門ハ予備）
一　各種弾丸水雷等重量凡ソ一万墩
一　砲楯、砲障、防禦甲板類重量凡ソ四千五百三十墩
一　装甲鈑重量凡ソ四千八百墩

右諸準備ヲ三ヶ年乃至四ヶ年半ノ期間ニ結了セントスレハ大概下ノ如キ程度ヲ以テ操業スレハ可ナリ

	第一年	第二年	第三年	第四年	第五年
砲身	一、二八四	一、一五一	一、一一六	八四六	〇
砲架	一七六	三一九	三四四	四一一	〇
弾丸　水雷	二、〇〇〇	二、〇〇〇	二、〇〇〇	二、〇〇〇	二、〇〇〇
砲楯、砲障類	一、八〇〇	一、八〇〇	九三〇	〇	〇
装甲鈑	二、〇〇〇	二、〇〇〇	八〇〇	〇	〇

＊第四ヶ年ニ於テモ取付ケ等ノ工事ハアリ

合　計	七、二五〇	七、一六〇	五、三九〇	三、二五七	二、〇〇〇

前表ハ単ニ一例ヲ示スノミ若シ茲ニ各種軍艦ヲ補充スルコト之ニ倍加スルノ必要アランカ現状已ニ幾分ノ余アルノミナラス造船事業ニ於テモ多少製造ノ年限ノ延長ヲ免レサルカ故ニ兵装ノ準備ニ在テハ優ニ之レニ応スルヲ得ヘキ見込ナリ

なお、一九〇一年時点で、それまでに呉造兵廠には一五〇〇万円が投資され、このことによって装甲鈑生産が可能な技術が蓄積された。この投資額の内訳は、判明している範囲では次の通りである。

二五〇万円	明治二二－三四年「創立」継続費	
二二八	二七年仮兵器製造所建設費	
一一〇	三三年五〇〇〇トン槌（水圧鍛造機）	
六三〇	三四年製鋼所設置	

(58)　前掲『子爵斎藤実傳』第一巻、第四編第四章「呉造兵廠製鋼所増設問題」（七八〇～八三五頁）。

(59)　小林前掲書は、呉製鋼所問題では貴族院においては研究会・庚子会が反対し、木曜会・幸倶楽部二派の賛成が対立したこと、山県系の幸倶楽部二派は妥協的、研究会は非妥協と同一歩調をとらなかったことから、「山県＝超然主義路線と伊藤＝政党政治路線の対立」の図式があてはまらない事例としてとりあげている（三一八頁）。貴族院における山県系支配が一元的に貫徹しているわけでない。しかしこれら会派がどのように会派決定したかは不詳である。

(60)　佐藤昌一郎の「ワンセット生産体制」論をめぐって、この製鐵所・陸軍・海軍の鋼材供給関連に関して佐藤、長谷部宏一、大江志乃夫による周知の論議がある。しかし、「呉造兵廠拡張費ニ関シ海軍省ト協定」、「想定問答」および政府委員の答弁から、佐藤が指摘するように陸軍の砲身鋼を呉で製造するという了解はこの呉造兵廠拡張決定の際に確認された（佐藤前掲書、一八三頁）。そしてこれがどこまで実行されたかという点に関しても、佐藤は検討している。

(61)　山内万寿治は、一八六〇（万延元）年広島藩士の次男として生まれた。一八七九（明治一二）年海軍兵学校を首席で卒業した。斎藤実が同期生であった。一八八四（明治一七）年から七年間欧米留学（明治二四年五月帰国）したのを皮切りに、明治二六年一二月～二七年八月、明治二七年一〇月～二八年七月、明治三二年四月～一一月、明治三五年三月～八月、明治四〇年五月～九月と欧米出張した。明治二九年四月呉兵器製造所長（造兵少将）、明治三一年二月呉造兵長（大佐）、明治三九年二月呉鎮守府長官と呉軍工廠の発展につとめた。一九〇七（明治四〇）年男爵、一〇（明治四三）年に予備役となると同時に日本製鋼所設立に際しては顧問、その直後会長に就いた。一四（大正六）年六月シーメンス事件の責任で免官となった。一九一九（大正八）年九月死去（以上は秦郁彦『日本陸海軍総合事典』東京大学出版会、一九九一年による）。前掲『海軍中将男爵山内萬寿治回顧録』において呉製鋼所設置関連について詳述している。

(62) 前掲『回顧録』七七、七九頁。

(63) 同前一三〇頁。

(64) 同前一一三～一一四頁。

(65) 同前一二六頁。

(66) 『貴族院予算委員会議事速記録』明治三四年三月一六日（第四分科会）。

(67) 前掲『回顧録』一一六頁。

(68) 前掲『斎藤実文書』（45－20－27・28）。

(69) 前掲『回顧録』一一九頁。

(70) 井上馨がなぜ反対したかは不詳である。

(71) 前掲『回顧録』一二〇～一二一頁。第三章で検討するように、八幡が予算不足で「苦闘」するのは、この拡張案否決後の四月以降のことであるから、この山内の趣旨は後追的な説明といえよう。

(72) 「貴衆両院議員其他招待呉造兵廠観覧ニ関スル件」（前掲『明治三四年海軍省公文雑輯二八巻雑件』）。

(73) 呉海軍工廠拡張費は一年延期して明治三五年度から三八年度の四カ年継続事業で、三四年から派遣されていた野田技師などが帰朝し、他方で山内が事業費で英国から購入した二五トン酸性平炉二基、ローリングミルなどの設備が据え付けられ三八年には予定通りニッケルクローム鋼を製造した。ただしこれは修理甲鈑であった。翌三九年、「本邦建造最初ノ甲鈑艦筑波（および生駒）ノ甲鈑製造ヲ開始」（海軍技師大谷益次郎「本邦ニ於ケル甲鈑製造法発達ノ歴史並主ナル甲鈑実験」一九二八年）した。しかし製造された装甲鈑一七五ミリ（七吋）は射撃試験（一五ミリ弾）には耐えず、亀裂破損した。亀裂防止の加熱作業＝表面焼入の研究に苦心し、同年九月の試験で初めて成功し「製鋼作業ニ一紀元ヲ画シ」（野田鶴男造兵少将「海軍ニ於ケル甲鈑製造発達史」一九二五年、大谷論文ともに前掲『呉海軍工廠製鋼部史料集成』に収録）た。しかしこれはクルップのKC鈑であり、海軍における装甲鈑製造は、一九一一（明治四四）年の軍艦金剛からはヴィッカースのVC甲鈑へと転換し、技術的にも先進国に遜色ないものになった。

(74)「創立費追加予算ノ件」（製鐵所文書Ⅰ－38－9）。

(75)「甲鉄板製造監督者ニ関シ海軍省へ照会ノ件」（製鐵所文書Ⅰ－36－4）。

(76)「（非職農商務技師工学博士の炉景義）嘱託辞令」（製鐵所文書Ⅰ－572－132）。

(77)『鐵と鋼』（日本鉄鋼協会、一九二三年、9巻8号）の野呂景義追悼記事。

(78)「創立事業ノ設計及要品購入、職工傭入及兵器用鋼材製造調査等ノ為メ技師大島道太郎欧米各国へ派遣并技手桂弁三随行ノ件」（製鐵所文書Ⅰ－50－33）。

(79)「兵器用鋼材工場設計等ニ関スル大島技師調査復命書」（製鐵所文書Ⅰ－705－7）。

(80) 和田長官の本音は福岡日日新聞談話（明治三四年二月八～一〇日）に明らかである。

(81) 門司新報、明治三四年二月七日。なお同紙の保存状況が悪く、判読不明個所が多いが、大意はつかめる。「（東京電報）和田長官辞表和田製鉄所長官は上京の際意見の衝突を慮り予算書を呈出せるが衆議院予算委員会に於て説明の結果として海軍大臣との間に衝突を見るに□□□に辞表を呈出の上帰任せり□□□に辞表は今尚ほ農商務大臣の手元に留置□□□に間は提出せさるなりと」。

(82) 同前、明治三四年二月二六日。「和田長官の留任和田製鉄所長官の辞表は一応□却せられ留任することに決したり」。

(83) 三枝・飯田前掲書二三三頁。長島前掲書も同様の見解である。

(84)『官報』第五七三八号、明治三五年八月一九日。

(85) 外国人技師・職工長については、荻野喜弘「官営八幡製鉄所における傭外国人」『福岡県史　近代資料編　八幡製鉄所』（西日本文化協会、一九九五年）参照。

(86) 三枝・飯田前掲書三二四頁。

(87) 文書課「作業報告」明治三四年三月二四日（製鐵所文書Ⅰ－29）。

(88) 三枝・飯田前掲書三六五頁。なお同書は明治三四年の『熔鉱日誌』、明治三五年度の『熔鉱月報』を紹介しているが、一一月開業式までの「順調な経過」について『製鐵所事業報告』（製鐵所文書Ⅰ－15）参照。

(89)『製鋼状況』（明治三四年六月一九日、製鐵所文書Ⅰ－29）。

(90) 一九〇一（明治三四）年八月五日「製鐵所作業ノ方針ニ付上申」（Ⅰ－38－34）、同年八月七日「製鐵所製品売払ノ標準ニ

付伺」（I－38－36）、同九月二七日「製品販売ノ義ニ付伺」（I－38－37）。この販売方針に関して、生産性が低く、しかも創業期にあって、生産費と販売価格のギャップが深くなるという重大な問題があった。この点は佐藤昌一郎「戦前日本における官業財政の展開と構造(I)」（『経営志林』3－3、一九六六年、七一～七三頁）参照。

(91) 三枝・飯田前掲書三四六頁。なお開業式を目前とした時期に雑誌取材を受けた和田長官は、創業事業を四期に分け（第一期：設計計画、第二期：創立工事、第三期：製造開始、第四期：製品販売）、「今や我製鐵所は第一期より第三期迄の事業の大部分を終」へ、とくに「第二創立工事に付ては、今日迄当局者の最も苦心したる所にして、細大数百余種の工事、幸ひにして欠点を見ず」、「製鐵事業に於て最も困難なるは、創立初期に於ける営業上の困難なり」という認識を示していた（「製鐵所の過去現在及未来」『太陽』七巻一三号、明治三四年一一月五日）。

(92) 『衆議院予算委員会議事録』明治三五年二月一四日。

(93) この公債事業延期に見られる緊縮財政への転換に戦後経営の破綻を意義づけたのが室山前掲書である。またこの時期の財政政策に関しては同書第二章、および神山恒雄『明治経済政策史の研究』（塙書房、一九九五年）第三章参照。

(94) 「事業延期ノ件」（製鐵所文書I－38－31(2)）。

(95) 「創立事業中完成セシムヘキ工場ノ義伺ノ件」（製鐵所文書I－38－32）。

(96) 「創立費追加予算ニ関スル方針ニ付大蔵大臣ヘ交渉」（九月二八日）、「製鐵所据置運転資本不足補充方ノ義ニ付大蔵省ヘ交渉案」（一〇月五日、以上はすべて製鐵所文書I－38－41）。なお「繰入」を求めた文書では、運転資本欠乏の原因として、「前年度ニ於テ豫メ本年度完成ノ日ニ於ケル原料ノ所要額ヲ標準トシテ之カ購入準備ヲ為シタリ……完成ノ見込ヲ以テ購入シ来レル原料ハ其不完成ノ為ニ剰余ヲ生スルノ傾向アリシ……原料ハ剰余ヲ生シ貯蔵セサルヲ得サルニ至レリ試ニ九月初旬ニ於ケル原料ノ貯蔵高ヲ調査スルニ実ニ百四拾八万六千余円ノ巨額ニ達セリ」、また「製鐵所作業ノ本年度ヨリ開始スルハ当初ヨリ予定セシ所ナリト雖モ未タ曽テ経験ナキ製鐵事業ヲ我国ニ創始スルニ方リ其製品ノ良否未タ知ルヘカラサル開業前ニ於テ豫メ是レカ注文ヲ受クルカ如キハ断シテ望ミ得ヘカラス将タ開業後ノ今日ト雖モ曽テ使用セラレシコトナキ製鐵所ノ製品ハ尚未タ市場ニ信用ヲ博スルノ時日ナキ……従来我国ノ市場ヲ独占セル外国品ト競争シ之ヲ駆逐シ得ルハ蓋シ容易ノ業ニアラス……是ニ於テカ産出セル製品モ迅速ニ之ヲ現金ニ変シテ資本ニ回収スル能ハサルニ至レリ」。「以上陳ツルカ如ク製鐵所ノ創立事業予定ノ如ク完成セサル為メ徒ニ原料ヲ貯蔵シテ資本ノ運転ヲ渋滞セシムルト共ニ年度内製品ノ販売意ノ如クナラスシテ資本ノ回収ヲ遅緩ナラシムル結果ハ茲ニ運転資本ノ欠乏ヲ告クルニ至レリ」。つまり二四八万円にのぼる原料貯蔵が資金繰りを悪化させ、また操業初年度で製品販売による収入も期待できないことが運転資本不足の要因として指摘している。

(97)　「製鐵所事業経営ニ関シ大蔵農商務両省協定書」（一〇月五日、製鐵所文書Ⅰ－38－41）。ここでは四〇〇万円の追加予算を三年度割で実現すること、流用はしないこと、収益をあげて今回の追加額を国庫に償還すること、明治三七年度から一〇〇万円の利益を見込んでいること、据置運転資本は約二〇〇万円の不足であることが明らかである。こうした事情のもとで製鐵所・農商務省は「協定」を結ぼうとしていた。

(98)　元々「開業式」は前年一〇月をめざしていた（製鐵所文書Ⅰ－38－21）。

明治三十三年七月二十八日

開業式延期ノ義ニ付上申

當所事業本年十月頃マテニ一部分ノ作業開始ノ見込ヲ以テ開業式ヲ挙ケラレ度旨予テ上申仕置候処清國本件ノ為メ鉄鉱ノ運搬予定ノ如クナラス且海外ヨリ到着スヘキ材料四五ヶ月遅滞ノモノ有之候間作業開始ノ義追テ確乎タル見込相立チ候マテ延期可致候条開業式ノ義モ御延期相成度此段上申候也

長官

大臣宛

(99)　製鐵所「接待」などの議員の不満は、その後の呉造兵廠視察と対比されて増幅された。東京朝日新聞明治三四年一一月二五日。

(100)　「製鐵所談（和田長官演述）」（門司新報、明治三四年一一月七日）。

(101)　東京朝日新聞、明治三四年一一月二九日。

(102)　同前、明治三四年一二月一〇日。

(103)　門司新報、明治三四年一二月一四日。

(104)　「追加予算ニ付再上申」（明治三四年一二月五日、製鐵所文書Ⅰ－38－38）。

(105)　東京朝日新聞、明治三五年一月一五日。

(106)　「追加予算ニ関シ総務長官ヨリ通牒」（明治三四年一二月二六日、製鐵所文書Ⅰ－38－39）。総務長官安広伴一郎から製鐵所長官代理大島道太郎宛製鐵所創立費追加予算ノ議ハ差当リ工場費ニ属スル外国品負担義務約七拾五万円繋船壁工事費約壱拾参万円航路浚渫費ノ内約拾万円合計百万円内外ヲ今明両年度追加予算トシテ本期議会ニ要求スルコトニ決定相成候ニ付現在ノ工場費仕払予算残額ヲ以テ前記ニ廉ヲ除キタル請負工事ニ属スル一切ノ負担義務ヲ果シ其余裕ヲ以テ可成製品上必要ナル工場ヲ整備セシムル方針ヲ採リ直営事業ヲ進行セシムルコト丶シ□□来年度内施工予定ノモノト雖モ仕払予算残額ヲ以テ支弁シ能ハサルモノハ一切中止セラルヘク依命此如

(107) 前掲『帝国歳計沿革史』七九五～七九六頁。

(108) 安広伴一郎は、安政六年、福岡県京都郡今井村に生まれる。村上佛山のもとで、末松謙澄とともに学ぶ。伊藤博文に取り立てられた末松を頼って上京し、末松に出入りしていた英国人と知り合い、明治一一年英領香港中央書院に入って英学を研究し、明治一三年北京で支那学を専攻した。明治一六年野田の醤油業茂木佐平治の息子に同行して、英国ケンブリッジ大学で法律学を学んだ。帰国後、第三高等中学校教諭を経て明治二三年内閣書記官法制局参事官に転じ、ここで山県有朋の知遇を得て司法大臣秘書官となった。寺社局長心得（明治二九年）文部省普通学務局長（明治三〇年）そして山県内閣の内閣書記官長（明治三一年）に転じた。明治三三年貴族院議員に勅選され（～大正五年）、明治三四年桂内閣では農商務省総務長官となり、和田長官休職後は製鐵所長官を兼任した。山県直系の官僚として、副総理格の平田農相の副官的役割を演じ、桂－山県－平田の取次役であった。明治三六年休職後は法制局長官兼内閣恩給局長（明治四一年～四四年）、大正五年には枢密顧問官（大正一三年）、そして大正一三年には満鉄総裁に就いた（～昭和二年）。一九五一（昭和二六）年五月死去。

(109) 中村雄次郎は、一八五二（嘉永五）年和歌山藩士の次男として伊勢の久居に生まれる。維新後兵学寮に入り、砲兵としての優秀な成績によって、フランスに留学し、明治七年に帰国して陸軍中尉となり大阪砲兵工廠に勤務した。明治一三年陸軍士官学校の教官に任命され、砲兵科の兵器学と鉄工学を教えた。明治一八年には砲兵少佐と進級し、陸軍大学校教授となり、士官学校・砲兵学校を兼務した。明治二一年山県に随行して仏独伊を歴訪した。参謀本部、陸軍省軍務局に勤め、砲兵会議議長としてとくに大砲・小銃の新式兵器採用の計画にあたった。明治三〇年陸軍士官学校長、明治三一年桂太郎陸相のもとで陸軍次官、明治三三年陸軍総務長官となり、明治三一年の第一二議会から明治三四年の第一六議会まで陸軍省所管事務政府委員として議会での答弁にあたった。日清戦後の軍備拡張では、国産の有坂大砲、三十年式小銃への改正（明治三一年二月）に尽力した。製鉄事業との関わりでは、陸軍砲兵大佐として製鉄事業調査会委員（明治二八年）となり、製品ノ種類及製造高、製鐵所ノ位置、製鐵所組織、設立計画を分担した。明治三五年陸軍中将とともに予備役に編入されて製鐵所長官に就いた。日露戦争勃発後に、野呂景義に委嘱して高炉作業を再開し、作業を軌道に乗せ、第一・二期拡張を図り、黒字経営に転換させた。明治四〇年男爵を授けられ、大正三年には満鉄総裁となった。撫順炭礦の露天掘を実現し（大正三年）、鞍山製鐵を創立した（大正五年計画、大正六年第一次建設開始、大正八年第一高炉火入）。大正六年には現役に復帰して関東都督となって部隊をシベリアに出兵させた。大正八年関東都督が廃止されるとその職をはなれ、大正九年には宮内大臣となるが、宮中某重大事件にまきこまれ辞任した。その後大正一一年から死去まで枢密顧問官であった。一九二八（昭和三）年一〇月、七六才で死去した。石井満『中村雄次郎傳』（刊行会、一九四二年）。

(110)「製鐵事業調査会議事速記録」（『製鐵事業調査報告付録』明治三五年七月一日、製鐵所文書I－54－2）。

(111)「製鐵所ヲ法人組織ト為スノ件ニ付具申」（製鐵所文書I－53）。「報告」では、こうした財政負担にたえられないとして、法人組織日本製鐵会社を提起した。

(112)「製鐵事業調査報告書」（製鐵所文書I－53）。

(113) 佐藤前掲論文(II)一八頁。

(114) コークス炉については、部分的には触れておいたが、鉱山学者でもある和田長官と大島技監は当初からその重要性に関して十分な認識をもっていた。一九〇〇年二月の「製鐵所作業方針ノ決定」（I－38－17）まではコッペー式を設備する予定でいた。そこでは「熔鉱炉ニ消費スル「コークス」ハ当所ニ於テ其工場ヲ設ケ洗炭ヲ以テ製造スルノ計画ナリト雖モ炭質未定ノ為メ其工場ヲ三十四年度ノ起業ト定メタリ」、「依テ二ヶ年間ハ今回買収ノ石炭ヲ以テ民間ノ「コークス」工場ニ於テ之ヲ製造セシムヘシ」とし、とくに開始当初は「善良ナル「コークス」ヲ使用スル」ために高島炭製とした。作業状況の際にみたように、実際には明治三四年一〇月まで「若松付近ノ骸炭製造所」による賃焼であったが、それが「粗悪」のために急遽自製に乗り出した。つまり九月に骸炭炉四六〇基建設に着手し、一〇月に完成した七六基が作業を開始した。そして翌年四月には全部竣功し、五月一日から全部を使用した。しかしこの骸炭炉は当所計画のコッペー炉ではなくビーハイブ炉で、しかも「耐火煉瓦ヲ用ヒズシテ赤煉瓦ヲ使用」した。このように、ビーハイブ炉になった理由について、三枝・飯田前掲書は次の二点を挙げている（三五六頁）。

(1)外国から購入するのに、その基準を原料炭＝二瀬炭の性質に適した設計のコークス炉に求めた。炭質の究明に一年間という多くの時間と費用を費やし、結局適切な炉式の選択ができなかった。コークス製造には、コークス炉の選択よりも、配合、洗炭、搗固めなど予備的処理が大切と云うことを見落としていた。

(2)はじめから創業順序を誤り、コークス製造設備を製銑作業開始後においていたため、作業を開始していた高炉、平炉、圧延部門にコークス製造施設用の予算を流用し、コークス炉築造費を欠乏させた。

(115) 佐々木前掲書・論文、結城清吾「日本産業を築いた人々 (13) 和田維四郎」(『経済グラフ』一九一頁、一九六三年)、一柳正樹『官営製鉄所物語(上)』(鉄鋼新聞社、一九五八年)。

(116) 佐藤昌一郎は前掲論文(I)において、和田は第一・二期を一体とし、第一期の実施による創立事業は近代的鉄鋼業として経済性を無視しえなかったからであり、製鉄所は「国家による経済的必要を包摂した軍事的必要」(六九頁)によって成立し、官営期の性格として一貫しているとした。また荻野前掲論文は和田長官による装甲鈑生産の準備、そして和田長官が第一・二期は一体であるとたびたび表明してきたことから「兵器用材料の製造を延期することによって製鉄所の性格が変化したとは認めがたい」(二六頁)とした。本稿は、こうした諸見解を、呉製鋼所案論議を検討することで具体的に確認した。

(117) 森川英正「コメント」(『経営史学』7－1、一九七二年、四三頁)。森川は、後進国の近代化にとって「あの急激で大規模な鉄鋼業の発展・近代化の過程は、どうしても西欧モデルへの追随に伴う試行錯誤を必要としたのであり、大島道太郎こそ、その試行錯誤の象徴的存在だった」と野呂景義を評価して和田・大島の事績を「失敗」とみなす飯田および大橋周治(「明治期の製鉄技術」)に反論している。なお、問題の所在を指摘している小林正彬『八幡製鉄所』(教育社歴史新書、一九七七年)二三二頁参照。

第4章　八幡製鐵所における筑豊地方からの原材料調達と筑豊鉱業主

――石炭、石灰石の供給における麻生太吉――

新鞍拓生

はじめに

本章の課題は、一九〇〇年頃から一九二〇年代にかけての官営八幡製鐵所（以下、単に製鐵所と称する）による筑豊地方からの原材料調達のありようと、その過程における筑豊地場の鉱業主の役割を明らかにすることにある。

これまでの研究史では、製鐵所の原材料調達においては三井、三菱、住友といった財閥の重要性が指摘されてきた。[1]これは、国家資本と財閥との密接な関係を示す例として取り上げられたものである。[2]しかし、ここで重要な点は、製鐵所の原材料調達において筑豊地場の有力鉱業主が、製鐵所の創業当初から様々な面で関わっていたことである。製鐵所と筑豊地場の鉱業主との関係については、製鐵所二瀬炭鉱（以下、単に二瀬炭鉱と称する）開業を目的として製鐵所が筑豊地方において鉱区を獲得する際、筑豊地場の安川・松本家および麻生家から鉱区を買収したことが特に安川・松本家の資料を用いて明らかにされている。[3]しかし、しかしそれより後における筑豊鉱業主から製鐵所への原材料供給については触れられていない。本稿では筑豊地場の鉱業主による製鐵所への原材料の供給について、石炭と石灰石を中心に論じる。[4] 第一の課題としては、製鐵所における石炭調達が時期的な変化とともにどのように変化したのかを、これまであまり論じられることのなかった原料炭の炭質との関連をふまえて検討する。ついで第二の課題として、製鐵所の原材料調達において筑豊地場の鉱業主麻生家がどのように関連したのかについて、鉱区の売買、石炭の供給、石灰石の供給、の三点から検討する。

本稿の対象とする時期は、製鐵所の創立から官営時代である。[5] 日本石炭産業史において製鐵所の創立前後は、筑豊石炭業が日本全体の出炭高において過半数を占め、市場での地位を確立しつつあった時期である。筑豊石炭業はその後、大戦ブーム期を一つの頂点として発展し続けたが、一九二〇年代から三〇年代初頭においては、北海道地方における石炭の増産と撫順炭の本格的な輸入により競争にさらされ、[6] 市場シェアを低下させていた。[7] 本稿で取り上げる麻生はこの期間中（すなわち製鐵所の創業以降官営時代）、浮沈の激しい石炭業経営を筑豊地方を中心に展開し、また一九一〇年代後半には石灰石採取業にも資本参加した。石炭と石灰石はともに製鉄原材料の一部であるが、これまで麻生と製鐵所との関係については述べられてこなかった。以前私は、麻生太吉を「地方経済の調製者」であり、「地方の利益と自分の事業活動が両立する事業を対象に活動を行う企業家」と述べたことがあるが、[8] 筑豊地方経済において重要な位置を占める製鐵所と、麻生の事業活動との関係については具体的に明らかにしてこなかった。本稿も製鐵所の原材料調達を主要な分析対象とする点で麻生の事業活動を述べる訳ではないが、麻生が昭和恐慌期に主張した北九州地方主要産業合同論においては、製鐵所も港湾や鉄道、炭鉱とともに合同の対象となっていた。本稿では、製鐵所と麻生との関係を考察することにより、麻生太吉の北九州地方主要産業合同論の手がかりを得たい。

第一節　製鐵所の原料炭

製鐵所で使用される石炭は大別して二つある。一つは製鉄のために必要なコークスを作るための石炭であり、これは原料炭といわれる。ただし原料炭は製鉄用のみならず、ガス製造、化学工業の一部において原材料として使用される石炭なども含まれている。いま一つは汽罐用その他の燃料などに使用される石炭であり、これは一般炭とよばれる。原料炭と一般炭の区別は一九三〇年代からなされるようになり、第二次大戦後、石炭供給上の分類として我が国において定着したものである。そして、製鉄原料の一つであるコークスとは、[9] 石炭をなるべく空気に触れさせずに加熱し、揮発する大部分を蒸留・除去したものをいう。石炭を直接燃料として使用せずにコークスを製造する意義はいくつかあるが、コークスが製鉄原料として重要となり得るのは次の理由による。

(1) 石炭より高温を得られること
(2) 高炉において重荷に耐えられること
(3) 石炭より灰分が少なくその分灰分の溶剤（石灰石）が少なくなること
(4) 気孔が石炭より多いため容易に一酸化炭素を作り鉄鋼の還元作用を促すこと

周知のように、石炭であればどれもが製鉄原料炭にふさわしいという訳ではない。製鉄原料炭は石炭の粘結性、硫黄分、揮発分、灰分の多寡、気孔性の発達の度合いなどにより、適合的なものとそうでないものとがある。製鉄原料炭にふさわしい石炭の成分および形状に関する条件を箇条書きにすると以下のようになる。[10]

(1) 気孔性の発達
(2) 堅牢度、すなわち石炭の強度

(3) 純粋度

(4) 粘結性

である。それぞれについて簡単に説明しておくと、(1)については、気孔の多寡は石炭の空気との接触面積の多寡と比例するので、石炭の燃焼の度合いが異なってくる。ただし気孔が多すぎると強度が弱くなる。[11] ちなみに戦前期の製鐵所の基準は気孔率四四％となっている。

(2)については、コークスは溶鉱炉に装入されるまでに数度の墜落作用を受け、また溶鉱炉内においても熱および鉄鉱石の重量で破砕または軟化という変化の機会に遭うが、コークスの堅牢度が弱いとコークス自体が粉炭化して微粒となり、または糊状となって装入物の間に入り込み、溶鉱炉内の燃焼をさまたげる。ゆえにコークスの微粒化ないし潰裂を防ぐためには、原料炭自体に強度がなければならない。この強度は素炭の揮発分量に支配されるとされており、適当な粘結性を有する石炭は、揮発分の低いものほど亀裂度が低い（すなわち強度が高い）。日本の石炭は比較的揮発分が高いため亀裂度が高く、それゆえ強度が低い。ゆえに素炭に別の石炭を配合することにより、全体の揮発分を低下させることが必要である。[12]

(3)については、石炭に含有される各成分、たとえば固定炭素、揮発分、灰分、硫黄分などの含有量が問題となってくる。特にコークス生産費の多寡に影響を与えるのが灰分である。石炭が製鉄原料炭として使用される際には、[13] いったんコークス化してから使用するが、単位当たりの灰分の含有量が多いほどコークス比が低下すること、および灰分のごとき不純物が多ければ多いほど強度が減少することから、石炭中における灰分量は低いことが要請される。戦前期の製鐵所で使用される原料炭の灰分含有量の基準は一八・九九％以下であった。この原料炭からコークスを製造した時、原料炭に対するコークスの歩留まりが六七％であるとすると、コークス中に含まれる灰分の比率は一二・七％となる。製鐵所としてはなるべく灰分の比率を低めたいがため、原料炭を洗炭するか、あるいは灰分（硫黄分も含む）を鉱滓にするため石灰石を溶鉱炉中に装入しなければならない。洗炭する場合は当然のことながら洗炭による減耗（歩留まりの低下）は避けられず、灰分含有比率が多ければ多いほど減耗量はそれに比例して多い[14]。洗炭による歩留まりの低下は、灰分含有比率が小さければ小さいほど進む。灰分一三％を一二％にする場合にはトン当たり〇・三八円、一二％を一一％にするには〇・四七円、一〇％から一％減少させると一円以上の費用がかかる。一方溶剤として石灰石の装入を行った場合、コークス中の灰分一％の低減には〇・二三七円の費用がかかる。

(4)について、製鉄原料炭は一般に粘結性が強力なものが適していると考えられているが、粘結性が劣るものでもコークスとなっている場合も多い[15]。石炭は石炭中に含まれる粘結成分であるγ化合物の多寡が粘結性の度合いを決めている。しかしコークスの性質と石炭成分との関係については、戦間期までに、粘結性を決定しないα、β化合物とγ化合物との石炭内における配置関係が石炭のコークス化適性と関連していることが分かり、粘結性が弱いからといってコークスに不適であるとはいえなくなった。粘結の強弱を日本の石炭で例にとると、強粘結炭の部類に入る新夕張炭、住友大瀬炭はγ化合物が一〇％を越えていて、一方弱粘結性炭の部類に入る三菱鯰田炭、三菱高島炭などは一〇％を切っている。しかし、たとえば三菱高島炭は北炭夕張炭よりも優れたコークスが製造可能であり、粘結成分であるγ化合物の多寡がそのままコークスの品質に直結する訳ではない。

日本の主要炭田はそのほとんどが新世代第三紀に属し、産出される石炭は灰分が多い。そのため揮発分が高くコークス化性も弱い。特に筑豊炭は粘着性が弱くまた揮発分が多いといった特徴を有する。筑豊炭の原料炭としての比較劣位を示しておくと、粘着性の度合いを示す指標であるボタンナンバー[16]は、鹿町、崎戸、夕張、北松といった炭鉱（炭田）の石炭が七～九を示しているのに対し、吉隈、上山田、目尾、二瀬、大之浦、大峰といった筑豊炭は一～五の範囲であった。ボタンナンバーは数値が高いほど粘着性が高いが、筑豊炭は北海道炭や北松炭よりも粘着性が低かった。また、潰裂強度についてみると[17]、北松炭が一五ミリメートル当たり八〇～九〇前後、北海道炭が同七〇～九〇近くであるのに対し筑豊炭は五五〜七〇前後となっており、筑豊炭の強度は比較的劣位である。また、筑豊炭、北松浦炭、中国炭それぞれの粘結性に関する別の実験によると、粘結性の強弱を示す耐圧強度は、製鐵所鹿町炭がもっとも高く、ついで開平、土威炭、それよりやや強度の低いものとして住友大瀬炭、以下高島炭、夕張炭と続き、二瀬中央炭はもっとも強度が低かった。[18]

要するに製鐵所の原料炭として二瀬炭は最適であるとは言い難く、他のより適合的な品質の石炭を混合することが必要であった。

第二節　製鐵所による石炭の調達

1　直営炭鉱の選定

製鐵所が筑豊地方において経営する炭鉱は、製鐵所文書では二瀬炭鉱と呼ばれていた。二瀬炭鉱は高雄、潤野、中央、稲築の各坑を総称したものであり、所在地は嘉穂郡二瀬村、幸袋町、穂波村、鎮西村、稲築町などに散在していた。このうち創立初期から製鐵所が経営していた高雄坑と潤野坑の沿革をみておく。高雄鉱区はもともと江戸時代中期から姑息的な採掘が行われていたが、本格的に採掘を行うようになったのは明治に入ってからである。相田村にあったため当初は相田炭鉱と称されていたが、後に高雄炭鉱と改称した。[19] 高雄第一坑は一八八〇（明治一三）年、高雄第二坑は九二年の創業であり、いずれも松本潜の手に関わり、配下の中野徳次郎、伊藤伝六の助けもあって九七年頃、当鉱は、筑豊地方においてもっとも大きな炭鉱の一つとなっていた。九七年時点での炭鉱規模は鉱区面積七二万五〇六二坪、鉱夫数五八二人、出炭高日産八五万斤であった。[20] 潤野炭鉱は八三、八四年頃、帆足義方による採掘を嚆矢とする。八五年、日本石炭株式会社の名義となり、翌八六年に大阪の商人広岡信太郎に所有が帰した。広岡経営当初は汽罐を据え付けて開坑するなどの経営を行っていたが、その後大断層に逢着したため九四年、いったん事業を中止した。翌九五年に事業を再開し規模を拡張していった。同九七年の炭鉱規模は鉱区面積八三万七三三七坪、鉱夫数二〇〇人、出炭高一一、一二万斤程度であった。

さて、製鐵所が福岡県遠賀郡八幡村に設置されたのは、同村が海岸に接しており船舶による鉄鉱石の輸送が他の候補地に比べて至便であったこと、および原料炭の輸送費用が他の候補地に比べて低かったことによっているとされる。(21)

製鐵所の立地決定の真相はともかく、製鉄用原料炭については野呂景義が一八九五年に「本邦ニ於テ骸炭製造ニ適スル石炭……九州ニ於テハ高島近傍三池、田川、及鯰田近傍又タ北海道ニ於テハ夕張、歌志内、及岩内ヨリ産出スル」石炭がコークス製造に適していると報告し、筑豊地方では高雄、庄司、白旗、鯰田、目尾、大之浦、下山田、および西川筋の炭鉱が該当すると述べている。(22) そして炭鉱の製鐵所による直営案は九七、九八年の和田維四郎製鐵所長官による意見書において表明されており、(23) 製鐵所は周知の通り九九年に二瀬炭鉱（高雄、潤野両坑の部分）を買収した。二瀬炭鉱買収における政府の説明は、今後必要な石炭は四〇〇万トンであると想定して、一一〇万円余の買収金額をトン当たりで引き直すと〇・二七円程度であり、当時の鉱区売買の相場トン当たり〇・五〇円に比較すればすこぶる廉価であったからだとしている。(24)

では製鐵所が二瀬炭鉱を買収したのは、野呂が報告したように、コークス製造に適している高雄炭鉱を炭質に従って選定した（以下、この選定を炭質適性説と呼ぶことがある）からなのだろうか。高雄炭鉱を製鐵所に売却した安川敬一郎の子、松本健次郎（松本潜の養子）は以下のように述べている。

明治三十二年の末に、政府は八幡製鐵所を創設したので、製鉄原料炭として必要であるから是非高雄炭坑を譲渡して呉れと申込んで来たので、遂にこれを割譲せねばならぬことになつてしまつた。……元来高雄は、鉱区も炭質も共に筑豊炭田中では最も優秀なものの一つであり、しかも順調に経営発展を続けてきていたものである。(25)高雄炭は優良炭でありかつ製鉄用原料炭に適していることから、製鐵所が目をつけ安川・松本家に譲渡を打診したというのである。これは炭質適性説である。

一九〇二年、製鐵所技師であった大島道太郎は、製鉄事業調査会において次のように述べている。

本統ノ骸炭炉ハ石炭其物ニ依テ設計シナケレバナラヌト云フコトハ今三池ノ失敗噺シカラシテモ皆サン御分リニナルダラウト思ヒマス、二瀬ノ石炭山ヲ製鐵所ガ買ウト云フコトニ極ツタノハ三十二年ニ漸ウ、、極ツタノデアリマスカラ、……製鐵所ガ山ヲ買ウト云フコトニナツタラサウスレバ自分ノ山ノ炭デ「コークス」ヲ造ル……製鐵所ノ予算ト山ヲ買ウノト時日ニ於テ違ツテ発表ニナツテ居リマスガ、其所ハ同ジ、製鐵所デノ時ハ同ジ時……「コークス」ニナル、ナラナイト云フコトハ、初メノ試験ト云フモノデハ「コークス」ニ適スル適セヌト云フコトハ無論日本デ分ル、其「コークス」ヲ極、良イモノヲ良イ炉カラ拵ヘルト云フモノ其構造ガ色々アリマス、ソレニ依テ炭ガ決定シタニ付テハ是ニ適スル居一番良イ「コークス」釜ニ良イ炭ヲ採ルト云フ為ニ躊躇シテ居リマシタ、「コークス」ニ適スル適セヌト云フコトハ無論外ノ試験デ分ルノデアリマス、適スルカラ買ツタノデアリマス、決シテ無闇ニ買ツタト云フ疑ヒハナイノデアリマス……二瀬ノ炭ニスルカもツト奥ノ大分ト云フ所ノ炭ニスルカ、之モ「コークス」ニ適スルカラソレニスルカト云フコトデ議論ガアリマシタ、大分地方デモ色々調査ヲシマシタ結果之ハ燐ガ多イノデ矢張リ二瀬ノ炭ニシタガ宜カラウト云フコトデアリマシタ、其間ニ色々迷ツテ居リマシタ(26)

大島の述べたところをまとめると、二瀬炭鉱の製鐵所による買収理由は炭質適性説を採っているかのようであるが、「製鐵所ガ山ヲ買ウト云フコトニナツタラサウスレバ自分ノ山ノ炭デ「コークス」ヲ造ル」とも述べているように、まず製鐵所の炭鉱買収があってから、その石炭でコークス製造を考えるという消極的な二瀬炭選択をも採っているごとくである。

この大島の、炭質適性説を軸としつつも、製鉄においてもっとも重要な要素の一つである原料炭選定における他律的な考えは、当然のことながら製鉄事業調査会委員から「洵ニ山師ノヤウデ……「コークス」ニ適スルト云フ見込ノ付イタノハ洵ニ倖ヒデアルト云フヤウナ、ソンナ初メハぱツトシタ雲ヲ摑ムヤウナ考」えであると批判された。しかも製鐵所は、二瀬炭鉱買収後にコークス製造炉の選定をし、さらに創立当初、コークス製造においてあまり効率的とはいえないビーハイブ式コークス製造炉を導入していた。このような製鐵所のコークス軽視ともいえる考え方は、製鉄事業においては本末転倒であるとの批判が製鉄事業調査会委員からなされた[27]。

それらの批判に対して中村雄次郎製鐵所長官は、製鐵所が二瀬炭鉱を所有したのは、原料炭の調達を内部化した方が外部化するよりも経済的に十分効果があるからだとした。しかも二瀬炭鉱の出炭規模が、製鐵所が所望する九万トンの石炭と隔たりがなかったため、二瀬炭鉱を買収したとも説明している。中村長官の弁は先に示した政府の説明とは異なるが、基本的には経済的合理性の枠内での説明である。

製鐵所が二瀬炭鉱を買収したのは、大島の説明にあるように炭質の適性が必要条件としてあったことはいうまでもないが、では絶対に二瀬炭鉱でなければならないかというと、そうではなかった。野呂が示したように、筑豊地方においても複数の炭鉱が製鉄用原料炭としての炭質適性があり、一八九五年当時において高雄はその調達候補地の一つに過ぎなかった。いくつかの炭鉱のなかで高雄が選定されたのは、高雄、二瀬両鉱区で合計一五六万坪と大規模な開発が可能な面積を有していたこと、および出炭実績が日産五七九トン、年間稼働日数を三〇〇日と仮定すると年産一七万トンあまりの採掘が見込め、当時製鐵所が必要としていた年間九万トンを十分にまかなえることなど、製鐵所の原料炭調達炭鉱として一応の条件を有していたからであろう（表4-1参照）。さらにいえば、高雄炭鉱は安川・松本家が関係する炭鉱の一つであるが、同鉱は安川の借金の担保物件としてあったため、「借金が返済不可能な場合に

表４－１　製鉄原料炭調達候補炭鉱の概況（1897年）

炭鉱名	鉱業権者	開坑年	鉱区坪数	日産出炭高
大之浦	貝島太助	1884年他	2,586,349	936
目尾	古河市兵衛	1891年	699,575	195
鯰田	三菱合資会社	1880年	1,321,951	540
高雄	松本潜	1880年以前	725,062	510
潤野	広岡信五郎	1883年	837,337	69
庄司	住友吉左衛門	1896年	109,749	60
下山田	古河市兵衛	未開坑	945,950	228

出典：高野江基太郎『筑豊炭礦誌』.
注：①鉱区坪数は合計.
②日産出炭高の単位はトン（1万斤＝6トン）.

は手放すことにやぶさかでなかった」[28]。他の炭鉱、たとえば大之浦は貝島の主力炭鉱であったこと、井上馨の仲介により三井財閥から資金を借り入れ、さらに石炭販売も三井物産に委託していた関係上貝島個人の意志で同鉱を製鐵所に譲渡することは難しかったこと、および日清戦後の好況により貝島は借入金償還の目途がたっていたこと、などの理由で、同鉱を製鐵所に譲渡する環境にはなかった。鯰田は三菱合資会社の主力炭鉱であり、同社は同鉱に対し多額の起業費支出を行うなど経営に熱心であった。筑豊地方での石炭生産基盤の確保をめざしていた古河家にとっても、同家の所有する目尾、下山田は譲渡される対象とはならなかったであろう。また出炭規模の点からして目尾、庄司、下山田は、製鐵所に必要なだけの出炭高が確保されていなかった。二瀬炭鉱の製鐵所による買収は、いくつかの有力候補のなかで比較的入手が容易な炭鉱であり、また条件面においても適当であったため、その結果として同鉱が選ばれたと思われる。

2　創立期の二瀬炭鉱整備と石炭調達

さて、高雄坑については以下のような経過で引き継いだことが、製鐵所の資料から明らかにできる。

明治三十三年五月一日、旧坑主松本潜松本健次郎ヨリ伊岐須、高雄両炭坑ノ受授ヲ了シ、其事業ヲ継襲シ、旧伊岐須、高雄両坑ヲ高雄一坑二坑ト改称シ、主任技手一人ヲ置キ、旧同坑員涌市兵衛外七拾六名ヘ原料鉱山ニ関スル事務ヲ嘱託シ、翌六月七日事務ノ都合ニヨリ経伺ノ上其嘱託ヲ解除シ、更ニ技手及雇傭員トシテ採用セリ

仝年九月一日、管理上ノ都合ニヨリ高雄両坑ニ各々主任ヲ置キ、其事務ヲ分担統理セシム[29]

当初炭鉱経営の実務は、前の鉱業主の配下にあった人物をそのまま継続して事務を執らせ、ほどなく製鐵所所員として雇用して実務にあたらせたのである。

また潤野坑の製鐵所への引き継ぎは、以下の資料のごとく行われた。

明治三十二年十二月、広岡潤野炭坑ノ引継ヲ了シ採炭事業ヲ継襲スルヤ、努メテ旧来ノ弊習ヲ改善シ、専ラ諸般設備ノ完整ヲ期シ、坑内外ノ整理ニ着手シ、以テ事業ノ進捗ヲ図ラントシ、先ツ事務章程ヲ制定シテ各分課ノ事務ヲ規定シ、尋テ翌三十三年五月高雄坑ノ引継ヲ了シ、百般ノ事務漸ク複雑ヲ来シタルヲ以テ、種々諸規則ヲ制定シテ各軌条ヲ明カニシ、鋭意整理ノ道ヲ講シツ、アルモ、事創始ニ際シ所員ノ交迭頻繁ナリシ等事業進行上多少ノ支障ヲ来タシ、其完整素ヨリ期スヘカラスト雖モ、今歩武ヲ進メ漸次整理ノ緒ニ就カントス[30]

ここの資料から明らかなように、製鐵所は各坑を引き継いで旧慣を廃し、新たな事務系統および規則を整備して、製鐵所原料炭を調達する体制をめざしたのであった。一九〇〇（明治三三）年に制定された規則は以下のようである。

事務章程（二月）
鉱夫着到及灯具貸与手続（四月）
守衛服務心得、宿直心得、各坑詰係員服務及鉱夫就業時間心得、汽笛号報心得、物品取扱順序、回議様式（五月）
工事材料請求交付手続、鉱夫積金規約（六月）
青色写真取扱手続（七月）
不消耗品取扱規程、災害事項報告手続（九月）
鉱夫採罷規程、坑内作事手間渡規程（一〇月）

製鐵所二瀬出張所物品取扱順序改正（一一月）

二瀬出張所消防手続、二瀬出張所戸口調査心得（一二月）

このようにして二瀬炭鉱は、坑内外における鉱夫管理、物品取り扱い、稟議の方式などを逐次定めた。同鉱における規則はその後も適宜制定ないし改訂されたが、一九〇〇年に制定されたものがもっとも多かった。これは、主要な原料の一つである石炭の確保のため早急に石炭生産体制を整える必要があり、その前提として事務系統を整備する必要があったためであろう。ちなみに、石炭生産においてもっとも重要な要素の一つである鉱夫の採用・罷免については、以下のように定められた。

明治三十三年十月一日出張所長決済　十月五日ヨリ執行

鉱夫採罷規程　明治三十三年十月

第一条　鉱夫ノ採罷ハ総テ本規程ニ拠ルヘシ、但臨時傭夫ハ此限リニアラス

第二条　鉱夫志願ノ者ハ第一号諸色ニ拠リ願書ヲ作リ身元引受人連署ノ上主管課長又ハ各坑主任ニ差出スヘシ、但必要ノ場合ニハ履歴書ヲ徴スル事アルヘシ

第三条　身元引受人ハ現ニ嘉穂郡内ニ居住シ身元確実ナル者ヲ要ス、但特ニ本所ニ於テ商人セラレタルモノハ此限リニアラス

第四条　身元引受人ニ異動アリタルトキハ更ニ引受人選定届出ツヘシ

第五条　本所ニ於テ身元引受人ノ確実ナラサルモノト認メタルトキハ改選ヲ命スル事アルヘシ

第六条　鉱夫ノ故意怠慢又ハ暴行等ニ依リ本所ニ損害ヲ与ヘタルトキハ身元引受人連帯ヲ以テ弁償セシムルコトアルヘシ

第七条　左ノ各項ノ一ニ該当スルモノハ採用セス

一　身体虚弱ニシテ業務ニ耐ヘ難キ者
二　宣誓ヲ肯セス又ハ身元引受人ナキ者
三　他坑ニ於テ暴行又ハ同盟罷工ヲ為シ又ハ之ヲ為サシメタル者
四　本規程第十条ニ因リ解傭セラレタル者〔以下略〕[31]

この採罷規則の特徴を簡単に述べておくと、鉱夫は自らの意志で製鐵所側と雇用に関する契約を結ぶこと（第一条）となっており、すなわち納屋頭などの中間管理者が存在しない、雇用主と鉱夫との直接的な契約関係がなりたっていた。そして他鉱において暴力ないし同盟罷工をなしたことのない者のみが採用されることとなっている（第七条）。この採罷規則は一九〇〇年一〇月に施行、実施されているが、すでにこの時期は鉱夫数が一〇〇〇人を超えていると思われ[32]、そのため鉱夫の募集・管理にも経営側の注意が払われるようになったと考えられる。

さて、製鐵所の所有・経営となって経営組織が整備され、また鉱夫の確保も進んでいた時期以降第一次大戦前における二瀬炭鉱の出炭状況等をみたのが表4－2である。製鐵所の操業開始年の一九〇一年は一六万五〇〇〇トン、出炭経費七二万四〇〇〇円、トン当たり四・三九円で出炭予算が組まれたが、実際の出炭高は一九万七〇〇〇トン、トン当たり三・六〇円となっており、予算高よりも過剰の出炭と費用の減少がみられた。当年のコークス生産は五万四〇〇〇トンと全出炭高の歩留まり水準（仮に五〇％として）からすると大きく下回っており、製鐵所では大量の余剰炭が発生していたと思われる。一九〇二年度は前年の出炭実績を勘案し、また鉄鋼生産の拡充を想定した原料炭需要の増大と出炭費用の削減をもくろんで、出炭高予算二一万六〇〇〇トンが組まれた。しかし、決算出炭高は製鐵所の操業中止（同年七月）に伴う石炭需要停滞に影響され、予算高を下回る水準にとどまった。さらに一九〇三年度は、前年の原料炭需要の減少という現実に基づいて出炭経費予算が削減され、予算出炭高は据置となった。しかし同年の出炭経費決算、出炭高、鉱夫数はともに前年より大きく下回っており、二瀬炭鉱の出炭力は低下した。一方トン当た

表4－2　二瀬炭鉱の出炭趨勢

年	出炭高（千トン）		鉱夫数（人）	出炭経費（千円）		単価（円/トン）		製鉄所受入炭（千トン）			コークス生産高	販売炭（千トン）
	予算	決算		予算	決算	予算	決算	二瀬炭	購入炭	合計		
1901	165	197	1,763	724	709	4.39	3.60				54	46
2	216	202	2,060	935	755	4.33	3.74	19	16	35	15	44
3	216	186	1,456	867	756	4.01	4.06					60
4	216	242	1,675	859	699	3.97	2.88	104	73	177	35	3
5	280	278	2,043	821	573	2.93	2.06	286	107	393	107	1
6	300	345	2,367	1,383	728	4.61	2.11	293	94	387	127	1
7	300	364	2,675	1,402	782	4.67	2.15	324	121	445	122	3
8	320	371	2,629	902	352	2.82	0.95	315	80	395	109	3
9	380	374	3,305	381	550	1.00	1.47	349	115	464	137	3
10	360	355	3,273	897	890	2.49	2.51	325	197	522	153	3
11	500	465	4,081	916	1,126	1.83	2.42	424	183	607	168	2
12	430	458	3,961	1,190	1,140	2.77	2.49	448	194	642	189	2
13	400	544	3,843	1,214	787	3.04	1.45	512	145	657	202	3
14	540	595		1,051	1,033	1.95	1.74	526	171	697	260	4

出典：八幡製鐵所文書「製鉄所作業報告」各年，新日鐵株式会社八幡製鐵所所史編さん委員会編『八幡製鐵所八十年史資料編』.
注：鉱夫数は1901～11年が「製鉄所作業報告」各年，その他は『本邦鉱業一斑』，『本邦重要鉱山要覧』.

り山元原価は前年よりも逆に高くなっており、二瀬炭鉱は、製鐵所直営による経済的な原料調達という点において、齟齬を来していたのである。

以上のような製鐵所における二瀬炭需要の停滞は、製鐵所の鉄鋼生産の停滞によるのみならず、二瀬炭を用いたコークスの製造過程のまずさより生じていた。すでにみたように、製鐵所の経営状態を見直すため一九〇二年六月に設置された製鉄事業調査会の答申において、二瀬炭を原料とする不良コークスの使用が問題視されていた[33]が、製鐵所では創業当初二瀬炭を自前のコークス工場で焼成するのではなく、製鐵所外部にコークス製造を依頼していた。しかし外注コークスは品質が粗悪であり、しかもコークスの粉化が生じやすかったためコークスの堅硬性は低く、高炉用には適していなかった[34]。ほどなくして製鐵所では自前でコークス製造を行うこととし、能率の劣るビーハイブ式コークス製造炉を導入した。しかしコークス製造炉の築造の過程[35]および二瀬炭の装入の過程において予算不足から手が抜かれていたため、コークスの炭質は不十分であった。この炉は中村雄次郎長官の説明によれば、コークス製造およびその使用の過程を「稽古」するために一、二年の間導入されたものであり、いずれはより効率性の高いコペー式コークス製造炉に転換するつもりであった。しかし現実には、資金不足のため、効率的なコペー式コークスは得られなかった。二瀬炭を原料とするコークスの特徴は縦に割れやすいことにあったため、製鐵所では二瀬炭と三池炭、無煙炭などとの混合にしかも製鐵所は二瀬炭を洗炭、搗固めもせずに使用したので良質のコークスは得られなかった。二瀬炭を原料とするコークスの特徴は縦に割れやすいことにあったため、製鐵所では二瀬炭と三池炭、無煙炭などとの混合によりその弱点を補った(36)。以上のような二瀬炭の品質上の弱点と製鐵所による取り扱いのまずさが、結果的に二瀬炭の需要の停滞を招いたのである。

結局、二瀬炭需要の停滞と供給過剰の解決策を模索した製鐵所は、同炭の一部を民間需要家に販売することで処理を行った。二瀬炭は一九〇一年度で四万五八四七トンあまりが販売され、三菱系の日本郵船が三万五九八九トン、三菱合資が八四七四トン引き受けた。平均販売炭価は日本郵船がトン当たり三・一四円、三菱合資が四・六九円であった(37)。翌年度は四万四二六三トンが販売され、日本郵船（一万五七三〇トン、トン当たり平均販売炭価二・六九円）の外に宇治火薬製造所（二二〇〇トン、同七・五〇円）、板橋火薬製造所、東京、大阪の各砲兵工廠、横須賀鎮守府、呉海軍造兵廠などに仕向けられた(38)。販売価格は出炭原価と同等程度、あるいはそれ以下で販売されており、日本郵船への販売は損失を計上していた(39)。これは製鐵所が二瀬炭の販売を急いだことにより、販売単価を思い切って低めに設定したためである。この製鐵所による二瀬炭の廉価販売は他の石炭業者から反発を買ったが(40)、一九〇三年まで大量の二瀬炭販売が行われた。

3　二瀬炭中心調達体制の確立

以上のような二瀬炭の供給過剰状態が緩和され、二瀬炭を中心とする原料炭の需要構造が確立されたのが、日露戦争前後に実施された第一期拡張計画の実施であった。日露戦争の勃発した一九〇四（明治三七）年度は前二年と同じ水準の出炭予算高（二一万六〇〇〇トン）が計上されていたが、当年度は二四万二〇〇〇トンの出炭があり、トン当たり山元単価は前年に比して一円以上低下し、石炭の仕向先も製鐵所が半分近くを占めるようになったのである。ただしこの年の製鐵所石炭受入高はその四〇％以上が二瀬炭以外の購入炭で占められており、二瀬炭が原料炭の大半を占める需給構造は確立していなかった。翌一九〇五年度は鉄鋼増産により原料炭の確保がもくろまれ、出炭予算高は二八万トン、トン当たり単価は前年度実績と同水準の二・九三円で設定された。出炭予算高は前年に比べ六万四〇〇〇トンも増加しており、すでに製鐵所は二瀬炭中心の石炭調達をもくろんでいたといえる。結局この年の出炭実績は出炭予算額をわずかに下回ったが、製鐵所の二瀬炭受け入れ高は二八万六〇〇〇トンとほぼ全出炭高の水準にまで上昇し、また購入炭の比率も三〇％未満にまで低下した。しかもトン当たり原価は前年よりもさらに低水準となっていた。一九〇六年以降も同様の石炭需給構造が継続していたことから、日露戦争を契機として製鐵所は、低廉な石炭の自給自足体制を確立したといえる。一九〇五年以降、製鐵所の二瀬炭の受け入れは同鉱出炭高の八～九割を占めている。二瀬炭は山元消費炭（約一〇％）を除けば、ほとんどすべてが製鐵所で消費されるようになったのである。

そして製鐵所ではさらなる増産体制を構築するため、中央竪坑の開鑿に着手した。中央竪坑への起業費支出は表4-3のごとくであるが、一九〇六年に始まった開鑿は翌年以降多額の起業費が注入された。中央竪坑開鑿工事により二瀬炭鉱では、掘進される坑道の延長距離が同年以降毎年長くなっており、特に本坑道の延長が図られた（表4-4）。また、鉱夫の増員も図られ、掘進および採炭の拡充に努めた。その結果中央竪坑は一九一〇年に完成、翌一一年の出炭高は四六万五〇〇〇トンと前年に比べ一一万トンも増大した。また一〇年には海軍省所管の稲築鉱区が製鐵所に移管され、生産基盤の充実が図られた。

しかし、コークス製造炉の改善を伴う第一期拡張計画の進行とともに、二瀬炭を中心とする国内炭の炭質がコーク

表4－3　二瀬炭鉱の起業費支出　(単位：円)

年	竪坑	捲揚	汽罐場	排水	電気	選炭	総計
1906	23,758	1,278	43,741		44,878		119,843
7	96,569	90,958	20,400	21,507	76,336		311,335
8	70,039	14,759	48,176		89,789		286,317
9	69,369	1,243	4,308		5,890	4,393	263,519
10	84,457	12,977	2,392			17,338	210,623

出典：八幡製鐵所文書「製鉄所作業報告」各年.
注：1910年度は3月分の資料を欠く.

ス製造には最適とは言い難いことが、製鐵所内部でも改めて認識され始めていた。二瀬を中心とする三池、高島といった国内炭は灰分と揮発分が多いため、コークスの堅硬性が低かった。表4－5は一九一〇年代前半と推測される製鉄原料炭の成分分析であるが、これによると二瀬（表中では潤野、高雄）、三池、高島の各炭はいずれも揮発分が三〇％台後半から四〇％台前半と高く、また灰分も高島を除いて一〇％台前半を示していた。また三池炭の場合、硫黄分の高さが顕著であった。以上のような堅硬性に難点のある石炭を使用するには、揮発分および灰分の低い石炭を混合して堅硬性を高める必要があった。また一九〇八、九年には、二瀬炭中心の原料炭調達に起因すると思われる銑鉄一トン当たりコークス使用高の増加があり（表4－2、図4－1）、石炭の効率改善が必要となっていた。

表4－4　二瀬炭鉱の坑道延長実績　(単位：間)

年	本坑道	附属坑道	合計
1901	1,799	2,105	3,904
2	1,598	2,228	3,826
3	1,781	2,431	4,212
4	1,573	2,097	3,670
5	1,293	1,817	3,110
6	2,108	2,345	4,453
7	3,037	2,416	5,453
8	3,186	3,320	6,506
9	3,926	3,035	6,961
10	2,592	1,445	4,037
11	3,189	3,327	6,516

出典：表4－3に同じ.

そこで製鐵所ではより良質なコークス原料炭を得るため、一九一〇年以降、中国の本渓湖、開平といった外国炭を混合することを決定し、輸入を開始した。[41] 一二年度のコークス原料炭使用高は三〇万四〇〇〇トン、そのうち約三分の二を二瀬炭が占め、中国炭、三池・高島炭と続いている（表4－6）。石炭の価額では二瀬炭が五三・四％、

表4－5　原料炭の炭質（単位：％）

炭名	揮発分	固定炭素	灰分	硫黄
潤野八尺	41.91	46.50	10.11	0.28
高雄五尺	40.20	43.89	14.71	0.72
満之浦	42.60	42.86	14.54	2.86
三池	40.23	44.92	14.85	3.92
鹿町	25.45	54.25	20.30	0.82
高島	37.15	54.27	8.58	0.95
本渓湖	21.52	57.94	20.54	0.14
開平	31.70	53.60	14.70	1.18

出典：黒田泰造『改訂最近骸炭製造法及副産物処理法』12～13頁.

表4－6　コークス用原料炭使用高（1912年）

炭種	使用高（トン）	価額（円）	価額の構成比（％）	単価（円）
二瀬	200,000	770,000	53.4	3.85
本渓湖	40,000	309,200	21.5	7.73
開平	30,000	175,500	12.2	5.85
三池	22,000	107,800	7.5	4.90
高島	12,000	78,600	5.5	6.55
合計	304,000	1,441,100	100.0	4.74

出典：鉱山懇話会編『日本鉱業発達史』中巻，749頁.

中国炭が三三・七％となっており、中国炭の占めるウェイトが数量よりも高くなっている。すなわち石炭の購入単価は国内炭より中国炭の方が全体として高かったが、製鐵所は良質のコークスを得るために、価格面での不利は承知の上で中国炭を多く使用したのである。その結果として銑鉄一トン当たりコークス使用高は一一年度以降改善傾向にあった（図4－1）。製鐵所は中国炭の原料炭導入によりメリットを得たのである。

コークス原料炭として最善ではなかった二瀬炭を製鐵所が引き続き多く使用するメリットとは、調達価格の安さであった。表4－2から明らかなように、トン当たり山元単価は、日露戦後のブームの時期でも安定的であり、不況であった一九〇八年には一円を割る水準にまで低下した。その後、一〇年から一二年にかけて二・五〇円前後にまで上昇したが、一三、一四年では一円台半ば前後に低下している。ところで一四年時点における他炭鉱のトン当たり採掘費は、貝島鉱業大之浦炭鉱が二・一八五円(42)、麻生商店芳雄炭鉱が一・九八五円(43)となっている。このうち大之浦炭は三井物産の手を経て製鐵所に販売されていたが、石炭調達における大之浦炭に比べての二瀬炭の低廉さは明らかである。

一方コークス製造炉については、一九〇五年から翌年にかけてハルデー式およびコペー式コークス製造炉が導入さ

図4-1　銑鉄1トン当たりコークス使用高およびコークス生産高（1901～14年）

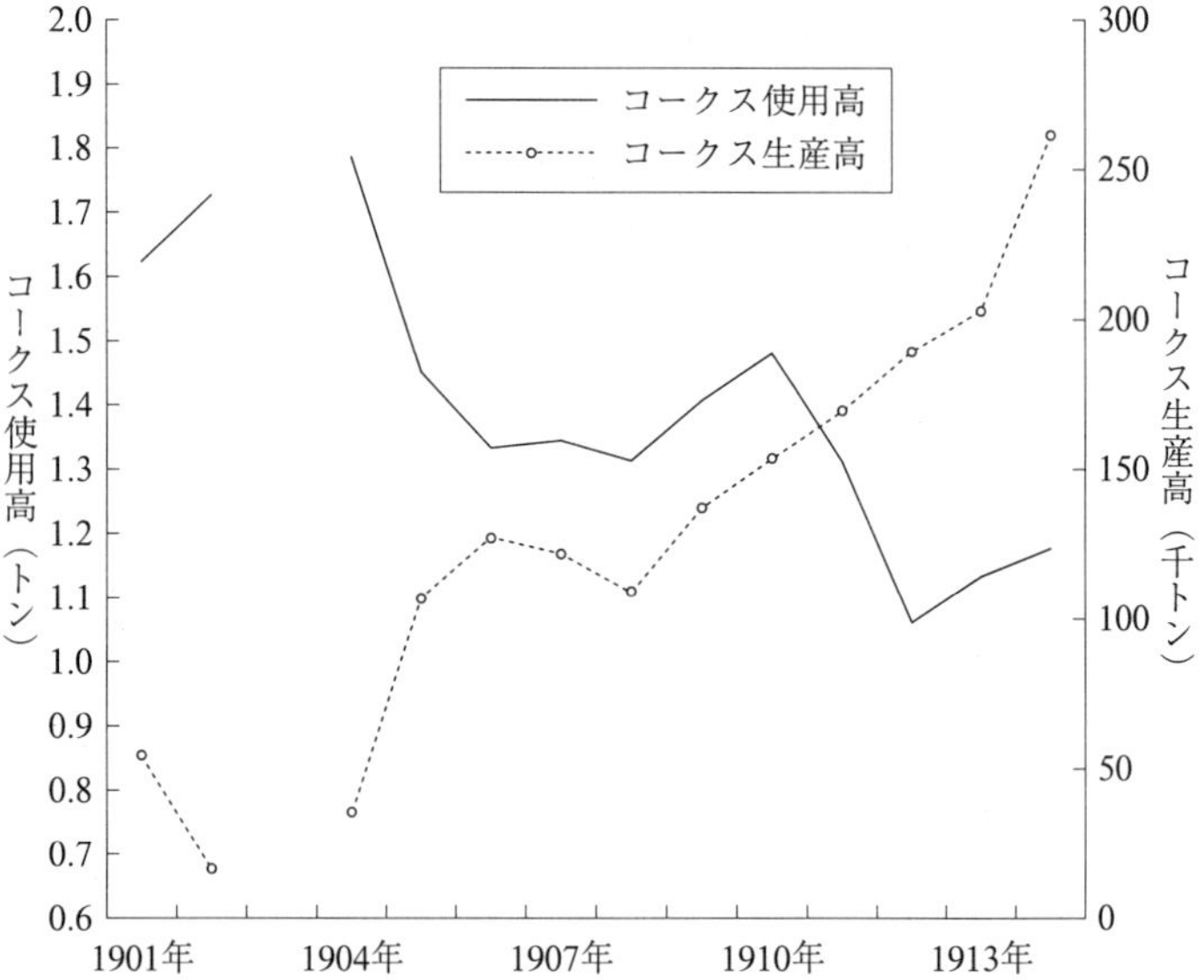

出典：新日鐵株式会社八幡製鐵所所史編さん実行委員会編『八幡製鐵所八十年史資料編』116～117頁より作成.
注：1903年度のデータを欠く.

れ、コークス製造の効率化と石炭消費の節約が図られた。創業当初製鐵所はビーハイブ式コークス製造炉を導入していたが、この型式は一回の装入炭高が二トンであり、また石炭のコークス化に要する時間も七二時間と長時間かかっていた。ハルデー式およびコペー式コークス製造炉は一回の装入炭高が四・八トン、コークス化に要する時間も三六～四八時間と、ビーハイブ式に比べて一・五～二倍の時間節約を達成した（表4-7）。コペー式の導入に伴って非効率的なビーハイブ式は休止され、さらに一九〇七年から一九〇九年にかけてソルベー余熱式が導入され、またハルデー、コペー式の廃止を行いコークス製造の効率化を図った。ソルベー式はコペー式に比べて一・二トン装入炭高を多くすることができ、コークス化に要する時間も二五時間とコペー式の三六時間を大幅に短縮し、能率の上昇は顕著であった。さらには副産物であるピッチの回収ができ（表4-7）、これを製

表4－7　八幡製鐵所におけるコークス炉の導入状況

導入年	型式	本数	装入炭(トン)	炭化時間	備　考
1901	ビーハイブ	460	2	72	
4	ハルデー	90	4.8	36 ～ 48	
	コペー	60	4.8	48	
5	コペー	60			ビーハイブ休止
7	ソルベー余熱	75	6	25	初めて副産物回収
8	ソルベー余熱	50	6	25	
9	ソルベー余熱	25			ハルデー，コペー廃止
14	コッパース余熱	120	8	37	
20	第一黒田	50×2	10，11	21.5	
23	第二黒田	100	11	21.5	
30	黒田式複式	75×2	12，11.5	22，22.5	

出典：鉱山懇話会編『日本鉱業発達史』中巻，741 ～ 746，748 ～ 749頁.

鐵所は軍艦用煉炭原料として海軍に販売したため[44]、コークス生産費の改善にも寄与した。そして一四年にはコッパース余熱式コークス製造炉を導入し、コークス製造炉の規模拡大と装入炭高の増加、およびコークス化時間のさらなる短縮を図った。

4　第三期拡張期の石炭調達

第一次世界大戦の勃発による鉄鋼輸入の途絶とその後のブームにより、日本における鉄鋼需要産業は躍進した。製鐵所の銑鉄生産高は一九一四（大正三）年で二三万二〇〇〇トンであったのが、第二期拡張計画の実施（期間は一一年から一六年）に影響されて、一六年までには三〇万トンを超える水準となった。大戦に入って以降、第二期拡張工事末期の二瀬炭鉱の出炭趨勢は一四年で五八万九〇〇〇トン、翌一五年に六〇万七〇〇〇トン、翌一六年には六六万七〇〇〇トンの出炭をみている（表4－8）。しかし製鐵所における石炭需要は二瀬炭鉱の出炭趨勢を上回っており、一四年で八四万九〇〇〇トンであったものが、同一六年には一一一万七〇〇〇トンに増加している。つまり二瀬炭鉱の製鐵所への石炭供給能力は限界的であり、製鐵所では不足する石炭を地元納炭・内地移入によって調達した（表4－9）。製鐵所における地元納炭・内地移入高は一四年で二五万四〇〇〇トンであったものが一六年には四六万八〇〇〇トンにまで増加している。ここに、日露戦争期以後に展開していた二瀬炭鉱を中心とする製鐵所の石炭調達構造は変容しつつあったといえる。

その後、第二期拡張工事の終了直前に計画された製鐵所の第三期拡張工事は、一九一七年から計画が実行に移された。第三期拡張計画は鋼材生産能力を三〇万トンから六五万トンに引き上げることを軸としていたが、二瀬炭鉱に関する目立った拡張工事計画は立てられなかったようである。[45] それを裏付けるかのように、同鉱の出炭高は一七年に六三万四〇〇〇トン、翌一八年には五六万六〇〇〇トンと減少傾向にあった。出炭高の減少と併行して製鐵所への二瀬炭の送炭高も一七、一八年は減少しており、一八年には地元納炭・内地移入高を下回る数量にまで低下した（表4－9）。二瀬炭鉱における出炭高の減少理由は分からないが、石炭業全般からみた理由としては、当時大戦ブームにより筑豊地方の各鉱において鉱夫賃金の上昇に伴って鉱夫移動が激しくなっており、鉱夫を確保することが困難となっていたことが考えられる。特に三井、三菱、明治鉱業といった有力炭鉱企業においては、筑豊地方における所有炭鉱の出炭高が停滞気味であった。二瀬炭鉱でもおそらく鉱夫不足が影響して、出炭高の停滞につながったものと思われる。また、二瀬炭鉱の出炭費用は一四年から一八年において他炭鉱よりも相対的に高水準であり、[46] 同時期の製鐵所における二瀬炭の調達費用の増加が予想されるのである。

表4－8　直営炭鉱の出炭高

（単位：トン）

年	二瀬	鹿町	合計
1914	589,718		589,718
15	607,645		607,645
16	667,926		667,926
17	634,740		634,740
18	566,919		566,919
19	668,499		668,499
20	735,212		735,212
21	884,736	47,662	932,398
22	1,047,380	66,390	1,113,770
23	1,064,403	70,660	1,135,063
24	1,075,430	65,189	1,140,619
25	1,185,458	75,995	1,261,453
26	1,118,980	82,607	1,201,587
27	1,205,509	84,642	1,290,151
28	1,253,751	124,579	1,378,330
29	1,347,357	137,327	1,484,684
30	1,271,138	138,194	1,409,332
31	1,015,291	179,942	1,195,233
32	1,022,116	157,319	1,179,435
33	1,061,104	275,995	1,337,099

出典：『本邦鉱業ノ趨勢』各年版.
注：二瀬は稲築を含む.

表4-9　石炭調達高　（単位：トン）

年	直営炭鉱	地元納炭	内地移入	外国輸入	合計
1914	491,201	254,622		104,010	849,833
15	483,935	319,677		87,113	890,725
16	561,647	319,677		87,311	968,635
17	536,137	515,667		108,571	1,160,375
18	466,863	582,717		132,261	1,181,841
19	522,721	571,465		116,601	1,210,787
20	573,231	618,616		101,799	1,293,646
21	730,074	578,463		139,819	1,448,356
22	862,169	607,541		180,030	1,649,740
23	887,861	684,977		262,395	1,835,233
24	919,419	734,901		196,886	1,851,206
25	945,933	580,257	169,800	220,800	1,916,790
26	950,443	608,129	211,800	271,700	2,042,072
27	1,002,009	668,768	220,100	429,500	2,320,377
28	1,018,734	682,673	229,930	438,300	2,369,637
29	1,168,474	640,376	357,080	484,690	2,650,620
30	1,171,300	599,791	329,400	432,300	2,532,791
31	892,375	416,394	291,739	182,230	1,782,738
32	893,000	578,196	264,600	234,100	1,969,896
33	896,000	823,806	376,900	379,100	2,475,806

出典：1924年までは八幡製鐵株式会社八幡製鐵所『八幡製鐵所五十年誌』．それ以後は「石炭商況」『石炭時報』各号所収，直営炭鉱分はすべて『筑豊石炭鉱業組合月報統計月表』所収の二瀬炭鉱送炭高による．
注：①1930年以降内地移入はその他で表示されている．
②1924年以前は原料炭入荷高．
③直営炭鉱には鹿町を含まず．

さらに第三期拡張工事の開始から大戦ブーム期にかけては銑鉄、鋼材生産も一六年水準以下であった。このような鉄鋼生産高の停滞も二瀬炭鉱の出炭減少につながったと推測することが可能である。これは二瀬炭と混合される外国輸入炭の輸入高停滞とも平仄が合う。

しかし、大戦ブーム期における製鐵所の石炭調達においては、第三期拡張計画以降も地元納炭・内地移入高が一九一九年を除いて二〇年まで増加し続けていたこと（表4-9）を考慮すれば、製鐵所の鋼材生産の停滞が石炭調達の停滞を招いたのではないことが分かる。二瀬炭および外国輸入炭の調達停滞を招いた真の理由は、それらの石炭における灰分含有率の上昇と、それに起因する銑鉄生産におけるコークス使用高の悪化によるものであった。まず前者についてみると、(47)二瀬高雄炭は一五年以降、二一年を最高に灰分の含有率が一〇%ポイント以上増加しており、炭質の劣化が著しかった。また、二瀬炭の混合炭である開平炭の灰分含有率は、一五、一六年頃には一七%前後であったも

図4－2　銑鉄生産1トン当たりコークス使用高およびコークス生産高（1915～33年）

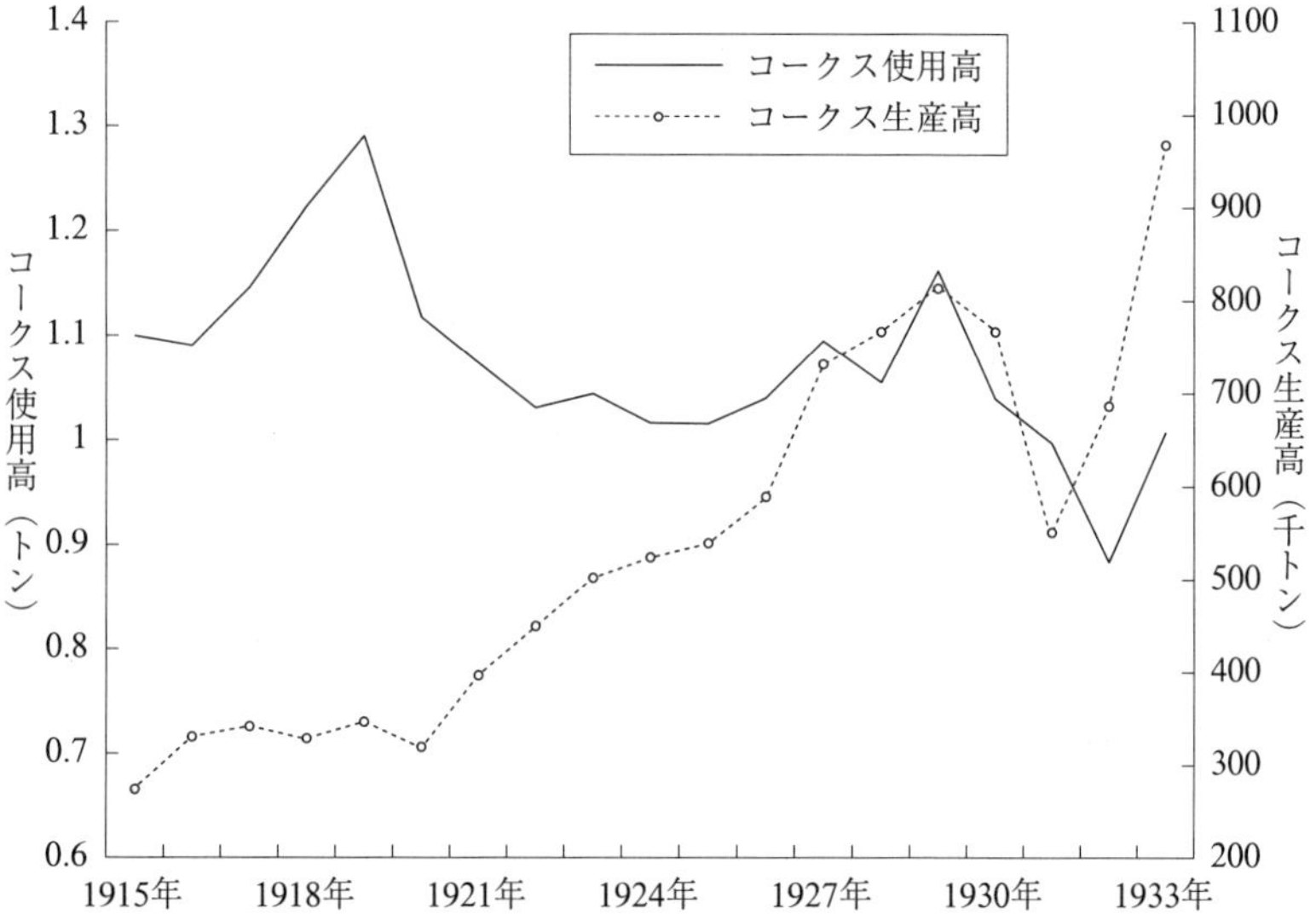

出典：図4－1に同じ.

のが、一七、一八年にかけては二〇%をしばしば超える水準となった。さらに、同じく二瀬炭の混合炭である松浦炭も、一七、一八年には前年よりも二、三%ポイント程度灰分の含有率が増えている。大戦ブーム期において、製鐵所原料炭の炭質が軒並み劣化したのである。

炭質の劣化の進展により、銑鉄生産においてコークス比もこの時期は悪化していった。図4－2は、銑鉄一トンを生産するのにかかったコークス量を示したものである。この図から明らかなように、一九一五年時点では一・一トン程度であったコークス使用高は翌年から悪化し始め、一九年までには一・二九トンにまで悪化した。この悪化の理由は、コークス製造炉の急激な能力低下によるものと推測できない以上、原料炭の炭質劣化によるものと想定される。灰分の含有率の増大はコークスの潰裂強度の低下につながる。原料炭の炭質劣化は、前記したように現実にあったのだから、コークス比の悪化は、原料炭の炭質劣化に起因すると考えられるのである。

表4－10　製鉄原料炭調達高（1922年度）

中央系			筑豊地場		その他	
石炭商	分類	（トン）	石炭商	（トン）	石炭商	（トン）
三井物産	自社系	23,016	安川松本	58,546	松昌洋行	103,013
	委託	129,158	貝島商業	58,159	青島予備軍	33,344
三菱商事	自社系	159,917	金谷鉱業所	9,699	本渓湖煤鉄	30,964
住友合資	自社系	18,513	村井鉱業所	3,371	東和公司	12,748
古河商事	自社系	4,020	岩崎久米吉	3,365	野村鉱業所	9,481
帝国炭業	自社系	31,138	橋上保	1,433	中央礦業	2,517
					森永泰兵衛	344
合計		365,762	合計	134,573	合計	192,411

出典：八幡製鐵所文書「大正十一年度売払製品引渡高調」.

以上のような原料炭の炭質悪化に対応するため、製鐵所では新たな鉱区の確保ないし開坑を通じた石炭調達方針をとった。一九一九年には、長崎県の鹿町鉱区を買収した。鹿町付近は強粘結性の石炭を産出することで知られており、製鐵所による同鉱区の買収は強粘結性炭の確保を意図していた。また製鐵所は二瀬炭鉱における出炭高の確保にものりだし、稲築鉱区を一九年に開坑した。稲築鉱区は一〇年に海軍省所管から農商務省に移管されていたが、移管後いくどか炭層調査は行われたものの、開坑までにはいたらなかった。しかし、一九年から稲築鉱区周辺の土地買収など開坑準備が行われ、同年一〇月に開坑し、二瀬炭鉱全体の出炭高の増強がなされた[48]。さらに二瀬炭鉱においては、一九年から二〇年にかけて鉱区坪数を三〇万坪弱増加させ、石炭生産の基盤強化を図った。それらの結果として製鐵所への直営炭鉱の納入炭高は二〇年以降増加傾向にあり、直営炭鉱の供給高は製鐵所の全調達高の半分程度にまで回復した（表4－9）。

直営炭鉱の拡充とともに、製鐵所では民間炭鉱からの石炭購入を増加させた。この時期の製鐵所における国内炭調達の特徴は、以前の財閥系炭鉱のみから、筑豊地方を中心に中小炭鉱の石炭も購入するというものであった。表4－10は、一九二二年における原料炭調達を石炭商別にみたものである。すでに表4－6でみたように、明治末期には配合炭として三井三池炭、三菱高島炭、および中国炭が調達されていたが、この時期には、筑豊地方の中小炭鉱炭である帝国炭業炭、三井物産の委託販売を通じた同じく中小炭鉱炭である岩崎炭、三好炭などが納入された。品質からして中小炭鉱炭の納入は製鐵所にとって有利であったとはいえないが、一九年以降石炭価格は鉄鉱石価格を抜いて原材料価格のなかでももっとも高くなっており[49]、製鐵所としては購入単価を抑制することが課題となっていた。中小炭鉱炭は購入単価が三井、三菱炭に比べて比較的安価であり、そのためこの時期に納入が始まったものと考えられる[50]。

さらに製鐵所では、石炭の効率性を高めるため、一九一八年に黒田式コークス製造炉の築造を開始し、二〇年に稼働を開始した。黒田式とは、製鐵所技師であった黒田泰造が考案したコークス製造炉の名称である。黒田式の構造はコッパース式に類似していたが、もっとも異なるのは、コッパース式が炉の前半と後半を交互に切り換えるため炉全般に均一の加熱がなされにくいが、黒田式は焰道を交互に切り換えることが可能であり、炉を均一に加熱できることにあった。そのため黒田式は石炭の乾餾時間が短くて済み、炉幅が狭小であっても構造が堅固で、かつコークスの品質が良好であった[51]。しかも一回の装入炭高も一一～一二トンとコッパース式などに比べて多かったため（表4－7）、黒田式はコークス生産における労働生産性の上昇にも寄与した。図4－2によりコークス使用高をみておくと、一九年にもっとも悪かったコークス使用高は、黒田式が導入された二〇年以降改善傾向にあったことが分かる。二〇年以後黒田式は製鐵所のみならず日本各地のコークス製造において導入され、日本独自の技術として普及していった。

その後、一九二〇年代における製鐵所の石炭調達における目立った特徴は、供給面における強粘結炭の確保および優良炭のシェアの増大と、需要面における効率のさらなる上昇であるといえる。まず強粘結炭の確保については、松浦炭および開平炭の供給比率の増加に現れている。表4－11は一九二八年度における製鐵所の原料炭について、炭質および数量をみたものであるが、この表からうかがい知れるのは、混合炭として開平、代用筑豊、松浦といった石炭の配合高が多いこと、二瀬炭の原料炭としての比率は半分程度にまで低くなっていることである。この両者の関係は

表4－11　原料炭の成分および消費高（1928年度）

炭田名	炭鉱名	揮発分（%）	固定炭素（%）	灰分（%）	年間消費高（トン）	比率（%）
筑豊	二瀬	32.72	51.46	15.82	604,770	50.9
	代用筑豊	33.40	51.50	15.09	143,860	12.1
北松	松浦	20.72	60.36	18.92	106,587	9.0
	鹿町	20.12	53.96	25.92	9,197	0.8
	高島	30.00	63.12	6.88	4,611	0.4
中国	開平	26.26	55.96	17.78	279,917	23.6
	本渓湖	18.15	67.09	14.76	8,293	0.7
	振興	7.48	79.26	13.26	25,196	2.1
	土威	24.50	67.70	7.80	8,077	0.7
	博山	17.30	68.39	14.31	3,273	0.3
その他					548	0.0
合計					1,187,384	100.0

出典：黒田泰造「製鉄用骸炭並に耐火煉瓦に就て」『鉄と鋼』第16巻第4号.

トレードオフにあるが、二瀬炭は原料炭としてはやはりやや品質が劣っており、石炭消費の合理化が進んだ一九二〇年代には、製鐵所において二瀬炭の消費を手控えようとしていたことが分かる。二瀬炭の調達減少とは逆に開平炭の輸入高が増加したのは、灰分の含有率が大戦ブーム期以降の水準から改善されたことにより（表4－11参照）、高炉の能率が増進されたためと思われる。[52] 特に一九二〇年代半ば以降、二瀬炭の供給増加の鈍化と地元納炭、内地移入、外国輸入炭の供給の伸張は（表4－9）、その時期に製鐵所が、再び製鐵所外部の石炭調達を増加させる方針に転換したことを示している。製鐵所においては、より優良な炭質の石炭を確保しようとしたことが分かるのである。

以上のような優良炭の確保については、製鐵所における大手炭鉱業会社からの石炭調達の増加にも現れている。表4－10と表4－12とを比較してみると、一九二二年に比べて二七年において供給高の顕著な増加がみられる石炭商は三井物産自社系、三菱鉱業、住友合資、古河石炭鉱業といった財閥系と安川松本商店といった筑豊地場、および外国炭である開平炭、撫順炭を取り扱う販売会社であった。これらの石炭商が

表4－12　石炭購入高（1927年度）

中央系			筑豊地場		その他	
石炭商	分類	（トン）	石炭商	（トン）	石炭商	（トン）
三井物産	自社系	66,687	安川松本	105,695	開平炭販売	230,558
	委託	120,893	貝島商業	52,380	撫順炭販売	151,642
三菱商事	自社系	232,034	麻生商店	11,642	本渓湖煤鉄	3,934
住友合資	自社系	129,599	大君鉱業	7,584	その他	71,983
古河鉱業	自社系	25,420	その他	550	海軍燃料廠	1,028
帝国炭業	自社系	37,382				
合計		612,015	合計	177,851	合計	459,144

出典：八幡製鐵所文書「昭和弐年度売払製品引渡高調」.

取り扱う石炭は、三井田川（三井）、鯰田・新入・上山田（三菱）、忠隈（住友）、目尾・下山田（古河）、豊国・赤池（安川松本）などといった、原料炭としても一般炭としても平均より上の品質を有していたものである[53]。製鐵所がこれら優良炭質の石炭の調達高を増加させたのは、より効率性の高い石炭を調達することで石炭消費の効率を高め、製鉄事業における合理化を推進させようと考えたからだと思われる。ただし、明治期に二瀬炭の混合炭として使用されていた高島炭および三池炭の使用は、この時期はほとんどなくなっている。高島炭の使用減の理由は不明確であるが、三池炭は硫黄分が製鉄用原料炭にとって致命的に高かったため、より効率のよい石炭を求めた製鐵所がこれを忌避したためと考えられる。なお、三池炭は海外輸出・外国船舶燃料に向ったごとくである。

製鐵所における優良炭の確保は価格面からも支えられていた。表4－13は一九二〇年代から三〇年代初めにおける原料炭の購入単価を示したものである。開平炭、撫順炭といった外国輸入炭の炭価は、二五年頃をピークとしてその後低下傾向にあった。昭和恐慌期には撫順炭のダンピング的輸出、あるいは製鐵所における開平炭使用の激減[54]により、外国輸入炭価格は原料炭価格よりも大きく低下している。それに対して原料炭は昭和恐慌期以前、炭価が安定的であった。これは、この時期石炭カルテルが実施されており、炭価が大戦ブーム期に比べ安定的に推移したことに影響されたと思われるが、一九二〇年代後半における原料炭と外国輸入炭の炭価水準の接近は、品質的に原料炭よりも強みのある外国輸入炭の使用高の増加につながったと思われる[55]。

需要面における効率の上昇で顕著なのが、原料炭に対するコークス歩留まり率の上昇である（図4－3）。歩留まり率は一九二一年で五二％程度であったのが二四年には五五％を超え、さらに二五年から二六年にかけて急激な改善を示し六〇％前後にいたった。この歩留まり率の改善理由は分からないが、黒田式コークス製造炉の導入、洗炭機の稼働や副産物回収の向上などでそれぞれ実績を挙げ、トータルとして石炭消費の効率化が進展したためと思われる。

以上要するに、第三期拡張工事の期間において製鐵所では、より効率的な石炭を求めて国内炭および外国炭を調達するようになった、とまとめることができる。そして製鐵所における石炭の効率化は昭和恐慌期においてさらに進んだ[56]。しかし同時期、製鐵所は政府の不況対策として中小炭鉱炭の一部を政策的に使用し始めた。中小炭鉱炭の政策的購入は鉄道省においても実施されており、製鐵所と鉄道省は石炭消費において、経済的効率のみならず社会的課題も背負わされるようになったのである。

表4－13　原料炭価格

（単位：円）

年	原料炭	配合炭		
		鹿町炭	開平炭	撫順炭
1922	9.71	15.43	10.74	12.69
23	9.53	12.78	10.75	
24	9.54	12.93	11.14	13.29
25	9.01	12.58	12.16	13.41
26			11.10	10.90
27	10.10	10.71	11.58	
28	9.55	10.61	10.95	12.99
29	8.89	9.87	10.51	12.80
30	7.85	10.54	9.11	11.59
31	6.70	8.41	7.17	8.37
32	6.51	8.44	7.47	7.96

出典：八幡製鐵所文書「事業成績書原議」など.
注：原料炭とは二瀬およびその他筑豊炭.

図４－３　素炭に対するコークス歩留まり率

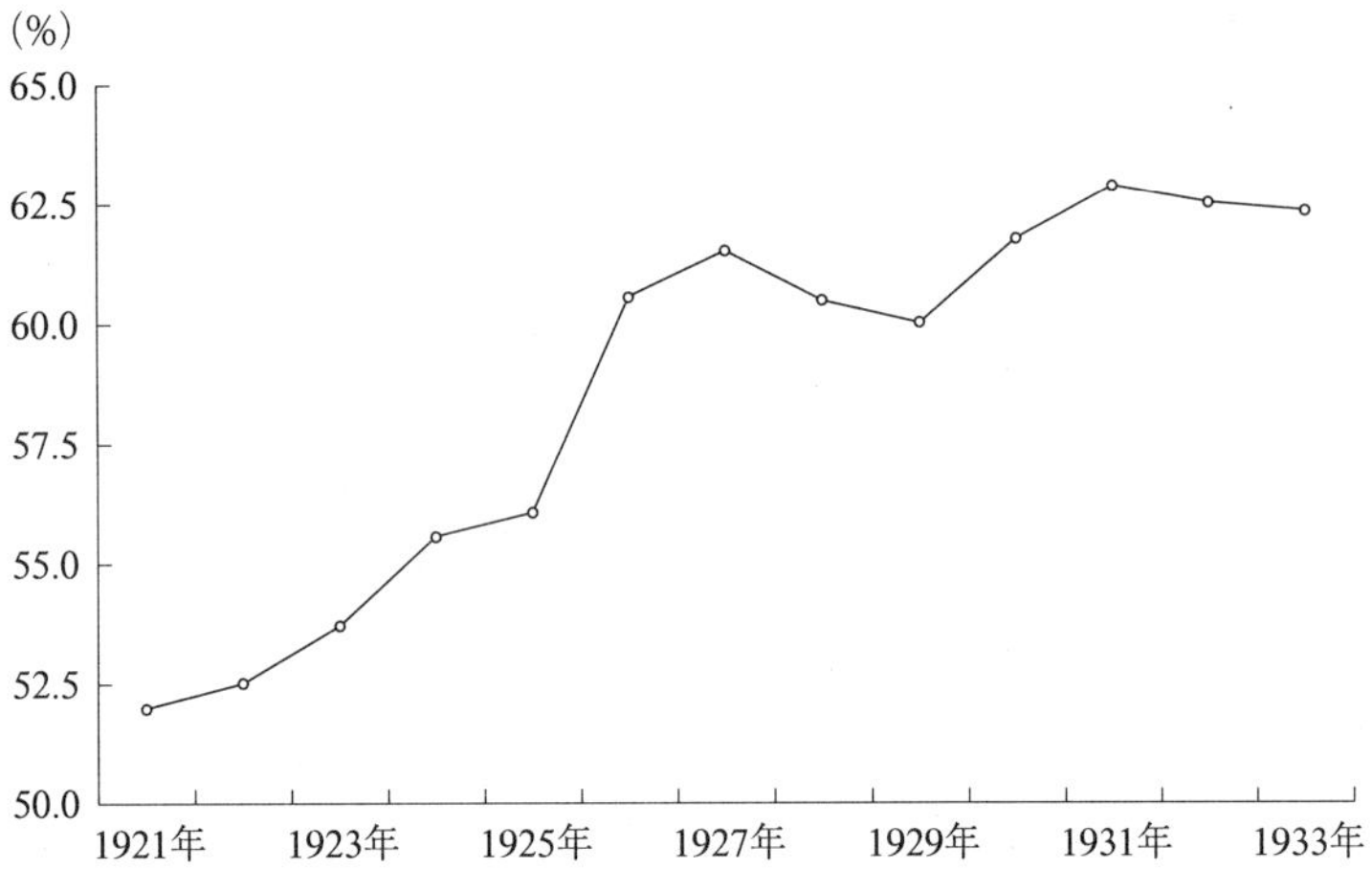

出典：伊能泰治「本邦製鉄燃料の発達」『鉄と鋼』第21巻第６号，30頁．

第三節　麻生太吉の製鐵所への関与

１　鉱区の譲渡

麻生家が筑豊地方において炭鉱業経営を開始したのは明治初年である。それ以前、福岡藩仕組法の際においても麻生家は大庄屋格として嘉麻郡の石炭採掘に関わっていたことを考慮すれば、麻生家と石炭業との関係は、江戸時代末期からあったことになる。

麻生が製鐵所に譲渡した鉱区は、嘉穂郡穂波村に所在する鉱区(以下便宜上「穂波鉱区」と称する)である。穂波鉱区は一九〇〇年一〇月に製鐵所との間で譲渡契約が締結されたが、麻生が穂波鉱区に最初に関わったのは一八八八年のことである。以下に掲げる資料は、八八年に麻生と地元民との間で締結された穂波鉱区に関する約定である。

穂波炭坑定約証

今般筑前国穂波郡穂波村大字太郎丸、楽市、秋松、椿、弁分ニ係ル石炭借区共同坑業ニ付定約ナス事左ノ如シ

第壱条　本社ノ資本金ハ予算金参万円トシ壱株金参千円宛ニ

シテ拾株ヲ以テ定限トス、但本項ノ予算金ニテ不足スルトキハ協議ノ上追徴スルモノトス

第弐条　本社ハ無限責任トス、但坑業中損失ハ株数高ニ応シ出金スルモノトス

第三条　坑業ハ穂波村大字弁分、椿、楽市、太郎丸、秋松等エ石炭含有ノ場所ハ有限地主へ示談シ、借区ノ許可ヲ得テ盛大ニ坑業ナスヲ以テ目的トス、但該大字ノ外ニ炭脈ノ関係アルトキハ其関係ノ人民ニ示談シ借区ヲ願受ケ同一ノ坑業ヲ為スモノトス

〔中略〕

第六条　本社株主及株数ヲ定ムル左ノ如シ

一、八株　　麻生太吉

一、弐株　　青柳孫一郎、福沢十平、合屋利吉

〔中略〕

第十条　福沢十平、青柳孫一郎、合屋利吉ニ係ル弐株ノ資本金ハ麻生太吉ヨリ壱ヶ年ニ付壱割ノ利子ヲ以テ三名エ貸与、三名ハ募集毎ニ左ノ書式ニ依リ借用証ヲ差入ル、モノトス右ノ通リ定約致、各自記名、捺印ノ上各壱部宛所持スル者也〔以下略〕(57)

以上の資料から明らかなように穂波鉱区は、麻生と穂波村民との共同出資の形をとっていたが、穂波村民の出資分については麻生が貸し付けることとなっていた（第一〇条）ことから、その実態は、麻生が炭鉱業経営を行うというものであった。すでに知られているように、明治初期における麻生家の炭鉱業経営は、出資は麻生家と他人との共同出資の形、そして経営は自らが行うという方式がとられていた。たとえば嘉麻郡庄内村における煽石坑、鯰田炭鉱しかり忠隈炭鉱しかり、である。穂波鉱区の経営においても、明治初期における麻生の炭鉱業経営の特徴が垣間見える。

この時期麻生は、所有していた鯰田炭鉱を三菱合資会社に売却し手元に余裕資金があった。麻生はその余裕資金を鉱区の獲得、有価証券の取得などに当てたが、穂波鉱区の獲得もまた、鯰田売却益金を元手にしたものと考えられる。また、麻生は穂波鉱区の経営に際し、次のような定約証を穂波村民との間で締結していた。

定約証

筑前国穂波郡穂波村大字弁分地内（元弁分村ヲ云フ）石炭本生含有ノ場所、全国嘉麻郡笠松村麻生太吉ヨリ坑区出願ノ義及示談、右大字弁分全部ノ地主及人民中協議ヲ遂ケ、聊差支筋無之ニ付、承諾致候。依テ為後年坑主麻生太吉ト大字弁分全部ノ地主及人民ト定約取結ノ事左ノ如シ

第壱条　地補金トシテ採掘石炭塊炭壱万斤ニ付金拾銭五厘宛毎年一月ヨリ三月迄、四月ヨリ六月迄、七月ヨリ九月迄、十月ヨリ十二月マデ、各月末ニ計算シ、坑主ヨリ弁分全部エ相渡スモノトス、左之斤数ハ坑口野取帳前ノ正斤ナリ、但シ坑主ヨリ渡方延引セシ時ハ、該時採出石炭該金ニ相当スル量数、坑主立会ノ上弁分全部ハ勝手ニ受取ルモトス

第弐条　地補金トシテ金弐百八拾円、坑主ヨリ弁分全部エ相渡スモノトス、尤其渡シ期日ハ左ノ如シ

一、金百三拾円　借区出願許可ノ上借区券下渡シノ当日

一、金百五拾円　芝ハグリノ際受取金

但坑口他大字ニ設置スルトキハ該金ニ百円ヲ増シ、即チ弐百五拾円トス〔以下略〕

以上は穂波村大字弁分と麻生との石炭採掘承諾、地補金の支払いに関わる定約証であるが、麻生はこの他に同村大字秋松、椿、楽市などの各区との間でも石炭採掘承諾の定約証を締結している。つまりこの時期（一八八九年）、麻生は穂波鉱区の経営に意欲的であったと考えることができる。上記資料において地補金の支払い方法について村民承諾を得ていることからして、麻生は、少なくとも炭鉱経営を行う一つの場所として穂波鉱区を考えていたと思われる

のである。

ところが麻生は、他の鉱区の経営が多忙であり穂波鉱区の経営は行わず、鉱区は未採掘のまま一〇年以上が経過した。麻生が穂波鉱区について行動を開始するのは一九〇〇年のことである。麻生は同年中頃から共同出資者の権利分の買収を始めたのである。

譲渡証

明治弐拾弐年五月弐拾八日附ヲ以テ穂波坑定約取結居候処、今般拙者共権利金四千円ヲ以テ譲渡候処実正明白也、依テ青柳孫一郎坑区除名願ニ調印且ツ取換ハセシ契約証相添譲渡証如件

但拙者共共同中ハ他ニ権利義務定約セシ事無之、又青柳孫一郎除名ニ付許可済迄ハ幾度調印ヲ要スルモ其都度調印可致候事

明治参拾参年六月廿六日

穂波村大字秋松弐百四拾参番地

譲渡主　合　屋　利　吉

仝村仝字弐百七拾六番地

譲渡主　福　間　十　平

穂波村大字椿三百四拾五番地

青　柳　孫　一　郎

笠松村立岩

麻生太吉殿(58)

以上に掲げた資料の時期から明らかなように、麻生太吉は一九〇〇年六月、穂波鉱区の共同権利分のうち、合屋、福

間、青柳に関わる分を四〇〇〇円で買収した。麻生は当時芳雄炭鉱と豆田鉱区の開発に力を入れており、何の前触れもなく同年六月になって穂波鉱区の開発を行うのは不自然である。麻生は何者かから製鐵所の穂波村付近での鉱区買収に関する情報を入手し、製鐵所に穂波鉱区を譲渡するために、地元民である合屋、福間、青柳の権利分を買収したのであろう。麻生がその買収に関する情報を入手したのは、安川敬一郎からであると思われる(59)。

その後麻生は、穂波鉱区を製鐵所に売却する直前の一九〇〇年九月、以前穂波鉱区に関係する地元民との間で、以前取り結んだ石炭採掘契約に代わる新たな契約を結んだ。それはたとえば次のようなものである。

定約証

嘉穂郡穂波村大字安恒城石弥一郎外壱名ト坑主麻生太吉ト坑業上ニ付従来契約取換シ置候処、今般左之通改正定約ナスモノトス

第壱条　安恒地内石炭含有ノ場所ハ地目ト問ハス浅深ニ係ハラス炭層ノ存在スル限リハ採掘ヲ承諾スルニ付、其為地表ニ損害ヲ生セシ時ハ坑主麻生太吉ハ相当損害料ヲ償却スルモノトス

第弐条　坑業上ニ関スル蒸汽機械据付、運炭道路開設ヲ初メ坑業ニ属スル惣テ事件設備ニ就テハ、安恒区民ハ承諾スルモノトス

第参条　火薬庫設置、墓地設定、避病院設定其他坑業上ノ設備ノ為メ、安恒区民ノ承諾調印ヲ要スル時ハ、何時ニテモ調印ナスモノトス

第四条　坑業上必要ノ地所ハ左ノ価格ヲ以テ坑主麻生太吉ハ買上ケ安恒地主ハ之ニ応スルモノトス
田壱反歩ニ付壱百五拾円以上弐百拾円迄
畑壱反歩ニ付六拾円以上壱百弐拾円迄
山林原野壱反歩ニ付参拾円以上四拾五円迄

但山林原野ニシテ其地上ニ立木アルモノハ坑主麻生太吉ニ於テ別ニ相当ノ補償ヲ与フルモノトス、買収価格定前ト雖トモ坑主ニ於テ必要ノ場合ハ直チニ使用スルコトハ区民ニ於テ承諾スルモノトス

〔中略〕

第九条　坑業上ニ関シ従来契約ノ事項ハ前条ノ通リ改正候ニ付、本日以前ニ関スル村補金及借区出願ニ付承諾金受授等ニ付契約セシ事ハ惣テ無効ニ属シ、効力無之、若シ万一書類ヲ発見スルモ権利者ニ於テ提出請求シ得ザルモノトス

右ノ通リ約定取結ヒ双方壱通宛分有スル者也

嘉穂郡笠松村大字立岩

明治参拾参年九月二日　　坑主　麻生太吉

同郡穂波村大字椿

青柳孫一郎〔以下六名略〕[60]

この新しい定約証の締結は、製鐵所への穂波鉱区売却が決定した後に行われた。先に示した一八八八年の定約証が地元民との間の地補金に関する協定などが主内容であったのに対し、一九〇〇年の定約証は経営者側（すなわち麻生）と地元民との間の、炭鉱業経営を行う際に生じ得る諸問題の解決策を取り決めたものであった。特に第二、三条は、炭鉱業経営が開始されることを前提とするかのような条文である。また、第四条の田畑山林買い上げに関する条文は、穂波鉱区内の土地の価値を高くするために取り決められたと推測できる。

要するに一九〇〇年の定約証は、製鐵所へ穂波鉱区を譲渡することを前提として、麻生と地元民側とが相諮って、穂波鉱区があたかも石炭生産を開始するように製鐵所に見せつけるため結ばれたものだと解釈できるのである。

結局麻生関係の鉱区四七万七〇〇〇坪は一一万七〇〇〇円で製鐵所に譲渡された。坪当たり単価は〇・二四五円で

あった。

2　麻生炭の販売

一九〇〇（明治三三）年に製鐵所に鉱区を譲渡した麻生は、その後しばらく製鐵所とは直接的な関係はなかった。製鐵所との関係があり得るのはコークス製造であり、麻生は一八九八年にコークス製造をもくろんで、麻生商店内にコークスの製造工場（骸炭場）を設置した（同時期に三菱合資も洞海湾沿岸の牧山に牧山骸炭所を設置している）。麻生商店が製造するコークスは芳雄コークスと名付けられ各地に販売された。コークスの販売は麻生炭を取り扱っていた若松の石炭商熊本商店、および安永商店を通じた販売が主であり、これら石炭商から門司にある大阪砲兵工廠門司兵器製造所、地元の飯塚鉄工場、住友忠隈炭鉱鉄工場、臼井鉄工場、宝満鉄工場、呉鎮守府などへ販売されていた。また三井物産も海外市場向けコークスを麻生商店に注文しており、同社の引き取りもあった。麻生商店のコークス販売にとって有利だったのは、コークスの原料となる石炭が商店内で調達できるところにあった。これがコークス製造工場が販売するコークスに比べ価格競争力において有利な点である。たとえば麻生商店の野見山米吉はコークス販売業者に対し「近来原料品非常高直ト相成最早コーク業モ不利益之時機ト相成申候。乍併御案内之如ク弊方ハ原料モ他ヨリ買求ムル事無之、自家ノモノヲ自家ニテ製造致候ニ付、世上之競争ニハ何処迄モ抗敵可致決心ナルノミナラス又容易ニ抗敵シ得ラルヘキ次第ナルモ、只余リ下直ニテ販売致ストキハ寧ロ原料ノ侭販売致候方余程得策ニテ有之候」[61]と述べている。しかし結局、麻生商店生産のコークスは製鐵所に販売されなかったようであり、麻生商店のコークスの販路は、石炭商を主たるものとするようになった。

麻生商店が製鐵所との間で石炭販売において関係を持ち始めるのは一九〇〇年代後半以降である。麻生商店の場合、製鐵所への売炭は二通りあり、一つは麻生商店と三井物産が契約を交わし、製鐵所に三井物産を通して納炭する芳雄切込炭渡しであり、もう一方は麻生商店が直接製鐵所と契約して納炭する吉隈水洗粉炭渡しであった。三井物産を通じた販売は一九〇〇年代後半以降に始められ、吉隈炭の販売は一六年以降であった。

製鐵所における納入炭の仕様はたとえば以下のようなものである。

材第二六七号

左記ノ物件大正九年三月卅一日付見積書第　　号代価ニテ購入可致候ニ付別紙案文ノ通リノ請書御送附相成度尚現品ハ上納書二通相添エ期日迄ニ必ズ御送納相成度候也

大正九年四月壱日

製鐵所長官　白仁武

嘉穂郡飯塚町

麻生商店殿

品　名　吉隈粉炭

員　数　壱万噸

単　価　二十一円四十銭

総価格　弐拾壱円四千円也

製造者名

納　期　大正十年三月末日

納付場所　製鐵所構内貨車乗渡

仕　様　灰分一四％―一六％

〔別紙〕

請　書

一、金弐拾壱万四千円也

吉隈洗粉炭　　壱万噸　壱噸金弐拾壱円四拾銭

規 格 灰 分　　壱四％—壱六％

右石炭供給方御引受仕候ニ付テハ左記条項ニ依リ納入可仕候〔以下略〕[62]

この当時（一九一〇年代後半）、麻生商店には三井物産プール制に加入していない吉隈炭の販路拡張をめざすという目標があり[63]、また製鐵所では国内の民間炭鉱での石炭調達を多くしたいという意向があったため、両者の利害は一致した。吉隈炭の場合その炭質が「佳良にして粘結性に富み硫黄分極めて少なきを以て瓦斯、コークス等の原料に適[64]」していたため、コークスとなる原料炭を必要とする製鐵所へ多く納炭されたのである。麻生商店は一九一六年度に二万五二〇〇トンの吉隈水洗粉炭を製鐵所に供給する契約を結び、同年には二万二〇六七トンを納入した。翌一七年度は前年の納入実績を買われ、麻生商店は製鐵所との間に三万六〇〇〇トン、単価八・一〇円で納入契約を締結した。この単価は他店の納入価格一〇・六〇円に比べ二・五〇円も安価であったが、炭質的に他店より劣る吉隈炭は[65]、販売数量を増加させることで契約にこぎつけた。

しかし麻生商店にとって悪いことに、吉隈炭鉱における採炭条件が一九一七年から一八年にかけて悪化し、「当方坑内ノ事状ノ為送炭不如意[66]」の状態となった。一七年度の送炭実績は前年よりやや多い程度の二万三五五四トンにとどまり、約定高を一万二四四六トンも下回った。一七年度の送炭実績の不足により一八年度は前年度契約の完了が優先され、単価八・一円で前年度契約残高一万二四四六トンが納炭された。麻生商店が新年度契約（数量四万トン、単価一四・六〇円）の条件で納炭を開始したのは一一月以降（通常の契約は四月より開始）であり、麻生商店は八万円以上の損失を被った。ところで吉隈炭鉱の出炭費用は一七年から一八年にかけてトン当たり四・六円ほど上昇し[67]、また一九年初期において吉隈炭鉱は下層三尺炭の採掘を中止した[68]。

以上のような契約炭の納炭不足に伴う前年度契約残高の次年度繰越は、炭価の上昇が著しい大戦ブーム期においては、納炭業者側（すなわちここでは麻生商店）にとって著しく不利であった。麻生商店は一九一九、二〇年度の製鐵所納炭においても、その一部を前年度契約単価による納入を行った。麻生商店側の計算によれば、一八年から二一年までに単価の差額による損失は二八万円余に上ったとされる[69]。しかも麻生商店側にとって不利益だったのは、二〇年以降の製鐵所による直営炭鉱からの調達高の増加策である。製鐵所の石炭調達変更策により、麻生商店の吉隈炭納入契約は二〇年度を最後に打ち切られた。また、芳雄炭の一九年度納入契約数量高は、前年の五万トン契約から一万トン契約へと大幅に減少した。その後も契約数量は一万トン台で推移しており、また実際の納入高も一万トンを超える程度であった（表4－14）。販売単価も一九二〇年代前半においては常に原料炭平均価格（表4－13）より一円程度安い八円台半ば前後であった。

要するに麻生にとって製鐵所への石炭販売は、必ずしも好条件に基づくものでなく、ゆえに必ずしも蓄積基盤とはなり得なかったといえる。しかし、炭質において他の大手炭鉱に比べて不利であった麻生にとって、大規模な納入高を確保できる製鐵所は重要な顧客であった。また製鐵所が官営であるため、販売代金の回収も容易であった。吉隈炭

表4－14　麻生炭の官営事業への納炭高

年	製鐵所（トン）	製鐵所（%）	鉄道省（トン）	鉄道省（%）	全販売高（トン）
1917	21,967	3.2	4,049	0.6	694,845
18	18,970	2.8	53,283	7.9	677,351
19	54,331	8.9	114,540	18.9	607,293
20	41,918	7.8	132,318	24.5	539,002
21	30,645	5.9	101,417	19.7	515,393
22	10,160	2.0	141,791	28.3	500,788
23	13,432	2.6	144,185	27.6	521,519
24	13,331	2.2	130,760	21.6	604,942
25	11,669	1.9	125,182	20.0	624,423

出典：麻生商店「約定炭差引帳」,「石炭コークス販売元帳」, 同店若松出張所「販売炭元帳」など.
注：①製鐵所 1919 年納炭高は 9～12 月分のデータを欠く.
②製鐵所芳雄炭納炭高は 1918 年以前および 19 年 9～12 月のデータを欠く.

鉱の出炭規模はこの当時（一九一〇年代後半）一〇万トン程度であったが、製鐵所との契約高は全出炭高の三分の一以上であり、製鐵所との契約数量は無理を承知でのものだった。麻生太吉は、吉隈炭鉱に水洗機やクラッシャーなどを整備して水洗粉炭の生産に意を砕いており[70]、製鐵所への納入は吉隈炭の販売戦略上重要であった。その後一九二〇年代後半、吉隈炭の製鐵所納炭復活のため、麻生は自らの知己であり当時政友会代議士であった山内範造を通じて、製鐵所側に対して配慮を求めている[71]。その結果、吉隈炭は再び製鐵所に納入されることとなった。また麻生は製鐵所とは別に、鉄道省納炭においても政治力を発揮して納入高を確保し、年間一〇万トン以上を納炭していた（表4-14）。麻生太吉は石炭販売において自らの政治力を行使し、鉄道省、製鐵所といった大口顧客を獲得していたのである。

3　石灰石の販売

大戦ブーム期における二瀬、開平、松浦といった製鉄原料炭における灰分の上昇により、製鐵所における石灰石の使用高は同時期から増加していった。製鐵所における溶鉱炉への装入物価格のうち石灰石の占める割合は一九一四年度で三・一%であったものが、同二三年度には四・一%に上昇していた[72]。日本の主要製鐵所における石灰石使用高も一八年から二〇年にかけて増加している（表4-15）。そして、製鐵所における石灰石の使用高の増加にあわせるかのように、麻生系企業である九州産業鉄道（以下九産鉄と称する）による、製鐵所への石灰石納入高の増加があったのである。

九産鉄はもともと、福岡県田川郡内において石灰石を採取する九州産業株式会社（一九一七年設立）を発端とした会社である。同社は一九年の九産鉄の設立により九産鉄に合併された。初期の主たる出資者は田中徳次郎、松永安左衛門、麻生太吉、中野徳次郎、伊藤伝右衛門、蔵内次郎作といった福岡県内を中心に活動していた企業家、それに地

表 4－15　石灰石の使用高

（単位：トン）

年	主要製鉄所	九産鉄供給高	比率（%）
1918	373,157		
19	431,523		
20	533,472		
21	506,350		
22	477,253	33,792	7.1
23	368,987	70,759	19.2
24	368,801	91,305	24.8
25	457,605	93,792	20.5
26	495,652	105,035	21.2
27	616,632	195,366	31.7
28	640,460	188,923	29.5
29	660,789	184,198	27.9
30	652,196	151,729	23.3
31	508,329	167,843	33.0
32	691,509	202,337	29.3
33	937,866	301,625	32.2

出典：主要製鉄所使用高は商工省鉱山局編『製鉄業参考資料』，九産鉄は同社「原石未収金内訳簿」など.

注：①九産鉄は八幡製鐵所納品高.
②九産鉄は前年 12 月～当年 11 月.
③九産鉄は 1930 年度から九州産業と改称.

元田川郡の実業家中村武文などであった。出資者の構成などからみて九産鉄および九州産業は、九州電灯鉄道関係者（田中、松永）と九州水力電気関係者（麻生、中野）を軸として、北九州地方の製鉄所（東洋製鉄、製鐵所）に石灰石を供給する会社として設立されたと考えることができる。特に東洋製鉄の設置場所選定（一九一七年一〇～一二月頃）において麻生らと松永らは福岡市近郊への誘致活動で意見が一致していたことから、九州産業は特に東洋製鉄への石灰石納入会社としてもくろまれていたといえる。

しかし、東洋製鉄は久原家が経営に参加し、また立地場所も福岡県遠賀郡戸畑町に決定したことにより、麻生らの思惑から外れていった。九産鉄は東洋製鉄への依存なしに独自な事業展開を図ることになり、一九二二年、石灰製造のため船尾工場を建設した。そして中村武文九産鉄専務が同年四月に八幡製鐵所と石灰石六万トンを納入する契約を結び(73)、販路が拡張された。そのため九産鉄の経営躍進に期待がもたれたが、九産鉄全体の経営不振および資金調達の失敗の責任を取る形で、田中社長および中村専務は同年一〇月に辞任（中村は取締役としては留任）し、代わって麻生太吉が社長に就任した。麻生の補佐役として麻生商店会計部長渡辺皐築が、経営担当社員のような位置付けで麻生商店から派遣（一九二四年七月同社専務に就任）され、九産鉄の整理が行われた。そして九産鉄株主も麻生系が上位を占めるようになった。また、麻生家内部からは渡辺のほか麻生義之介（一九二四年六月）、野田勢次郎（同）が同社役員に就任した。

九産鉄では麻生社長、渡辺専務を中心にして、次のような経営方針が出された。[74]

(1)石灰石は販売先が確実でありもっとも有望であるので採掘設備を改善の上生産の拡大、経費の節減を図る

(2)石灰石はこれまでの実績からみて販売高および得意先が一定しないこと、販売上多額の経費を要するため予定の利益を収めることが困難ゆえ製品の規格を統一し確実な取引先を選定し取引の正確を期すること

(3)大理石は採取を中止すること

(4)石灰石は販路拡張のため官公庁に試用願を出すこと

ここでの経営方針は要するに、石灰石の生産および販路の拡張をめざしたものであった。この売り込みには渡辺が当たることとなり、早速二三年に九産鉄は福岡県庁納めのバラストの販売に成功した。[75]さらに渡辺らの活躍により製鐵所への石灰原石の納入高が二三、二四年にかけて増加していった。製鐵所における石灰石使用高は二一年から二四年にかけていったん減少したものの、二〇年代後半にかけて倍近く増加している（表４－15）。そして、九産鉄における製鐵所への石灰納入高は昭和初期にかけて高まり、五、六〇万トンと推測される使用高のうち、二〇～三〇万トンもの石灰石が九産鉄一社により納入されたのである。

以上のような九産鉄の製鐵所への食い込みは、同社の石灰石が品質の面で優れていたという理由と、麻生太吉の政治力によっていると思われる。品質については、一九一〇年代後半の地質学者篠本二郎の調査により、「石灰岩トシテ全国ニ稀ニ視ル所ノ純良」なものであり、「化学工業其ノ他百般ノ原料トシテ毫モ欠ク所ナシ（第一）セメント原料、（第二）カーハイトニ供スベキハ殊更記述ノ要ナシ……セメント製造ノ如キ早晩運転ノ便ヲ得バ之ガ原料タル石灰石ハ全国無比ノ佳品ナル」と最高級の評価が下されていた。[76]

麻生の政治力については、彼は一九一一年から二五年までの間貴族院議員であり、同時に政友会党員でもあり続けていたことが重要である。前項でみたように、製鐵所への吉隈炭納炭が二一年度を最後に打ち切られ、麻生商店の製鐵所との関係は薄くなっていた。しかし、翌二二年に麻生が九産鉄の社長に就任し、その後製鐵所への石灰石の供給高が飛躍的に伸びていたことを考慮すると、麻生の政治力によって製鐵所との関係が維持されたといい得る。麻生の政治力（政友会人脈）が九産鉄の経営に資した事例として石灰石運賃割引がある。この問題の発端は一九二七年末、渡辺皐築が鉄道省との間で石灰石運賃問題について交渉したものの決着がつかなかったことを受けて、麻生が堀三太郎（政友会所属元代議士）と山内範造（当時政友会所属代議士）に対し、鉄道省との交渉を依頼したことによっている。[77] 山内は福岡県筑紫郡に地盤を持っており、麻生と同じ政党に属し、麻生から選挙資金を提供してもらったこともある間柄である。結局運賃問題は翌二八年に鉄道省の了解を得たが、[78] 麻生の政治力により、九産鉄、麻生商店といった麻生系企業の経営に資することがあったのである。[79]

九産鉄は一九二九年一二月に鉄道業以外の事業を分離し、九産鉄とは別会社の九州産業株式会社が設立された。九州産業の主な事業目的は石灰原石、砂利、生石灰、消石灰などの採取、製造であった。社長には麻生太吉、専務には渡辺皐築がそれぞれ就任した。またその他の役員には麻生義之介、伊藤伝右衛門、堀三太郎、中村武文、遠入鉄次郎（以上取締役）、野田勢次郎、有田広、中野昇（以上監査役）がそれぞれ就任している。麻生系企業としての位置は確固たるものがあった。

その後麻生は、セメント業への進出を一九三三年に開始した。現在の麻生セメントの元となる企業、産業セメント鉄道（以下産セ鉄道と称する）である。産セ鉄道は同年一〇月、事業目的をセメントとし、また輸送部門たる九産鉄と、原材料である石灰石等の採取部門たる九州産業とを合併して設立された。セメント会社の起業は、麻生家の家業であって麻生商店の主事業である石炭が将来的には枯渇することが予想されること、およびセメントの原材料（石炭、硅石、粘土）が九産鉄沿線の手近にあり、そしてその所有者が麻生商店であったことから、低廉に原材料を購入できること、九州産業における余剰石灰石を処理ができることなどが要因となっていた[80]。初代取締役社長は麻生太吉、専務には渡辺皐築が就任している。主要株主は麻生系であり、同系の所有数は過半数を超えていた。麻生は伊藤、堀三太郎から産セ鉄道設立に関して了承を受けており[81]、麻生家の同社に対する支配力は盤石であった。

以上のようにして麻生家は石炭、石灰石の供給において製鐵所と関わり続けたのである。

おわりに

最後に本論を小括してまとめに代えておく。

筑豊地方から製鐵所への原材料の供給は、主として石炭それに関連する鉱区、石灰石においてなされた。製鐵所が入手した二瀬炭鉱は、そこにおいて生産される石炭が必ずしもコークス原料に最適であるとはいえず、石炭＝コークスの自給自足体制を模索した製鐵所は、操業開始から数年で三池、高島といった国内炭の混合を行わざるを得なかった。日露戦後原料炭の消費高が伸びた際、製鐵所は二瀬炭を原料炭の中心としたが、これは銑鉄一トン当たりのコークス使用高を悪化させることとなった。そこで製鐵所では原料炭の一部に中国炭を当てることとしたため、二瀬炭の原料炭としての比率は低下した。大戦ブーム期には原料炭の炭質が悪化し、また二瀬炭鉱の出炭高が停滞したことにより、製鐵所では新規鉱区（鹿町、稲築）の開発と民間炭鉱からの調達高の増加を図り、新規鉱区における出炭の開始、および直営炭鉱からの調達高を増加させた。しかし一九二〇年代中頃から、良質炭を得るため再び民間炭鉱と外国輸入炭の調達高を増加させていた。製鐵所における石炭調達は二瀬炭が中心であり続けたが、石炭の効率について、製鐵所自身により厳しい目が向けられるとともに、二瀬炭以外の優良炭の調達が多く行われることとなったのである。

納入炭は財閥系企業のシェアが大きかったことは事実であるが、製鐵所の石炭選択に関しては、製鉄用原料炭の炭質としての適性などを考慮する必要があろう。現に財閥系の三井三池炭や三菱高島炭は、一九二〇年代にシェアを著しく下げているのである。

ついで製鐵所と麻生家との関係について述べておく。麻生家は製鐵所の創立初期から鉱区売買において関わり、その後石炭販売、石灰石販売を通じて製鐵所と関わり続けた。鉱区の売買は当時の麻生太吉の人脈からみて、安川敬一郎により情報がもたらされたものと思われる。筑豊地場の鉱業主である麻生と安川は連合して、自らの経営基盤に資するよう製鐵所を利用した。ついで石炭販売は、三井物産との取引関係と麻生自らの製鐵所への食い込みにより納炭を果たした。麻生は一九一〇年代後半において三井物産からの販売自立を模索しており、製鐵所への販売数量の確保は、麻生炭の販売戦略に資するものとなった。単価面において製鐵所への販売は、麻生に不利益をもたらすこともあったが、製鐵所および鉄道省への販売数量の確保は、麻生炭の荷捌き上有利であったのである。

その後麻生は製鐵所に対して、九産鉄による石灰石の販売を通じて関係を深めた。石灰石の販売は麻生系以外の人物により開拓されたが、麻生はほどなくして九産鉄を支配下におき、製鐵所へ売り込みをかけて販売数量を確保した。石炭および石灰石の製鐵所への販売については、麻生太吉の政治力が意味を持っていた。麻生は政治家としての自らの地位を最大限に利用して、製鐵所への食い込みを図った。

以上から明らかなように、麻生の自社製品販売は官業にその少なからずを依存していた。麻生の蓄積基盤の重要な一部は官業への売り込みにあったといえるが、これを以て麻生が企業者的でなく官業依存的であったとはいえない。麻生は財閥系や他の筑豊御三家に比べ経営基盤は脆弱であったが、麻生太吉は自らの持てる力をすべて発揮して企業者活動を行い、経営を維持・発展させた。麻生の石炭販売における先進性についてはすでに別稿で述べているが(82)、本稿で取り上げたように石灰石においても、製鐵所の使用増加に合わせ、麻生系企業を通じて供給した。石灰石の新市場を開拓するという、企業者としての要素を、麻生太吉は持っていたのである。

最後に麻生太吉の北九州地方主要産業合同論であるが、麻生は自らが関係する企業（九産鉄、麻生商店、九州水力電気）においてそれぞれ石灰石、石炭、電力を製鐵所に供給しようとし、前二者については実現していた。麻生の合同論には自らが苦労して育てた炭鉱も入っており、非現実的とも思える。しかし一九二〇年代から昭和恐慌期にかけての慢性的な不況下において、麻生商店の石炭業経営は利益を生み出すようなものではなかった。麻生が、一九二〇年代から死去する（一九三三年）まで、自らの企業者としての活動舞台を電力業と石灰石採取業におき、石炭業での企業者活動を目立って行わなかったのは[83]、将来における石炭業からの撤退を含みつつ、新たな原材料（石灰石）ないし新機軸[84]としての動力源（電力）の供給を事業対象として展開したいという思いによるものだったとは考えられないだろうか。もし、そうだとすれば、麻生は終生企業者として活動することを欲しており、北九州地方主要産業合同論に基づく合同会社は、麻生においては、新市場を開拓するための重要な対象であったとすることができるのである。

注

（1）佐藤昌一郎「戦前日本における官業行政の展開と構造――官業製鐵所を中心として」(1)・(2)・(3)（法政大学『経営志林』第三巻第三、四号、第四巻第二号、一九六六、六七年）、西日本文化協会編纂『福岡県史通史編近代産業経済(二)』（福岡県、二〇〇〇年）第五章（藤井信幸稿）六〇三頁。

（2）製鐵所と財閥系炭鉱業会社との関係については佐藤前掲、「戦前日本における官業行政の展開と構造」(3)、四四～四七頁において指摘されている。

（3）北九州市史編さん委員会編『北九州市史産業経済』（北九州市、一九九一年）二三八～二四〇頁（清水憲一稿）。

（4）製鐵所における石炭需給を論じた研究としては三枝博音・飯田賢一『日本近代製鉄技術発達史』（東洋経済新報社、一九五七年）、田部三郎『日本鉄鋼原料史――鉄よ永遠に』下巻（原料炭鉄屑編）（産業新聞社、一九八三年）がある。

（5）官営製鐵所初期の技術については、三枝・飯田前掲『日本近代製鉄技術発達史』を参照。

（6）一九二〇年代の有力炭鉱企業の経営動向については、丁振聲「一九二〇年代の日本における炭鉱企業経営——設備投資動向と資金調達を中心として」（『経営史学』第二七巻第三号、一九九三年）を参照。
（7）当該期の石炭市場の需給構造の変化については、拙稿「戦間期日本石炭市場の需給構造の変化について」（九州大学『経済学研究』第六六巻第五・六号、二〇〇〇年）を参照されたい。
（8）拙稿「麻生太吉の炭業統制指向とその論理——地方企業家による地方経済の調製」（『エネルギー史研究——石炭を中心として』第一六号、二〇〇一年）。
（9）以下、黒田泰造『改訂最近骸炭製造法及副産物処理法』（丸善、一九一七年）を参照。
（10）伊能泰治「製鉄用骸炭に就て」（『燃料協会誌』第三八号、一九二五年）一〇一五頁。
（11）気孔の多寡は揮発分の多寡に比例する（前掲、黒田『改訂最近骸炭製造法及副産物処理法』一二二頁を参照）。
（12）製鉄原料炭は、高炉の要求するコークスの品位内で最も経済性が得られるよう、一種または数種の石炭の配合が必要である。そのため、ある石炭を単味で用いるよりも、数種類を配合した方が、より経済効率が上がることが多い（田部三郎『鉄鋼原料論』ダイヤモンド社、一九六三年、四七四頁など）。
（13）以下、製鉄原料炭の成分等に関しては、伊能前掲「製鉄用骸炭に就て」、田部前掲『鉄鋼原料論』第二部第二章「原料炭」の項など参照。
（14）たとえば二瀬および二瀬代用炭七〇％、開平炭三〇％の原料炭について洗炭をほどこすと、一七％石炭が減耗する（伊能前掲「製鉄用骸炭に就て」一〇一八頁）。
（15）以下、伊能泰治「骸炭用炭の性質に就て」（『石炭時報』第七巻第一号、一九三二年）、新村唯治「骸炭用炭の性質に就て」（『石炭時報』第七巻第三号、一九三二年）を参照。
（16）ボタンナンバーは高ければ高いほど粘着性に富んでいる（田部前掲『鉄鋼原料論』五〇〇頁など）。
（17）田部前掲『鉄鋼原料論』五〇一～五〇三頁。
（18）伊能前掲「骸炭用炭の性質に就て」三六～三七頁。
（19）明治鉱業株式会社社史編纂委員会編『社史明治鉱業株式会社』（明治鉱業株式会社、一九五八年）二一一頁。
（20）高野江基太郎『筑豊炭礦誌』（中村近古堂、一八九八年）の高雄炭鉱の項目。
（21）製鐵所の遠賀郡八幡村への設置については、当初技術者によりその可能性が悲観視されていたが、安川敬一郎の政治工作により、最終的に八幡に決定したという見解もある（前掲『北九州市史産業経済』一三一～一四四頁）。

(22)「野呂技師釜石ニ在リテ鋼鉄試製概要」（製鐵所文書I－13）。

(23) 三枝・飯田前掲『日本近代製鉄技術発達史』二一九頁。

(24) 前掲『北九州市史産業経済』二三九頁。原資料は門司新報一八九九年一一月三日付。

(25) 清宮一郎編『松本健次郎懐旧談』（鱒書房、一九五二年）八八頁。

(26) 一九〇二年一一月二〇日「製鐵所事業調査会速記録」第五回（製鐵所文書）。なお、この引用部分の大要は三枝・飯田前掲書、四四七～四四八頁において、大島道太郎技師および中村雄次郎長官の説明として紹介されている。にもかかわらずここで改めて原資料を引用したのは、製鐵所原料炭の供給炭鉱としての二瀬炭鉱が、コークス製造という技術的な適否の検討もあまりないままに決定したということを、大島技師自らの言葉から確認したかったためである。

(27) 製鐵所における創立当初のコークス軽視とその批判については、三枝・飯田前掲『日本近代製鉄技術発達史』三五五～三五九頁、四四二～四五二頁など参照。

(28) 前掲『北九州市史産業経済』二〇七頁。

(29)「二瀬出張所ノ分」（製鐵所文書I－15）。

(30)「製鐵所赤谷出張所事業報告」（製鐵所文書I－15）。

(31) 一九〇〇年一〇月分「製鐵所二瀬出張所事業報告」（製鐵所文書I－15）。

(32) 一八九七年時点での鉱夫数は、高野江前掲『筑豊炭礦誌』にあるように高雄、潤野両鉱あわせて八〇〇人程度であり、その後一九〇一年六月末時点では一七六三人を数えている（「製鐵所作業報告」）。鉱夫の採罷規則が制定された時期に鉱夫が一〇〇〇人を超えていたという推測は、大過ないものと思われる。

(33) 八幡製鐵所所史編さん実行委員会編『八幡製鐵所八十年史総合史』（新日本製鐵株式会社八幡製鐵所、一九八〇年）二四～二六頁。

(34) 三枝・飯田前掲『日本近代製鉄技術発達史』三五三頁以下。

(35) ビーハイブ式コークス製造炉築造において耐火度の低い赤煉瓦が用いられた（三枝・飯田前掲『日本近代製鉄技術発達史』三五七頁）。

(36) 一九〇二年七月一日「製鉄事業調査会議事速記録」第一回（製鐵所文書）における中村雄次郎長官の発言。

(37) 一九〇一年度以降「製鐵所作業報告」(製鐵所文書I－30)。

(38) 一九〇二年度「製鐵所作業報告」(製鐵所文書I－30)。

(39) 前掲「製鉄事業調査会議事速記録」第一回。

(40) 製鐵所による二瀬炭の廉価販売に対する石炭業者の反発は、たとえば筑豊地場の鉱業主麻生太吉の事例から垣間見ることができる。以下の資料は、麻生が安川敬一郎に宛てた書簡の控えである。「拝啓益御清光奉敬賀候。今回至急御上京別シテ御気怪奉察上候。鉱業条例ノ会議モ明日ニテ結了ノ筈ニ御座候。製鐵所販売炭ニ就テハ、中村長官へ親敷陳情之処、製鐵所需用炭現今ハ一日弐百五十屯内外ナルモ、鉱山維持費有之為メ無止一日五百屯ノ予定ヲ以テ採掘セラレ候為メ、一ヶ月七千五百頓内外ノ販売ヲナシ候。販売炭ノ余祐ヲ以テ鉱山ヲ維持スルトノ事ニテ有之候間、元来製鐵所現今需用炭ノ価格ハ何程ニ之有カ聞糺候処、若松着ニテ壱万斤ニ付二十二円廿銭、若松ヨリ製鐵所迄ノ運賃壱円廿銭ヲ要シ、製鐵所着廿四円ニ有之候トノ事故、仮ニ採掘費ヲ若松着ニテ頓三円トシテ、壱万斤拾八円ヨリ前陳廿二円廿銭ヨリ引去ル時ハ四円廿銭ノ純益ヲ生シ候ニ付、弐百五十頓ノ需用炭ニ対シ一ヶ月五千円以上純益有之割合ト相成候ニ付、伊岐須坑ヲ以テ採掘セシ潤野、高雄ノ両坑ハ、右純益金ヲ以テ排水セラレ候時ハ、安価ヲ以テ売炭ヲセラレ、又ハ海軍省ノ安価ノ石炭ヲ納炭セラル可キ不利益モ有之間敷、又坑業者一同カ販売先ヘノ最モ大切ナル時機ニ際シ、製鐵所ノ不用炭ヲ安売セラレル事ニ就テ憂慮セシ点モ相免レ、双方有益ナルヘシト坑業上ノ利害ニ付親敷陳情候処、中村長官モ初発ハ至極事情モ呑込相成居候処、愈々販売中止ノ実行ト申ス最后ノ要点ニ至候処、坑山ノ事ハ技術上ニ関シ大嶋技術長ト協義ナラテハ決断難致トノ事ニテ、初発ノ口気ニモ不拘到底急埒ノ運ニ相至リ間敷、何分此販売時機一日モ難差控場合ニ於テ此侭ニ難差□、明日再会ヲナシ協議致筈ニ御座候。多分農商務大臣ニ向ケ陳情スルノ外有之間敷□奉存候。実ハ製鐵所拡張問題□目前ニ切迫シ、右等ノ事情ヲ発表之事ハ甚タ遺憾ニ奉存候得共、前陳ノ通リ製鐵所ニ就テ坑山維持丈ケナレハ無論中止ノ採用ヲセラレ候儀ハ当然ノ事ニ相信候モ、如何セン大嶋君上京留守中等ノ口実ヲ以テ所謂鯰ニ瓢箪的ノ調子ニテ応談セラレ□□ノ要点ヲ甚タ了解ニ相苦ミ申候。幸ヒ御□上ノ事故尚御高慮被成下候□メ希望仕候。」(麻生太吉発一九〇二年九月二〇日付安川敬一郎宛発信原稿(九州大学石炭研究資料センター所蔵麻生家文書明治三五年「文書原稿」(M35B－14)所収)。

(41) 前掲『八幡製鐵所八十年史総合史』三四頁。

(42) 永江眞夫「一九一〇年代における貝島石炭業経営の展開」(『地方金融史研究』第一八号、一九八七年)六一頁。

(43) 拙稿「本洞、藤棚炭鉱売却後の麻生商店の炭鉱業経営——明治四〇年から第一次大戦後期まで」(『エネルギー史研究——

石炭を中心として』第一七号、二〇〇二年）九三頁。

(44) 前掲『八幡製鐵所八十年史総合史』三三頁。

(45) 第三期拡張工事の大要については、前掲『八幡製鐵所八十年史総合史』五六頁を参照。

(46) 荻野喜弘『筑豊炭鉱労資関係史』（九州大学出版会、一九九三年）一六八頁。この時期二瀬炭鉱のトン当たり出炭コストは貝島大之浦炭鉱菅牟田鉱のそれを上回っていた。

(47) 以下、伊能前掲「製鉄用骸炭に就て」一〇一七頁を参照。

(48) 農商務省鉱山局編『本邦重要鉱山要覧』（一九二五年版）九五一頁。

(49) 伊能前掲「製鉄用骸炭に就て」一〇一三～一〇一四頁。一九一四年度では装入物価格のうち鉄鉱石価格は全体の五〇・七%、コークス価格は三九・二%であったものが、二三年度では鉄鉱石価格は四六・一%、コークス価格は四七・四%となっており、コークス価格が鉄鉱石価格を逆転している。また同論文所収第二図によると、一九一二年を基準とした大戦期以降における原材料価格は、石炭がもっとも上昇の度合いが高く、ついでコークス、銑鉄、鉄鉱石の順となっている。

(50) 製鐵所と同じ官業である鉄道省の納炭構造も、大戦ブーム期において、価格の面から中小炭鉱炭が納入されるようになった。

(51) 鉱山懇話会編『日本鉱業発達史』中巻（同会、一九三二年）七七一頁。

(52) 田部前掲『日本鉄鋼原料史』九四～九五頁によると、開平炭を使用することで高炉の能率は公称能力一杯に上昇したという。

(53) たとえば大手炭の三井田川三坑炭は七二〇〇カロリー、三菱鯰田炭は七二〇〇～七五〇〇カロリー、住友忠隈炭は六二〇〇～七〇〇〇カロリー、古河目尾炭は六八〇〇～七三〇〇カロリー、などであったが、製鐵所に納炭したことのある中小炭の岩崎炭は五七〇〇カロリー、大君炭は五二〇〇～五八〇〇カロリー程度であった（門司鉄道局運輸課『沿線炭鉱要覧』一九三五年版を参照）。

(54) 田部前掲『日本鉄鋼原料史』九二～九五頁。開平炭の製鐵所における入荷実績は一九二三年の二一万三〇〇〇トンをピークにいったん減少し、一九二七年に再び二〇万トン台を記録した。しかし一九三一、三二年には、不況対策に伴う国内炭の需要増加策により開平炭の輸入は一気に三万トン台にまで減少した。太平洋戦争終結以前における開平炭の入荷実績のピークは一九三九年の八五万トンであった。

(55) 一九一六年度における二瀬炭と開平炭との価格差は二・五六円あった（郷誠之助『製鐵所視察余録』一九一八年、一二三頁参照）が、その後表4－13にみられるように、一・五～二円程度に収まった。
(56) 藤井信幸「昭和初期八幡製鐵所の生産費動向」（『社会経済史学』第五〇巻第六号、一九八五年）。
(57) 一九〇〇年九月三〇日調「穂波鉱山ニ係ル書類留」（麻生家文書あ－13）。
(58) 「譲渡証」（麻生家文書あ－13「穂波鉱山ニ係ル書類留」所収）。
(59) 麻生太吉と安川敬一郎は一八八〇年代から付き合いがあり、一八九七年前後においても筑豊興業鉄道や若松築港に関する諸案件において親しく協議していた間柄である。また筑豊興業鉄道については、その株式買収に絡んで資金的な貸借関係もあった。一八九九年、製鐵所に高雄鉱区を譲渡した安川は、製鐵所の鉱区確保に関する情報を持っていたと思われる。
(60) 「定約証」（麻生家文書あ－13－2「穂波礦区地元新約定証」所収）。
(61) 野見山米吉発一九〇〇年一月一日付白井卯之助宛発信原稿（麻生家文書明治三三年七月起「石炭コークス売買各地発状元簿」（麻生家文書と－1）所収）。
(62) 「製鐵所納炭ニ関スル調書」（麻生家文書た－98）。
(63) 麻生商店による自社炭の販路拡張については、拙稿前掲「本洞、藤棚炭鉱売却後の麻生商店の炭鉱業経営」、および拙稿「麻生商店の石炭販売――プール制離脱・販売自立化期から昭和石炭株式会社成立期まで」（『経済学研究』（九州大学）第六五巻第三号、一九九八年）を参照されたい。
(64) 「炭山概況吉隈炭鉱」『筑豊石炭鉱業組合月報』第三〇九号、一九三〇年。
(65) 吉隈炭は契約よりも多い灰分率のため、時として罰金を製鐵所に支払っている（ただしこれは他炭も同様）。
(66) 「吉隈粉炭製鐵所納炭ニ関スル調」（麻生家文書た－98－4）。
(67) 拙稿前掲「本洞、藤棚炭鉱売却後の麻生商店の炭鉱業経営」九二～九四頁。
(68) 野見山米吉発一九一九年二月六日付麻生太吉宛書簡（麻生家文書書簡T8－138）。
(69) 「〔記〕」（麻生家文書た－98－5）。
(70) 拙稿前掲「本洞、藤棚炭鉱売却後の麻生商店の炭鉱業経営」一一七～一一九頁。
(71) 麻生太吉発一九二六年一月二三日付山内範造宛発信原稿（麻生家文書大正一五年「発信原稿」（蔵－58）所収）。
(72) 伊能前掲「製鉄用骸炭に就て」一〇一三頁。

(73) 麻生百年史編纂委員会編『麻生百年史』麻生セメント株式会社、一九七五年、三八五頁。
(74) 以下『麻生百年史』三八四～三九二頁を参照。
(75) 渡辺皐築発一九二三年一一月二三日付麻生太吉宛書簡（麻生家文書書簡T12－1001）。
(76) 田川市史編纂委員会編『田川市史』中巻（田川市役所、一九七六年）六七三～六七四頁。原典は「福岡県田川郡後藤寺町大字弓削田石灰岩及其附近ノ地質予察調査報告」。
(77) 渡辺皐築発一九二七年一二月二〇日付麻生太吉宛書簡（麻生家文書書簡S2－996）。
(78) 渡辺皐築発一九二八年一月一四日付麻生太吉宛電報（麻生家文書書簡S3－94）。
(79) 麻生太吉が自らの政治力を行使して麻生商店の経営に資した事例としては、同店と鉄道省との間で行われた納炭交渉がある。一九二四年度納入契約炭高が一〇万トンと前年に比べ三万トンの減額となった際、貴族院議員であった麻生太吉は宮野昇鉄道次官に対して、納炭契約高の訂正を次に掲げる資料のごとく求めた。
「御省納炭量従来拾参万噸相納メ来リ居候処、本年ハ参万噸ヲ減シ拾万噸納入方御沙汰ヲ蒙リ当惑仕候。納炭ニ付テハ充分ニ焚試之上鉄道焚料ニ適当ニ相成候故、実ハ出炭ノ全部ハ御直営鉱山之如キ意味ニテ納入致シ度懇請シ、当局之御方々ニハ御了解ヲ得候タルニ、不幸ニシテ炭界不況トナリ、他ヨリ申込多ク其為メ現在ノ数量ヲ納入スルコトニ相成居申候。右之次第ニ付本年モ従前通リノ数量納入候様特別御詮議被成下、電報ヲ以テ御懇願申上候事情之有之申候」（麻生太吉発一九二四年三月二七日付宮野昇宛発信原稿（麻生家文書大正一三年「発信原稿」（収－1）所収）。このように麻生は鉄道省納炭交渉において、時として自ら交渉にあたったのである。
(80) 麻生太吉翁伝刊行会『麻生太吉翁伝』（同会、一九三五年）三八九～三九〇頁。
(81) たとえば麻生太吉日記一九三三年九月八日条には「産鉄・産業両社合併ノ打合ヲ渡辺専務相見へ打合セ伊藤・堀両氏ニ電話シ了解ヲ得タルニ付十一日福岡ニテ重役会ヲ開催スルコトニセリ」とある。
(82) 拙稿前掲「本洞、藤棚炭鉱売却後の麻生商店の炭鉱業経営」。
(83) この点は麻生太吉日記や麻生家の発信原稿、麻生家来着の書簡などからそのようにいえる。
(84) 電力業は石炭業に比べてエネルギー源として新機軸であったといえる。電力の経済への浸透については、南亮進『動力革命と技術進歩』（東洋経済新報社、一九七六年）を参照。

第5章　米軍による八幡製鐵所空襲について
——原料コークス問題との関連で——

坂本悠一

はじめに

太平洋戦争における米軍の日本本土初空襲は、一九四二年四月一八日、空母から発進したB25爆撃機によるいわゆる「ドゥリットル（Doolittle）空襲」であるが、超長距離爆撃機B29による空襲は四四年六月一六日の八幡製鐵所爆撃が最初であった。八幡製鐵所は、同年八月二〇―二一日に再び爆撃を受けるが、その後八幡製鐵所を目標とした攻撃はなく、終戦直前の四五年八月八日に至って、八幡市街地を目標とした爆撃によって、製鐵所も被害を受けた。四四年の二回の空襲は中国の成都を出撃基地とする高性能爆弾による空襲であり、四五年のそれは、マリアナ諸島の基地からの焼夷弾空襲であった。

この他に、太平洋戦争期間中の製鉄工場を目標とした米軍の攻撃としては、一九四四年七～九月に満州の鞍山製鐵所にたいするB29による三回の爆撃があり、日本本土では四五年七～八月に釜石製鐵所（二回）と輪西（室蘭）製鐵所（一回）が、海軍艦艇による艦砲射撃と艦載機による爆撃（機銃掃射を含む）を受けている。[1] このうち釜石製鐵所は、生産設備に甚大な損害を被ったが、他の製鐵所の被害は一部を除いて復旧可能な程度のものであり、終戦まで操業を継続した。

マリアナの諸基地からのＢ29の出撃が始まった一九四四年一一月以降、米軍の爆撃は本土全域に拡大されるが、この段階で目標となった工業施設はまず航空機工場であり、四五年四月以降、兵器廠・石油施設・化学工場などが加わる。製鉄工場については、四五年三月から本格化した市街地爆撃の際、その目標地域内にあって被害を受けた工場はあるが、[2] ついに独自の爆撃目標とはならなかった。後述するように、終戦直後のアメリカ戦略爆撃調査団の報告書は、その理由を、日本本土の製鉄工場が原料輸送の困難からすでに設備過剰に陥っていたことに求めている。アメリカ側のこの公式見解は、日本の戦争経済全般にたいする戦略爆撃の効果を事後的に検証し、いわばマクロの視点から導き出されたものである。

ところで、日本における空襲の研究は、原子爆弾を含めた都市空襲の被害を記録する市民運動との密接な関係のもとに進められてきた。とくに、アメリカ国立公文書館に所蔵されていたマリアナ所在のＢ29部隊（ＸＸＩ爆撃機集団）の「作戦任務報告書」（Tactical Mission Report）が機密解除となったのを受けて、一九七〇年代後半以降、その収集・翻訳が行われ、マリアナ基地からの市街地空襲の計画・実施にかんする知見は格段に正確なものとなった。しかし、市街地以外の工業目標にたいする空襲への関心は薄く、[3] また戦時および戦後の産業や企業にたいする空襲の影響を探った経済史・経営史的な視角からの研究は、ほとんど行われてこなかった。[4] 本稿は、八幡製鐵所を目標として行われた一九四四年六月一六日と同年八月二〇―二一日の空襲について、可能な限り日米双方の資料を照合しながら、その計画・実施・影響の実態を再現することを目的としている。つまり、Ｂ29部隊の作戦現場および八幡製鐵所の生産現場の両サイドから、ミクロの視点でのケーススタディを試みようとするものである。

第一節　米軍による八幡製鐵所爆撃作戦

1 「マッターホーン計画」の攻撃目標と鉄鋼業

八幡製鐵所を目標とした二回の爆撃は[5]、いずれも中国の成都近郊の諸基地から発進した米陸軍航空軍（U S Army Air Force）第二〇航空軍（20th Air Force）XX爆撃機集団（XX Bomber Command）第五八爆撃航空団（58th Bomb Wing）のB29爆撃機によって行われた。この第五八爆撃航空団（一九四三年六月編成・司令官サンダース准将）は、最初のB29実戦部隊で、XX爆撃機集団が実際に率いた唯一の部隊であった。XX爆撃機集団（四三年一一月編成・司令官ウォルフェ准将・四四年八月二九日よりルメイ少将）はインド・カルカッタ近郊のカラグプールに司令部を置き、成都近郊に新たに整備された四つの前進基地（新津・広漢・邛峡・彭山）から日本本土・満州・台湾などの地域にたいする爆撃作戦を実施し、またインドの諸基地（セイロンを含む）からの東南アジア方面にたいする爆撃作戦にも従事した。この中国およびインドからの戦略爆撃は「マッターホーン計画」（Matterhorn Plan）と呼ばれ[6]、一九四三年一一月のカイロ会談で連合軍側の協同作戦として承認され、米軍統合参謀本部は、その開始を四四年五月一日に予定した。また、B29部隊の戦略的運用を確保するため、XX爆撃機集団の指揮権は戦域司令部に付与せず、ワシントンに司令部を置く第二〇航空軍（四四年四月編成・司令官は陸軍航空軍司令官アーノルド大将が兼任）が直接掌握していた。

「マッターホーン計画」では、一九四四年六月五日から四五年三月二九—三〇日までの期間に、合計四九の爆撃作戦が遂行された（表5－1）。このうちの二三回が成都基地からの作戦で、四五年三月の上海にたいする二回の機雷

表5-1　XX爆撃機集団出撃リスト

年月日	主目標	投下弾種	発進機	投弾機	損失機
(1944年)					
6.5	タイ・バンコク鉄道操車場	爆弾	98	77	5
6.15-16	八幡製鉄所	爆弾	68	47	7
7.7-8	佐世保，大村，戸畑，八幡	爆弾	18	12	0
7.29	満州・鞍山・昭和製鋼所	爆弾	96	75	5
8.10-11	スマトラ島パレンバン，ムシ川	爆弾，機雷	54	39	1
8.10-11	長崎市街	爆弾〔焼夷弾〕	29	24	1
8.20	八幡製鉄所	爆弾	88	71	14
9.8	満州・鞍山・昭和製鋼所	爆弾	108	90	4
9.26	満州・鞍山・昭和製鋼所	爆弾	109	73	0
10.14	台湾・高雄・第61海軍航空廠，航空基地	爆弾	130	103	2
10.16	台湾・高雄・第61海軍航空廠	爆弾	72	43	0
10.17	台湾〔台南・永寧庄航空補給施設〕	爆弾	30	10	1
10.25	大村・第21海軍航空廠	爆弾	78	59	2
11.3	ビルマ・ラングーン	爆弾	49	44	1
11.5	シンガポール	爆弾	76	53	2
11.11	大村・第21海軍航空廠	爆弾	96	29	5
11.21	大村・第21海軍航空廠	爆弾	109	61	6
11.27	タイ・バンコク鉄道操車場	爆弾	60	55	1
12.7	満州飛行場・奉天工場	爆弾	108	80	7
12.14	タイ・バンコク鉄橋	爆弾	48	33	4
12.18	漢口市街，港湾施設	焼夷弾	94	84	0
12.19	大村・第21海軍航空廠	爆弾	36	17	2
12.21	満州飛行場・奉天工場	爆弾	49	19	2
(1945年)					
1.2	タイ・バンコク鉄橋	爆弾	49	44	0
1.6	大村・第21海軍航空廠	爆弾	49	28	1
1.9	台湾・基隆・港湾施設	爆弾	46	39	0
1.11	シンガポール第101海軍工作部(乾ドック)	爆弾	47	25	2
1.14	台湾・嘉義周辺航空基地	爆弾	82	55	0
1.17	台湾・新竹航空基地	爆弾	92	77	1
1.25-26	ベトナム・サイゴン港湾	機雷	26	25	0
1.25-26	シンガポール港湾，海峡部	機雷	50	41	0
1.27	ベトナム・サイゴン造船，造兵施設	爆弾	25	22	0
2.1	シンガポール海軍基地	爆弾	113	83	2
2.7	ベトナム・サイゴン	爆弾	67	33	1
2.7	タイ・バンコク鉄橋	爆弾	64	58	0
2.11	ビルマ・ミンガラドン物資集積場	爆弾	59	56	0
2.19	マレー・クアラルンプル鉄道操車場	爆弾	59	49	0
2.24	シンガポール・ドック	焼夷弾	116	105	1
2.27-28	マレー・ジョホール水道	機雷	12	10	0
3.2	シンガポール海軍基地	爆弾	64	50	2
3.4-5	上海・黄浦江，揚子江	機雷	12	11	0
3.10	マレー・クアラルンプル鉄道操車場	爆弾	29	24	0
3.12	シンガポール石油貯蔵施設	爆弾	49	44	0
3.17	ビルマ・ラングーン貯蔵施設，航空基地	爆弾	77	70	0
3.22	ビルマ・ラングーン貯蔵施設	爆弾	78	76	0
3.28-29	上海・黄浦江，揚子江	機雷	10	10	0
3.28-29	ベトナム・サイゴン港湾	機雷	18	17	0
3.28-29	シンガポール港湾，水道	機雷	33	32	0
3.29-30	シンガポール	爆弾	29	24	0

出典：渡辺洋二訳『超・空の要塞：B29』1991年（付表）.
注：〔　〕内は他資料により補足.

敷設を除く二一回は、四五年一月までに実施された。その攻撃目標の地域別分布は日本本土＝九州九回、台湾六回、満州五回、華中一回であった。残りは四五年に入って本格化する東南アジア各地への作戦で、合計二六回に及ぶ。目標の内容をみると、成都基地からの作戦では、製鉄所、航空機工場など工業目標が中心であった（二一作戦のべ二四目標中一六）のにたいして、東南アジアへの作戦では鉄道・港湾施設など輸送関連目標に重点が移行している（二六作戦のべ二九目標中二三）。

　こうした「マッターホーン計画」の攻撃目標は、基本的にワシントンの第二〇航空軍が選択したが、一九四二年一二月に陸軍航空軍に設置された作戦分析官委員会（Comittee of Operations Analysis）が目標情報の収集・分析にあたり、目標の決定に大きな影響を与えた。作戦分析官委員会は、四三年一一月に報告書を提出し、対日戦略爆撃の好適目標として、①商船、②鉄鋼業、③都市工業地域、④航空機工場、⑤ベアリング工業、⑥電子工業、を勧告した。(7) このうち、②鉄鋼業については、作戦分析官委員会の勧告が、「鉄鋼のような基礎素材の生産の粉砕によって最も深刻で長期的な損害を与えることができ」、また「日本の鉄鋼の三分の二は、壊れやすくまた九州・満州・朝鮮に集中しているコークス炉から供給されるコークスによって生産されている」ことを理由として、「コークス炉が最良の経済目標である」と強調していた。(8) この報告を受けて、第二〇航空軍が四四年四月の段階で立案した「マッターホーン計画」第一段階の六カ月間（四四年四〜九月）の攻撃計画では、合計のべ七五〇の有効出撃のうち八二％に相当する五七六がコークス炉に割り当てられており、他には都市地域に一〇〇、船舶に七五で、航空機工場は第二段階の目標とされていた。(9)

　「マッターホーン計画」の始動は、六月五日のタイ・バンコクへの訓練的出撃からであるが、六月一五日発進の本土初空襲の目標に八幡製鐵所が選ばれたことは、上記した当初の作戦計画に沿ったものであった。その後の成都基地からの作戦の内容について検討してみると（表5－1）、同年九月までと一〇月以降とでは、その目標が大きく変化していることが判る。前半の合計七つの作戦のうち、六月一六日、八月二〇—二一日の八幡製鐵所、七月二九日、九月八日および二六日の鞍山製鐵所（旧昭和製鋼所・当時の正式名称は満洲製鐵㈱鞍山本社）と、製鉄工場が計五回を数える。七作戦に発進したのべ五一六機のうちの六一％に相当する三一三機が両製鐵所に向けられ、また第一目標に投弾したのべ三九二機のうち六一％に相当する二三八機が両製鐵所に投弾したことになる。

後半の作戦は、まず一〇月一四～一七日の台湾の第六一海軍航空廠（高雄近郊岡山）など航空機工場と航空基地にたいする攻撃でスタートしたが、これは太平洋作戦への支援任務（PAC-AID）であり、[10]B29部隊にとって初めての戦術的使用であった。台湾への戦術爆撃は、四五年一月一四・一七日にも嘉義・新竹方面の航空基地にたいして実施され、合計五作戦、発進機数四〇六、投弾機数二八八に達した。これは、合計一四作戦の発進総数のべ一〇七一機のうちの三八％、投弾総数七〇四機のうちの四一％を占める。次に一〇月二五日から大村の第二一海軍航空廠にたいする爆撃が開始され、翌年一月六日まで計五回の攻撃が繰り返された。[11]さらに、一二月七日と二一日には満州飛行機奉天工場への爆撃があり、航空機工場にたいする作戦は合計七回（第六一海軍航空廠を加えると九回）を数える。これは発進で五二五機と総数の四九％、投弾で二九六機と全体の四二％を占める。この時期は、航空機工場を目標とする戦略爆撃と台湾への戦術爆撃が併存していたことになる。前者の目標については、すでに四四年夏から第二〇航空軍内部で検討されており、九月一三日には、XX爆撃機集団にたいし、大村（海軍第二一航空廠）、奉天（満州飛行機㈱奉天工場）、「渡邊」（旧㈱渡邊鉄工所で当時は九州飛行機㈱と改称）、岡山（海軍第六一航空廠）が、重要航空機工場として伝えられていたという。[12]この間九月八日には、アーノルド大将（陸軍航空軍司令官兼第二〇航空軍司令官）が、作戦分析官委員会にたいして目標体系の再検討を要請し、一〇月一〇日に、①船舶（機雷を含む）、②航空機工場、③六つの都市工業地域、を内容とする報告が提出された。[13]これにより、戦略爆撃の優先目標は製鉄工場から航空機工場へと転換し、以後マリアナからの攻撃を含めて製鉄工場が目標になることはなかったのである。

さて、インド諸基地から成都の前進諸基地まではヒマラヤ山脈越えの移動と爆弾・燃料の輸送（通称 Hump route「ハンプ越え」）が必要であったが、第五八爆撃団に配備されたB29は合計約一三〇機にすぎず、大量・頻繁な爆撃作戦はもともと不可能であった。また、日本軍の攻撃を避け得る遠隔地に基地を設定したため[14]、B29の航続距離をもってしても、爆撃が可能なのは本土では九州北部に限定されており、京浜・中京・阪神工業地帯など軍事生産の中枢地域を攻撃することはできなかった。成都基地からの空襲は、マリアナ諸島を基地とするXXI爆撃機集団による本土空襲が開始された同年一一月二四日以降も続けられたが、四五年一月には終止符が打たれ、XXI爆撃機集団による作戦に主役を譲った。四五年三月にはインド諸基地からの東南アジア方面への作戦もうち切られて「マッターホーン計画」は名実ともに終結し、第五八爆撃団はXX爆撃機集団から分離され、マリアナに移動した。結局「マッターホーン計画」は、マリアナ基地からの本格的な戦略爆撃の準備・訓練という役割を果たしたが、その最初の局面であった製鉄工場への爆撃の経験と効果は、検討に価する重要性をもつと言ってよい。

2　八幡製鐵所爆撃作戦の計画と実行

前述したように、日本における空襲研究は、マリアナ基地からの市街地空襲に集中してきたため、「マッターホーン計画」段階の空襲については関心が薄く、基本文献である米陸軍航空軍の公刊戦史の該当部分の翻訳も断片的なものにとどまっている[15]。また、インド基地のXX爆撃機集団とマリアナ基地のXXI爆撃機集団が作成した「作戦任務報告書」（以下、TMR）は、個々の作戦の計画・実施・効果にかんする詳細なデータを含む一次史料であるが、XX爆撃機集団時代のTMRについては収集が遅れ、最近になってようやく一部が翻訳・刊行されて[16]、その内容を知ることができるようになった。以下、一九四四年六月一五—一六日と八月二〇—二一日の八幡製鐵所爆撃作戦の概要を、このTMRにより紹介しておくことにする[17]。

(1) 一九四四年六月一五―一六日（Mission no. 2）

ＴＭＲは、この作戦の第一目標（Primary Target）を八幡製鐵所としたことについて、鉄鋼業を選択した理由、八幡製鐵所を指定した理由に分けて説明している。まず、戦略爆撃の目的とその目標選択について、次のように述べている。

「超長距離爆撃の目的は、戦況が日本本土に海―空―陸の決定的な攻撃を許すようになる遥か以前に、日本の本土に航空戦を持ちこむ手段を与えることにあった。この目的は、日本の潜在的な軍需生産力を幅広い仕方で分断し、……日本の軍事経済の心臓部を狙った戦略爆撃計画を立てることを要求した。この潜在的な軍需生産力を最大限に混乱させることを確実にしようと計画すれば、基本的な軍需諸工業が当然に高い優先順位を占めた。」

対日戦略爆撃の目標が基礎的軍需工業であることを明記しているが、前述したように、一九四三年一一月の作戦分析官委員会の報告は、その具体的内容として、①商船、②鉄鋼業、③都市工業地域、④航空機工場、⑤ベアリング工業、⑥電子工業、を挙げていた。そのなかから鉄鋼業が選択された理由については、次のように、コークス炉の存在を強調している。

「専門的な研究は、この工業［鉄鋼業］がコークス生産に関して特に弱点があることを示した。さらに、それらが西日本と満州に集中している結果、中国の成都地域にある基地群からの超長距離爆撃にとって、特に都合がよいと思われた。」

ここで言う「専門的な研究」が、先の作戦分析官委員会の報告を指していることは、想像に難くない。

つづいて八幡製鐵所を目標に指定した理由として、「攻撃すべき厳密な目標の選定は、主として八幡製鉄所の規模の大きさを基準にして行われた。さらにそれは、……一大工業都市の真ん中と船舶輸送の中心に位置した」と述べられ、八幡製鐵所が鉄鋼業の最大目標であると同時に、工業都市でもあり、また船舶輸送にも関連した目標であることを指摘している。さらに、「それが日本本土にあって、そこを爆撃することが、日本国民の間に戦意の上でも政治的にも、深刻な反響を呼び起すと思われる」ことが追記され、この作戦が多分に政治的効果を狙ったものであることも強調されている。

さて、八幡製鐵所とコークス炉についての具体的な説明は、「目標の重要性」という項目に、次のように記載されている。

「八幡製鉄所は、敵の最大の鉄鋼生産施設であり、日本帝国内の最も重要な独立目標である。この工場は圧延鋼を年間二二五万トン（日本の全生産量の二四％）生産するが、これらの生産品は、八幡にある三つのコークス工場の活動に依存していると考えられる。これらのうちの最大のもの、港町［東田のこと?］のコークス工場が照準点に指定された。この施設は年間一七八・四万トンのコークスを生産し、それは同量の銑鉄を生産するに十分であり、それはさらに、鋼塊を二六六五万トンと圧延鋼一八六五万トンを生産することができた。」

八幡製鐵所（原文では The Imperial Iron & Steel Works at Yawata）が、「満州国」や占領地を含む日本帝国圏内で最大の製鉄所であったことはもちろんであるが、その生産見積りや工場の配置にかんするＴＭＲの記述は、あまり正確なものとはいえない。まず圧延鋼材（鋳鍛鋼を含む）の生産高について、太平洋戦争開戦の一九四一年以前では、年産（会計年度・暦年とも）二〇〇万トンを超えたことはなく、四二年（暦年）のピークで初めて二〇三万トンに達したが、これは日本内地の総生産の約四〇％、帝国圏全体の約三五％を占めていた[18]。

さらに目標としたコークス工場にかんする記述は、いっそう混乱している。ＴＭＲは、コークス工場を三カ所と記しているが、当時戸畑地区にはコークス工場はなく、実際は東田・洞岡の二工場であった[19]。しかも、洞岡地区については、コークス工場だけではなく、高炉その他の工場の存在を含めて、事前にその情報を把握していなかった。すなわち、ＴＭＲは、「この作戦に続いて実施した写真偵察［六月一八日］は、一つの大きなコークス工場と溶鉱炉および圧延工場が、八幡の洞岡に建設された事実を明らかにした」と述べている。洞岡地区については、すでに官営製鐵所時代の一九三〇年からコークス炉・高炉などが順次操業を開始しており、三九年には高炉四基、コークス炉六基が稼動していた[20]。洞岡地区のコークス生産は、四三年（暦年）に一三五万トンに達し、東田地区の三基のコークス炉の合計六九万トンをはるかに上回って[21]、最大のコークス工場となっていた。結局、この日の照準点は最大の洞岡コークス工場を除外して指定されたことになる。製鐵所の呼称の問題も含めて考えると、当時米軍が収集・分析していた情報が、かなり古い時点のものであった可能性がある。

なお、第二目標（兼最終目標）[22]としては、中国江蘇省老窯の港湾（連雲港）が指定されているが、その理由のひとつとして、コークス用炭の積出港であることが挙げられている。連雲港は、山東省の中興炭坑から鉄道で約二三〇キロと最も近い積出港であった[23]。中興炭は強粘結性で、当時八幡製鐵所のコークス用原料炭として重要であり、強粘結炭のうちでは開灤炭について消費量が多かった[24]。

次に、攻撃期日の決定については、若干の補足説明を必要とする。前述したように、「マッターホーン計画」で一九四四年五月一日に予定されていた攻撃開始日は、遅れ気味であった。まずB29のインド廻航に手間取り、配備予定の合計一四〇機のうちの約一三〇機がインドの基地群に到着したのは五月八日であった[25]。また、インド諸基地から成都の前線諸基地への「ハンプ越え」輸送も、日本軍の「湘桂作戦」に直面した在中国の第一四航空軍（雲南省昆明）への補給と競合して、困難を極めた。

このTMRでは、「当初、後方地域［インド諸基地］から前線地域［成都諸基地］まで一〇〇機の航空機を送り出す」ことを目標に準備が進められていたと記述されており、予定では六月二三日頃の目算であったという。その期日が繰り上げられた理由について、TMRは、「中国中部で日本軍の地上攻勢［日本側のいわゆる「湘桂作戦」］が連合軍に対して激しい脅威を加えたために、別な考慮をしなければならなくなった。……この攻勢を阻止する一つの可能な手段として、できるだけ早く日本本土を空襲すべきだと考えられた」と述べ、その結果、「第二〇航空軍の司令官は、XX爆撃機集団に対し六月一五日に目標上空に五〇機を送ることを勧告し、その日に最大努力の作戦をするように指示した」と記している。また、別の箇所では、「マリアナ諸島のサイパンに対する攻撃に期せずして時期を合せ得たことも注目すべきである」とも述べている。この記述では、サイパン島上陸との同期化は意図せざる結果のようにも読めるが、第二〇航空軍の命令が、サイパン島上陸に時期を合わせるためのものであったことは、米陸軍航空軍の公刊戦史を見ても明らかであり、XX爆撃機集団には、攻撃期日繰り上げの理由の詳細が事前に説明されていなかったのかもしれない(26)。

さて、第二〇航空軍の要請通り、八幡製鐵所を五〇機で爆撃するためには、当時のB29のトラブルの多発を考慮すると、それをかなり上回る機数を準備する必要があった。インド諸基地からは九二機が発進したが、このうち無事成都の前線諸基地に到着したのは七九機で、すでに駐機していた四機を合わせて合計八三機となった。写真撮影機二機と故障の六機を除く七五機の出撃が予定されたが、実際に離陸できたのは六八機であった。しかし、このうちの一機が離陸時に、もう一機が中国領内でそれぞれ墜落し、四機が故障のため基地へ引き返したため、有効な出撃は六二機となった。

爆弾については、他の構造物の破壊は考慮せず(27)、もっぱらコークス炉を破壊するという目的に最適と考えられる五〇〇ポンドAN-M64一般目的高性能爆弾が選択され、各機に八発づつ搭載された。

航法については、B29にとっても未経験の長距離爆撃（往復約五〇〇〇キロ）であったため、編隊を組まず、地形の許す限り低い高度で、目標に直行して基地に帰る往復飛行時間約一三時間半の行程が計画されたが、実際は平均一四時間半を超えた。また、攻撃機が暗い時間だけ敵地上空にあるように、現地時間六月一五日一九時三〇分［日本時間一八時三〇分］離陸の夜間作戦として計画された。

実際の航路は、成都からやや北寄りに東進して江蘇省沿岸で黄海に出、済州島北方を通過、対馬・壱岐の間の海上でやや左旋回し、玄界灘上にある沖ノ島を Initial Point（攻撃始点）[28] として右旋回する。そのまま直進し、洞海湾上を北西方向から製鐵所上空に進入し、投弾後右旋回し済州島上空を経由して、往路とほぼ同じ航路を帰航する、というものであった。

実際に基地を出撃した六二機のうち、第二目標老窯に投弾した二機と中国領内の日本軍占領地の臨機目標に投弾した一機を除いて、実際にこの航路をめざしたのは合計五九機とみられる。しかし、指定目標に到達できずに、臨機目標に投弾したのが五機（うち一機は朝鮮）、爆弾を投棄したのが四機あった。

結局、第一目標（八幡製鐵所）地域上空への到達が確認されたのは四九機で、実際に投弾したのは四七機であった。最初の攻撃機の到達時間（日本時間）は六月一六日零時三八分、最後の機の離脱は同三時二七分で、二時間四九分が経過していた。四七機は合計三七〇発の五〇〇ポンド高性能爆弾を、高度二四〇〇メートルから六四〇〇メートルまでの上空から投下した。製鐵所付近上空は完全に灯火管制されており、目視爆撃を行ったのは一五機で、三二機がレーダー爆撃を行なった。

この作戦でのB29の損失は合計五機で、前述した二機の墜落のほか、第一目標爆撃後故障のため中国領内の飛行場に着陸し日本軍の攻撃で破壊されたものが一機あり、二機が原因不詳のまま行方不明になった。TMRは、行方不明機について、「敵戦闘機または敵の対空砲火の攻撃の結果失われた航空機はないと信じられた」、「航空機が目標上空で失われたことは有りそうもない」と記載しているが、実際には、このうちの一機は、若松市西部に墜落していたのである。[29] 爆撃作戦に限定した搭乗員の損失は、死者四、行方不明三〇の合計三四名であったが、インドから前進基地への移動中の行方不明機と写真偵察機の墜落による死者を合わせると合計五五名となる。

この爆撃作戦が与えた損害については、六月一八日の偵察写真（第一四航空軍撮影）によって分析・検討されたが、その結果は目標にたいして投下されたはずの爆弾合計三七〇発のうち、戸畑・若松・小倉・門司や下関にまで及ぶ広い偵察地域を含めても、その範囲内に投下されたことが確認できたのは一〇五発にすぎなかった。目標ではなかった小倉造兵廠や九州化學工業の工場にかなりの被害があったことが確認されている[30]。しかし、肝心の八幡製鐵所については、照準点に指定したコークス炉の被弾はおろか、製鐵所全体をみてもほとんど被害がなったことも判明した。にもかかわらず、TMRは、この作戦を総括して、次のように自画自賛している。

「この作戦任務は、戦闘の立場からみて成功と考えられた。レーダー飛行はうまく継続でき、照準点に命中させることには失敗したが、レーダー爆撃技術に改善が見られた。さらにこの作戦には、……大きな政治的効果と宣伝効果があった。マリアナ諸島のサイパンに対する攻撃に期せずして時期を合せ得たことも注目すべきである。」

また、「戦略的効果の評価」として、「この作戦が与えた物質的損害は、八幡製鉄所の生産に大きな影響を与えるものではなかった反面、同地域内のそのほかの工場が撹乱されたり、労働者の家が破壊されたりした。さらに、サイパン島に上陸が行われたのと時を同じくして、日本本土に攻撃が加えられたという点で、日本国民の心に心理的に混乱を与えたということがある」と述べている。

ここには、日本本土初空襲という、この作戦に期待されていた政治宣伝的使命が看取できるが、物質的損害についても、目標以外の工場や労働者住宅の被害を含めて[31]、つまり作戦分析官委員会のいう、「都市工業地域」という観点からも評価されていることに注目しておきたい。

(2)一九四四年八月二〇―二一日（Mission no. 7）

この日の第二回目の八幡製鐵所爆撃については、計画段階から紆余曲折があった。TMRによると、XX爆撃機集団司令部が、七月二二日に第二〇航空軍司令部に提出した報告は、「八月二〇日ごろに、八幡―戸畑市街地域に対し、五五の攻撃機と一一〇トンの焼夷弾を以て、夜間の地域焼夷爆撃を実施できる」と述べていた。その後八月四日の報告では、「鞍山の昭和製鋼所に対する空襲［七月二九日］の効果が、白昼好天の条件下に、高高度からの精密爆撃で有効に達成できたこと」を主な理由にして、この計画を「八幡製鉄所に対する白昼の精密爆撃に変更したい」と提案し、翌日には許可されたという。

ここでいう「夜間の地域焼夷爆撃」とは、マリアナ基地のXXI爆撃機集団が一九四五年三月以降本格化させた無差別都市空襲に他ならないが、この戦法がすでにこの段階から計画されていただけでなく、八月一〇—一一日には長崎市街を目標として実行されていたのである。[32] 第一線の作戦軍であるXX爆撃機集団のTMRは、ワシントンでの動向には触れていないが、作戦分析官委員会内部に四四年六月に設けられた合同焼夷弾委員会（Joint Incendiary Committee）のメンバーは、この時期に都市焼夷弾爆撃を熱心に勧告していた。その一員イーウェル（R. L. Ewell. 火災保険団体所属の化学者）は、国防調査委員会（National Defence Reserch Committee）宛の書簡（四四年八月九日付）で、長崎・佐世保・戸畑—若松・小倉・八幡という具体的都市名を列挙して、焼夷弾による実験攻撃を提案していたという。戸畑にかんするイーウェルの提案によれば、目標は「製鉄所と主要鉄道線路［鹿児島本線］の南側に位置する住宅密集地域であり、「鉄道の北側にある製鉄所およびその他の工業施設は手つかずのまま残るだろう」と予測していた。[33] この提案とXX爆撃機集団司令部による八幡—戸畑市街地域への焼夷爆撃計画との間の直接的関連については不明であるが、XX爆撃機集団司令部の焼夷爆撃計画では、後の四五年八月八日の八幡市街地にたいする空襲がそうであったように、照準点[34]は製鐵所を離れた鹿児島本線以南の住宅地域に設定されていたはずである。

こうした計画が進行していたにもかかわらず、七月二九日鞍山製鐵所に対して実施された白昼精密爆撃の戦果が判明すると、当初からの最重要目標でありながら六月一五—一六日には有効な打撃を与えられなかった八幡製鐵所にたいして再度、異なった戦法での攻撃を試みようとの判断に傾いたものと思われる。これは、「マッターホーン計画」初期の作戦計画の試行錯誤ぶりを示す一齣といえよう。

八月二〇日の作戦では、六月一五―一六日と同様、第一目標に八幡製鐵所、第二目標に老窯（連雲港）が指定されたが、最終目標には、老窯に通じる鉄道の拠点として河南省開封の鉄道操車場が指定された。TMRは、目標としての八幡製鐵所の重要性について、改めて次のように述べている。

「八幡製鉄所は、日本帝国における二大鉄鋼生産所の一つで、極めて重要な戦略目標である。……およその見積りは、この巨大な工場が日本の銑鉄の二〇%から二五%の間を生産し、鋼塊の二〇%から三〇%、そしておそらく圧延鋼の二五%を生産していることを、示している」。

ここでいう「日本帝国における二大鉄鋼生産所」のもうひとつは、七月二九日に爆撃した鞍山製鐵所を指している。八幡製鐵所については、「信頼できる数字が利用できない」と断りながらも、その全国的生産比重を上記のように試算しているが、一九四二年（暦年）段階での日本帝国全体における実績は、銑鉄で約三〇%、鋼塊で約三〇%、圧延鋼で約三五%であった。ちなみに、鞍山製鐵所の実績は、銑鉄で二二%、鋼塊で八・四%、圧延鋼で五・六%で、製銑部門に偏った生産構成になっていた。この二大製鐵所だけで帝国圏内の銑鉄の実に五二%と、過半の生産を担っていたのである。[35]

つづいてTMRは、コークス工場攻撃の意義を、次のように強調している。

「この工場の鉄鋼生産の全体は、二つのコークス工場の生産高に依存している。……八幡の現在のコークス生産高について正確な見積りはないが、日本全体の生産高のおよそ二〇%というのが手堅いところであろう。……これらのコークス工場を破壊すれば八幡製鐵所は事実上、休止するであろう。日本はコークス炉の生産力に僅かな余裕しかないので。他からコークスを移入して八幡を稼働させて置くことはできないと信じられる。八幡の炉を再建するには最短で一年はかかるであろう」。

八幡製鐵所のコークス生産実績の日本帝国全体における比重は、この見積りより大きく、生産高がピークになった

洞岡 No.2	洞岡 No.3	洞岡 No.4	洞岡 No.5	洞岡 No.6	洞岡合計	総　計
黒田複式 32 年 5 月 43 年 4 月	黒田複式 37 年 1 月 45 年 8 月	黒田複式 37 年 3 月 45 年 8 月	日鉄複式 38 年 10 月 45 年 8 月 (休止)	日鉄複式 39 年 8 月 54 年 8 月		
					(平均)	(平均)
3,500	4,000	4,000	4,000	4,000	3,910	3,822
380～420	380～420	380～420	380～420	380～420	400	400
13,000	13,200	13,200	13,200	13,200	13,160	13,112
12,400	12,400	12,400	12,400	12,400	12,400	12,199
					(44 年)	(44 年)
1	1	1	1	1	5	10
75	75	75	75	75	375	625
11.0	13.8	13.8	14.5	14.5	69.4	108.4
650	830	830	830	830	4,090	6,770
237,000	303,000	303,000	303,000	303,000	1,493,000	2,470,000
					(42 年)	(42 年)
500	770	770	770	770	4,280	5,980
159,000	244,500	244,500	244,500	244,500	1,359,000	1,899,000
43 年 9 月解体						

12 月末)，日本製鐵(株)『生産設備能力及實績表』(昭和 17・18・19 年各 3 月末)，資料整備委員會
幡製鐵株式会社八幡製鉄所製銑部『製銑部概史』1965 年，燃料協会『日本のコークス炉変遷史』1962 年.

四二年（暦年）で約二七％を占めていた。

さらに、コークス工場の配置については、次のように述べられている。

「古いコークス工場［東田］は部分的に解体されたが、残った六炉団は稼働中で、隣接した溶鉱炉のコークスを供給している。洞岡の新しい工場の六つの設備のうちの五つは完成し、稼働し始めている」。

前述した偵察写真による新たな情報によって前回の記述を訂正し、東田・洞岡両工場の内容を比較的正確に記述している。東田工場については、旧九号コークス炉がすでに廃止されたことをつかんでいるが、稼動中の三コークス炉の炉団数は正確には五である（第一・第三コークス炉は各二炉団、第二コークス炉は一炉団であった。表5‐2参照）。洞岡工場については、四一年八月の第一コークス炉（第二次）の再稼動、四三年四月の第

表5－2　戦時期八幡製鉄所のコークス炉

炉　号	東田 No.1 (旧10号)	東田 No.2 (旧7号2次)	東田 No.3 (旧8号2次)	東田合計	洞岡 No.1 (2次)
形式	日鉄単式	黒田複式	黒田単式		日鉄複式
稼動年月	43年6･7月	35年8月	33年11･12月		41年8月
廃止年月	63年11月	45年8月	46年2月		45年8月 (休止)
炭化室寸法				(平均)	
高さ (mm)	4,000	4,000	3,500	3,833	3,550
幅 (mm)	380～420	380～420	380～420	400	380～420
長さ (mm)	13,200	12,996	12,996	13,064	13,200
有効長さ (mm)	12,400	11,796	11,796	11,997	12,400
				(44年)	
団数	2	1	2	5	1
合計炉 (窯) 数	70	90	90	250	75
石炭装入量(t/炉)	14.5	13.0	11.5	39.0	12.8
公称日産能力(t)	830	980	870	2,680	770
公称年産能力	303,000	357,000	317,000	977,000	281,000
				(42年)	
実際日産能力(t)		900	800	1,700	700
実際年産能力(t)		286,000	254,000	540,000	222,000
備考		単式運転			

出典：「鐵鋼統制曾々員ノ熔鑛爐・焼結・洗炭・骸炭・製鋼・壓延設備實際能力調査表」(昭和17年『八幡製鐵資料』(昭和9-21年度, 化工編), 日本鐵鋼協会『最近日本鐵鋼技術概観』1950年, 八

二コークス炉の休止（同年九月より解体開始）まで察知しておらず、第二コークス炉を誤って建設中と判断していたようであるが、合計五炉が稼動中であることを把握していた。

米軍は六月一八日につづいて八月四日にも偵察を行ったようで、その際の空撮写真[36]によれば、東田第一コークス炉の南北両炉団・第二・第三の各コークス炉にたいし合わせて四本の指示線が、洞岡では第二炉を除く五コークス炉に各一本合計五本の指示線が記入されている。今回の作戦では、XX爆撃機集団の兵力（合計四個 Bomb Group=群団）を二分し、東田・洞岡の両コークス工場の中心を照準点に定め、それぞれを二個群団づつ（前者を第四〇と第四四四群団、後者を第四六二と第四六八群団）が爆撃するように割り当てたのである。

この作戦のために、インド諸基地からは合計一〇一機が発進したが、このうちの九五機が期日までに成都の前線諸基地に到着し、すでに駐機していた三機を合わせて九八機が出撃可能であった。離陸は、各群団ごとに予定されていた現地時間一一時三九分［日本時間一〇時三九分］から一一時五六分［同一〇時五六分］までの間に開始された。ところが、二〇機を保有していた第四六二群団では、八機目が離陸に失敗して滑走路を塞ぎ、後続機の離陸が不可能となった。他の群団でも、故障のため七機が離陸できず、予定時刻に実際に離陸できたのは合計七五機であった。しかし、このうちの三機が故障のため基地へ引き返したため、有効な出撃は七二機となった。この後、XX爆撃機集団では、第四六二群団で離陸できなかった機と他の群団で利用できる機を発進させて、夜間爆撃を実施することを決定し、一三機が離陸した。うち一機が基地へ帰還し、有効な出撃は一二機となった。

爆弾については、前回の六月一五―一六日同様、コークス炉破壊のために五〇〇ポンドAN-M64高性能爆弾が選択されたが、飛行高度を高くしたことによる燃料消費を考慮すると、一機あたりの搭載量が前回八発の半分程度になることが懸念されていた。しかし、各機最低四発の搭載を基準とし、燃料消費効率の良いクルーは、自己の判断で増量することとした結果、六ないし八発を選択したケースもあり、離陸機は平均して五〇〇ポンド爆弾六・三発を搭載した。

白昼作戦として計画された航法は、四機（ダイヤモンド型）ないし三機単位の編隊飛行で、日本軍占領地上空を三〇〇〇～四〇〇〇メートルの高度で航行することとし、済州島付近以東は七〇〇〇メートル以上の高度をとった。航路は、済州島付近までは前回と同じで、東田コークス工場を担当した二個群団は前回同様沖ノ島を攻撃始点とし、洞岡コークス工場を担当した二個群団はやや南よりのコースをとって、福岡市北方の相ノ島を攻撃始点として八幡上空に向かった。TMRの航路図(37)から判断すると、前者は前回同様投弾後右旋回、後者は左旋回して、往路よりやや北よりの黄海上を帰航したものと推定される。往復の飛行時間は、各群団ごとに平均一三時間一九～四七分であった。

白昼爆撃では、合計六三機が第一目標の八幡製鐵所の上空に到達し、日本時間八月二〇日一七時〇三分から一七時五一分まで爆撃を行った。うち六一機が三八四発の五〇〇ポンド一般目的弾を、七〇〇〇〜七九〇〇メートルの高度から投下したが、二機を除いて目視による投下であった。このうち、一九九発が東田コークス工場を照準点に指示された第四〇・四四四群団によって投下され、一八五発は洞岡コークス工場を照準点に指示された第四六二・四六八群団によって投下された。さらに、夜間爆撃は、約六時間後の翌二一日深夜零時二二分に開始され、一時三六分に終了した。これに参加したグループは、東田コークス工場を照準点に指示されていたが、計一〇機が推定高度四三〇〇〜六七〇〇メートルから六二発の爆弾を投下し、うち七機がレーダーによる投下であった。この他、一機が第二目標の老窯を、一機が最終目標の開封を爆撃し、三機が中国大陸と海上を含む臨機目標を爆撃した。いずれの目標も爆撃できずに爆弾を投棄したものが五機あった。

この作戦が八幡製鐵所に与えた損害について、TMR作成時点では、昼間爆撃中の写真撮影しかデータがなく、「暫定的損害報告」として、東田と洞岡のコークス炉に命中弾ないし至近弾があったことが推定されている。この後も写真偵察を行った可能性があるが、被害の詳細な実態は、戦後の戦略爆撃調査団による調査まで把握できなかったと思われる。

この作戦におけるB29と搭乗員の損失は、ある程度予想されていたことではあるが[38]、大きなものとなった。にもかかわらず、TMRは次のように述べている。

「全体として、敵の攻撃で四機を失い、作戦行動によって八機を失ったにもかかわらず、この作戦任務は成功と考えられる。……またこの作戦は、日本本土上空を白昼に編隊飛行しても、敵の攻撃によって過大な損失を受けずに済むことが判った点でも、有意義であった」。

上記のように、八幡上空の白昼爆撃の際四機が撃墜され[39]、往復の途中の事故で五機の墜落が確認され、三機が行方不明となった。死亡が確認された搭乗員は二二名、行方不明者は七三名にのぼった。この合計九五名は、総出撃人員の八％を超えている。この他にもインド基地から前進基地への移動中に失われた二機を含めると、損失機数は合計一四に達する。この数字は、「マッターホーン計画」全作戦中ずば抜けて最多であっただけでなく、出撃機数にたいする損失比率では、第二次大戦におけるＢ29の三八〇回に及ぶ全作戦中で最悪の記録であったとされている。(40)

第二節　八幡製鐵所の空襲被害

1　空襲による被害と復旧

一九四四年六月一六日と八月二〇日の二回の空襲が八幡製鐵所に与えた被害については、日本側の資料によって現場の状況を再現する必要がある。戦後刊行された旧日本製鐵の社史や八幡製鐵所の所史、各工場の沿革史などには、四五年八月を含めた合計三回の空襲の模様がそれなり記述されている。しかし、米軍資料を参照していないため、爆撃の目標や来襲した機種、投下された爆弾などについて、不正確な部分があるのはやむを得ないとしても、肝心の被害状況についても概略の記述しかなく、その典拠資料も十分に明示されていなかった。(41)本稿では、実質的な被害があった八月二〇日の空襲について、その直後に作成された西部軍司令部の報告書（以下「西部軍報告書」とする）と、終戦直後の米国戦略爆撃調査団（The United States Strategic Bombing Survey）の調査資料（以下「ＵＳＳＢＳ資料」とする）により、その被害の実態を検証するが、はじめに両資料の概略を簡単に説明しておく。

「西部軍報告書」(42)は、八月二〇―二一日の爆撃から約一週間後の八月二八日頃に、西部軍司令部(43)によって作成された。北九州工業地帯の防空に直接的な責任と権限をもつ機関による調査であることから、八幡製鐵所内の事情はもちろんのこと、軍をはじめとする関係官庁などの情報を集約して作成されている。内容としては、空襲当時の防空活動の実況が描写され、作業所・施設別の被害状況が克明に記録されているだけでなく、最新の復旧状況も記載されている。さらに、「戦訓」として今後の対策が検討され、種々の提言がなされている。

本稿で利用する「USSBS資料」[44]は、米国戦略爆撃調査団[45]の基礎素材部門（Basic Materials Division）によって収集された鉄鋼業関係の調査資料群と、これにもとづいて作成された最終報告書である。この基礎素材部門は、石炭・金属などを含む資源部門の調査を担当したが、鉄鋼業関係では鐵鋼統制会や日本製鐵㈱などの企業、八幡・釜石・輪西・鞍山などの製鐵所から大量の資料を接収し、また現地調査を実施した。この調査で収集された資料中には、日本製鐵㈱本社および八幡製鐵所から提供されたとみられる戦時生産を中心とする各種統計データ、三回の爆撃による被害調査（地図を含む）など重要な諸記録が含まれている[46]。

まず「西部軍報告書」によって、西部軍司令部が把握していた八月二〇日の空襲の概要と防空活動について見ておきたい[47]。西部軍司令部では、この日一四時頃から支那派遣軍および西部軍航空情報隊から米軍機の来襲情報を得ており、一六時一〇分警戒警報、一六時三二分空襲警報を発令した。米軍機の八幡上空侵入時刻は一七時〇五分、脱去時刻は一八時一五分であった。第二次の夜間空襲では、警戒警報二三時一五分、空襲警報二三時三五分、米軍機の侵入零時一七分、脱去一時二五分であった。この間に合計約八〇機（機種の記載なし）が、五〇〇〇～七〇〇〇メートルの高度から五〇〇ポンド爆弾を二三〇～二五〇発投下したという[48]。昼間空襲では八幡製鐵所の洞岡地区に被弾が集中したが、夜間空襲では、米軍が目標としたコークス工場をはじめ製鐵所への被弾はまったくなく、小倉市南西部の山田弾薬庫[49]が被弾した。この日製鐵所では、警報を受けて所定の防空対策を整えていたが、爆撃開始直後に電話が不通となり「爾後空襲間ニ於ケル防空指揮ハ殆ド行ハレアラス」、「空襲終了後二―三時間経過スルモ尚情報ノ収集的確ナラズ」という状況に陥った。昼間空襲終了後の二〇時三〇分に臨時幹部会が開催され、応急復旧方針が指示されて、これに着手しようとした矢先に再度夜間空襲の警報が発令された。翌二一日朝八時に再度召集された幹部会では、電話・電灯・蒸気・電力・ガス・水道を優先的に復旧させ、二五日までに全面的に操業を再開する方針を決定したという。

さて、製鐵所内の被害状況について、現存する「西部軍報告書」には、構内の被弾箇所を示したはずの付図が欠けているので、正確な被弾分布状況を復元することができないが、作業所（部課掛）別に被弾数・死傷者数・設備の損傷が記載されている（表5－3）。課掛別の被弾数で多いのは、第二製銑課（洞岡）が三九発、第二コークス課（洞岡）が三五発（うち骸炭掛二三発、洗炭掛一二発）、化成課洞岡化成掛が三四発と、洞岡地区に集中している。これにたいし、東田コークス工場を管轄する第一コークス課には五発、同コークス工場と同じ場所で操業する化成課東田化成掛には六発と、洞岡よりもかなり少なくなっている。他に、圧延関係で合計二二発、製鋼関係で合計一一発、各発電所で計九発などの被弾があった。設備の被害についてみると、まず米軍が照準点に指定したコークス炉のうち、洞岡第四コークス炉（計七五窯）と東田第二コークス炉（計九〇窯）が直撃弾を受け、双方とも九窯が崩壊した。[50] 洞岡コークス工場では、コークガイド・コークワーフ・三連漕タンクなどの付属設備がかなり破壊され、北側に位置する洗炭工場でもコンベアーなどに損壊があった。また、南側に隣接する洞岡高炉工場では、第三・四溶鉱炉のコークビン・集塵装置などが損壊した。[51] さらに西側に隣接する洞岡化成工場では、硫酸工場を中心に設備に大きな被害を受けた。このほか、動力（発送電）・運輸（鉄道・船舶）などインフラ部門の被害も大きく、発電所で汽缶二基が損壊、送電線は一八カ所、構内鉄道線路は七一カ所、水道管は三六カ所、電話線は各所で切断され、機帆船・艀計二三隻が沈没した。

次に、「USSBS資料」中には、合計三回の爆撃被害について記載した'Bomb Damage'という表題のタイプ打ちの文書が存在する。[52] その一九四四年八月二〇日の部分には、「西部軍報告書」では確定していなかった製鐵所構内の被弾総数として「五〇〇ポンド爆弾二二六発落下」との記載があるが、「作業所別の被害の詳細」の内容は、一部数字の不一致があるものの、先の「西部軍報告書」中の被害記録を逐一翻訳したものであることが判る[53]（表5－3）。

この文書を参照して作成されたとみられる戦略爆撃調査団の最終報告書は、六月一六日を含む空襲被害の大要について、次のように要約している。

「六月の夜間攻撃では、工場内に五〇〇ポンド爆弾が五発だけ投下された。生産には実質的な影響はなく、唯一の損害はボイラー工場への軽い程度のものだけであった。八月の白昼空襲の結果は、いっそう満足できるものであった。五〇〇ポンド爆撃が工場敷地内に二〇〇発以上投下されたことが、日本側によって確認されている。二つのコークス炉地区の両方とも、一方［洞岡］には二二発、他方［東田］には五発の爆弾が命中した。稼動中の全部で八組のコークス炉のうちの二組が直撃弾を受けた。また、付属設備にも損害があった。製銑設備には三九発が命中したが、溶鉱炉には直接的な損害はなかった。製鋼設備には一一発、副産物［化成］工場には四二発、発電所に九発が命中した。他の爆弾によって、港にあった二三隻の船が沈められ、構内鉄道線路は一〇一カ所、送電線は一八カ所、水道管は三六カ所が切断された[54]。」

この報告書は人的被害についてはまったく無関心であるが、記載された被弾数についてみると、「西部軍報告書」記載の数字と完全に符合し、また設備被害についても、転記ミスと推定される鉄道を除いて、一致していることが判る。

人的被害について、まず八月二八日頃の集計と推定される「西部軍報告書」では、死者四八名・重傷（入院）六二名・軽傷六七名と記されている。次に製鐵所総務課が作成した「殉職者名簿[55]」には合計五〇名の氏名が記載されている。これによる死者数を職場別に集計すると（表5－4）、化成課が二〇名で最多（うち一五名が洞岡タール工場所属[56]）で、第二コークス課（洞岡骸炭掛）の六名がこれに次ぐ。ところが、四五年秋時点の調査である「USSBS

被害調査対照表

製鉄所 80 年史	その他
B29 約 100 機来襲 226 発被弾（うち洞岡 151 発） 死者 46，重傷 44 全工場 48 時間操業中止	死者 50（他下請職夫 2）
直接の被害なし（一時休風）	
被弾 45，死者 21 全高炉羽口損傷 3 号高炉捲上機破損 コットレル式第 3 集塵機破損 コットレル式第 4 集塵機破損	死者 1
軽傷 4 貯鉱場・工場南側壁破損	
第 2 コークス炉90窯中9窯損壊	死者 2 第 2 コークス炉第 31－39 窯破壊，8/27 復旧（第 21－49 窯休止）
被弾 35	死者 6
死者 9 コンベアー坑道3ヶ所損壊 事務所全焼	第 3 スクーラー横吸気室内中央被弾 第 3 洗炭場西側ガス管破壊引火 20 インチ蒸気本管破壊
第 4 コークス炉75窯中9窯損壊 タールタンク全焼	第 4 コークス炉 10/6 復旧（第 19－28 窯除去） 第 1 ガス排送場爆発
	死者 3
	死者 1

表5－3　1944年8月20日空襲の

作業所／資料		西部軍報告書	USSBS Records
全般		B29約80機来襲 500ポンド爆弾230－250発投下 死者48，重傷（入院）62，軽傷67	B29・67機が投弾* 500ポンド爆弾226発被弾 死者46，重傷44
製銑	第1製銑課（東田）		
製銑	第2製銑課（洞岡）	被弾39，死者1 1号高炉捲揚室粉骸ホッパー破損 3号高炉コークビン破損 4号高炉コークビン・コンベア・熱風炉・熱焼口・冷風管破損 第3コットレル第3冷却塔全壊 第4コットレル第2一次トリーター全壊 5号12t海岸起重機破損 マントロリー使用不能	被弾39，死者1，重傷4 1号高炉捲揚室粉骸ホッパー破損 3号高炉コークビン破損 4号高炉コークビン・コンベア・熱風炉・熱焼口・冷風管破損 第3コットレル第3冷却塔全壊 第4コットレル第2一次トリーター全壊 5号2t海岸起重機破損 マントロリー使用不可
製銑	第3製銑課（戸畑）	被弾2，損害僅少	
製銑	洞岡焼結		
製銑	第1コークス課（東田）	被弾5，死者2，重傷4 第2コークス炉9窯破損	
製銑	第2コークス課（洞岡）	被弾35，死者7，重傷3	被弾35，死者6，重傷8
製銑	洗炭掛	被弾12 コンベアヘッドブリー・モーター減速器・ガーダー一部破損 パワースクレーバー一部破壊	被弾32 コンベアヘッドブリー・モーター減速器・ガーダー一部破損 パワースクレーバー一部破壊
製銑	骸炭掛	被弾22 第4コークス炉20－28番窯崩壊 1―45番コークガイドホーム倒壊 250kw変圧器・ガス管直撃破壊 4号炉三連槽タールタンク直撃破壊 4号炉15番窯前押出機フォーム破壊 5号炉コークワーフ破壊 6号炉コークワーフ破壊 コンベヤー20m・25m・30m破壊	被弾22 第4コークス炉20－28番窯崩壊 1－45番コークガイドホーム倒壊 250kw変圧器・ガス管直撃破壊 4号炉三連槽タールタンク直撃破壊 4号炉15番窯前押出機フォーム破壊 5号炉コークワーフ破壊 6号炉コークワーフ破壊 コンベヤー20m・25m・30m破壊
製銑	修炉掛	死者3，重傷3 損害若干	
製鋼	第1製鋼課	被弾・被害なし	
製鋼	第2製鋼課	被弾3，死者1 造塊ガーター・2号90t起重機・5号鋼塊起重機損傷	

製鉄所80年史	その他
4日間作業中止	死者1
	死者1
線材工場死傷者5 線材工場原動機・倉庫被弾 線材工場34日間休止	線材工場死者3
剪断機・ロールガング一部破壊 20日間休止	
高級鋼板・熱延珪素鋼板工場建屋1/3破損 第2ブリキ工場加熱炉・焼鈍炉損壊	珪素鋼板工場死者1，ブリキ工場死者1 平鋼工場建家支柱・基礎被害により起重機の走行不能

作業所／資料		西部軍報告書	USSBS Records
製鋼（つづき）	第 3 製鋼課	被弾 2 起重機走行ガーター直撃破損 平炉ガス噴出口・冷却管前壁・冷却管 ガス噴出炉タンク熔損	
	第 4 製鋼課	被弾・被害なし	
	第 1 電炉課	被弾・被害なし	
	第 2 電炉課	被弾 6，死傷なし 損害若干	
	第 1 特鋼課	被害なし	
	第 2 特鋼課	被弾・被害なし	
圧延	第 1 圧延課	被弾 5，死者 3，重傷 4 大調革切断 3500・4000 馬力電動機一部破損	
	第 2 圧延課	被弾 2，死傷なし	
	第 2 厚板工場	被弾 1 ロールガングローラー 2 本全壊 送り歯車装置全壊 運転台電気設備全壊 上下およびロールガング用抵抗器全壊 仕上ロール押上水圧管・仕入水圧管・ 方向変換水圧器 3 個破壊 起重機・装入機一部破損	
	第 3 小形工場	被弾 1 ロータリーシャー破損 40 馬力電動機破損 冷却場ロールガングフレームローラー4 個， 1.5 馬力モーター 4 個破損 押出装置一部破壊 1 号灼熱炉装入機用電動機・抵抗器 4 個軽度破損	
	第 3 圧延課	被弾 1，死傷なし 建物に相当の損害	
	第 4 圧延課	被弾 1，死傷なし 損害若干	
	第 5 圧延課	被弾 11，死者 1，重傷 1 400kw 電動機・付属設備一部損傷 鋼板剪断機 3 台一部損傷 圧延折疊機一部損傷 圧延ロール 3 本・冷板ロール廃棄 冷板原動機・付属設備一部損傷 冷延 750kw・400kw 配電盤 2 個・付属設備一部損傷	被弾 11，死者 1，重傷 1 400kw 電動機・付属設備一部損傷 鋼板剪断機3台一部損傷 圧延折疊機一部損傷 圧延ロール 3 本・冷板ロール廃棄 冷板原動機・付属設備一部損傷 冷延 750kw・400kw 配電盤 2個・付属設備一部損傷 その他建物に相当の損害

製鉄所 80 年史	その他
ベンゾール工場死者 3	死者 20
第 1・2・3 硫酸工場鉛室・煮詰炉大中破 鉛室 1/2 廃止 硫安工場設備小破・製品倉庫大破 軽油工場約 1/3 損壊（死者2，負傷13） ナフタリン・アントラセン・石炭酸・カルバゾール・苛性ソーダ各製造設備過半損壊	第 1 硫酸工場 9/16 復旧 第 2 硫酸工場第 1・2 鉛室廃止 第 3 硫酸工場 '45・4/17 復旧 硫安倉庫ガス管炎上 軽油第 4 補集装置第1吸収搭炎上（10/4 復旧） 石炭酸精製場 2000t タンク炎上

作業所／資料		西部軍報告書	USSBS Records
化工	化成課	被弾42，死者18，重傷15	被弾42，死者20，重傷11
	洞岡化成掛	被弾34 第1硫酸工場鉛室大破 第2硫酸工場第1鉛室半壊 第2硫酸工場第2鉛室全壊 第2硫酸工場硫化室装置全壊 第3硫酸工場硫化室・装置全壊 硫安製造場ベルコン室蒸気機関破損 軽油製造場スタラッハー4個使用不能 タール工場タンク（100t在中）火災 200tタンク一基・40kw電動機1基・ポンプ1基修理不能 石炭酸工場15kw電動機1基・製品タンク6基・精製場動力伝導装置使用不能	被弾34 第1硫酸工場鉛室大破 第2硫酸工場第1鉛室半壊 第2硫酸工場第2鉛室全壊 第2硫酸工場硫化室装置全壊 第3硫酸工場硫化室・装置全壊 硫安製造場ベルコン室蒸気機関破損 軽油製造場スタラッハー4個使用不能 タール工場タンク（100t在中）火災 200tタンク一基・40kw電動機1基・ポンプ1基修理不能 石炭酸工場15kw電動機1基・製品タンク6基・精製場動力伝導装置使用不能 その他に相当の損害あり
	東田化成掛	被弾6 ピリヂン蒸留設備一式破壊 その他若干の損害	
	第1窯業課	被弾6，死傷なし 1号原料粉砕機オイルクーラー・パイプ・配電盤破損 2号原料粉砕機トラニオンベアリング・基礎・出口ヘットウォル・減速機ケーシング・オイルクーラー・配電盤破損 3号原料粉砕機カバー・オイルクーラー・減速機ケーシング（一部）・オイルスイッチ・収塵パイプ破損 移動式螺旋輸送機1台全壊・1台破損 直立バケツエレベーター1台破損 1号回転窯高圧ブロワーケーシング破損 2号回転窯設備・配電盤一式破損	被弾13，死傷なし 1号原料粉砕機オイルクーラー・パイプ・配電盤破損 2号原料粉砕機トラニオンベアリング・基礎・出口ヘットウォル・減速機ケーシング・オイルクーラー・配電盤破損 3号原料粉砕機カバー・オイルクーラー・減速機ケーシング（一部）・オイルスイッチ・収塵パイプ破損 移動式螺旋輸送機1台全壊・1台破損 直立バケツエレベーター1台破損 1号回転窯高圧ブロワーケーシング破損 2号回転窯設備・配電盤一式破損
	第2窯業課	被弾2，死傷なし 12m円窯1個崩壊 素地棚車8台破壊 ハイロメーター1個破壊	
工作	ロール課	被弾2，死者1	
	堂山鋳造工場	被弾1 5トン起重機ガーダー20m湾曲	
	堂山旋削工場	被弾1 起重機ガーダー一部湾曲 ロール10本弾痕	
	鉄工課	被弾9，死傷なし 建物に若干の損害	
	機工課	損害僅少	

製鉄所 80 年史	その他
西田発電所 1・9 号汽缶・給水管大破 2 号汽缶中破	
洞岡発電所 15MW 発電機中破	
60000m³ガスボルダー破壊	
	死者 2
	死者 1
前庭に被弾1，死者11	
建物全壊＃	建物倒壊
直撃弾により全壊	

Reports and other Records 1928－1947〔36a (18) (f)/MF230〕．＊は TMR （Mission No．7）．

社八幡製鐵所「鐵鋼史関係文書」 No．876）．

史』1972 年．

作業所／資料		西部軍報告書	USSBS Records
動力	動力課	被弾9，死者3，重傷1 1号・9号ボイラー大破	1号・9号ボイラー大破 その他建物と設備に相当の損害あり
	電気課	重傷1 電力ケーブル18ヶ所切断 電話ケーブル線・拡声器・サイレン線多数切断	
	戸畑電気課	被弾被害なし	
運輸	鉄道課	死傷なし 線路71ヶ所破壊 信号所6ヶ所破壊 その他建物・車両に若干の損害	
	第1陸運課	若干の損害	
	港運課	機帆船および艀23隻沈没 岸壁に相当の損害	
土木	土木課	被弾5，死傷なし	
	土木掛	主要道路20ヶ所破損	
	港湾掛	被弾4 岸壁・設備に相当の損害	
	建築課	被弾2，死傷なし 建物に若干の損害	
	水道課	死者1 水道管36ヶ所破壊	
その他	配給課	被弾2，死傷なし 旋盤2個大破 油槽潤滑油1700　流出	
	燃料課	ガス管7ヶ所破壊	
	指導課保安掛		
	技術研究所		
	本事務所		
	堂山診療所		
	枝光一寮		

出典：「西部軍報告書」＝西部軍司令部「八二〇空襲戰訓資料其二（八幡製鐵所關係）」1944年.
「USSBS Records」＝ 'Bomb Damage', The United States Strategic Bombing Survey (Pacific):
「製鉄所80年史」＝八幡製鐵所史編さん実行委員会『八幡製鐵所80年史』（資料編） 1980年.
「その他」＝八幡製鐵所人事課「昭和十九年八·二〇空襲表彰関係」1944年（八幡製鐵株式会
＝資料整備委員會『八幡製鐵資料』（昭和9－21年度，各編）1947年.
＝諏郷勇「化成工場設備能力及稼動状況表」『日鉄社史編集資料』No. 304，1956年.
＝燃料協会『日本のコークス炉変遷史』1962年.
＝新日本製鐵株式会社八幡製鐵所製銑部八幡コークス工場『東田コークス工場概
＝新日本製鐵株式会社八幡製鐵所製銑部『コークス生産1億屯の歩み』1976年.
注：＃は誤って6月16日の欄に記入されている.

表5-4　1944年8月20日空襲による死亡者の職場・職種別分布

部	課	掛	工員	工手	技師	書記	主事	計	備考
製銑部	〈直属〉	修炉掛	2	1				3	3
	第2製銑課	洞岡溶鉱炉掛	1					1	1
	第1コークス課	東田洗炭掛	2					2	2
	第2コークス課	洞岡骸炭掛	6					6	7
	小　計		11	1				12	13
製鋼部	第2製鋼課	工務掛	1					1	1
	第3製鋼課	平炉掛	1					1	
	小　計		2					2	1
特殊鋼部		試験掛			1			1	
第1鋼材部	第1圧延課	線材工場	3					3	3
第2鋼材部	第5圧延課	珪素鋼板掛		1				1	1
		第2鉱力掛	1					1	
	小　計		1	1				2	1
化工部	化成課	〈直属〉			2			2	
		洞岡ベンゾール掛		1	1			2	
		洞岡タール掛	14	1				15	
		工務掛	1					1	
	小　計		15	2	3			20	18
工作局	ロール課	堂山旋削掛	1					1	1
	鍛工課	前田修繕掛	1					1	
	小計		2					2	1
動力部	動力課	工務掛			1			1	
		工事掛	1					1	
		西田電力掛	1					1	
		技光電力掛	1					1	
	小　計		3		1			4	3
土木部	水道課	工事掛	1					1	1
総務部	指揮課	保安掛				1	1	2	
	技術研究所				1			1	
合　計			38	4	6	1	1	50	48

出典：八幡製鐵所総務課「八月二十日空襲ニ因ル殉職者調」（八幡製鐵所人事課「昭和十九年八·二〇空襲表彰関係」1944年).「備考」欄は西部軍司令部「八二〇空襲戰訓資料其二（八幡製鐵所關係)」1944年.

注：「備考」の「合計」には他部署を含む.

資料」中の Bomb Damage には、死者四六名・重傷四四名との記載があり、その後編纂された社史・所史では、すべてこの数字に統一されている。

八幡製鐵所の復旧活動には、軍隊をはじめ外部からの応援部隊が多数動員された[57]。まず、この地域の地上警備を担任していた下関要塞司令部は、八月二〇日の警報発令とともに第二一警備大隊（小倉市）を動員し、本部を八幡市（製鐵所大谷会館）に設置し、警備と被害調査、不発弾（高射砲弾を含む）処理などの復旧活動にあたらせた。また、二一日には在郷軍人からなる特設警備工兵隊四個大隊を召集し、このうち三個大隊（各隊約一〇〇〇人）が製鐵所構内の復旧作業に動員された。これに動員された人員は二一日九〇〇人、二二日以降連日三〇〇〇～三四〇〇人に達し、二八日まで継続された。この他、小倉造兵廠から工作隊、船舶工兵部隊（門司市）から軍医・衛生兵が動員された。軍以外からも、八幡警察署の斡旋を含めて合計一七グループが動員されたが、日本發送電・九州配電などの電力関係者の他、日本發送電関西支店・日本製鐵広畑製鐵所など関西方面からの応援もあった。

次に、主要設備の復旧状況について、「西部軍報告書」その他の資料により、その概要をみておきたい（表5－5）。八月二七日昼頃までの動向を把握していた「西部軍報告書」をみると、二二日夕刻まではすべての主要設備が停止状態であったことが判る。まず溶鉱炉については、ほとんど被害のなかった東田の全六基が二三日深夜までにすべて作業を再開した[58]。洞岡溶鉱炉（四基）では第一・二高炉が二六日までに作業を再開し、第三高炉は二七日一七時二五分に再開された（第四高炉の再開日時は不明）[59]。製鋼工場の平炉・電炉については、ガス不足による平炉の未稼動があるが、二七日までにほぼ復旧している。圧延工場については、二七日までに復旧したものは少なく、「西部軍報告書」で「二九日再開予定」とされている第三小形工場は、別の資料によれば二〇日間、同じく線材工場も三四日間にわたって休止したという[60]。化成工場では、東田化成工場が比較的早く二五日までに全面復旧したが、被害の大きかった洞岡化成工場では、復旧がかなり遅れている。とくに硫酸工場では、主要設備である鉛室三基のうち一基が廃止され、

表5-5　1944年8月20日空襲後の主要設備復旧状況
(「コークス炉」「洞岡化成」を除き8月27日現在)

	工場名	設備名	作業再開日時	備考
製銑関係	1.溶鉱炉	(1)　東田溶鉱炉		
		第1高炉	8月23日　10：05	
		第2高炉	8月23日　13：20	
		第3高炉	8月22日　18：25	
		第4高炉	8月22日　18：45	
		第5高炉	8月22日　23：05	
		第6高炉	8月23日　23：40	
		(2)　洞岡溶鉱炉		
		第1高炉	8月26日　13：00	
		第2高炉	8月26日　13：05	
		第3高炉	8月27日　17：25	
		第4高炉		8月31日再開予定
	2.コークス炉	(1)　東田コークス炉		
		第1コークス炉	8月23日　05：00	
		第2コークス炉	8月27日　11：30 点火	第40～90窯,第1～20窯は9月21日
		第3コークス炉	8月23日　18：00	
		(2)　洞岡コークス炉		8月30日窯出開始
		第1コークス炉	8月25日　09：45 点火	8月31日窯出開始
		第3コークス炉	8月28日　14：25 点火	10月5日窯出開始
		第4コークス炉	8月30日　18：00 点火	同日窯出開始
		第5コークス炉	8月26日　12：00 点火	8月28日窯出開始
		第6コークス炉	8月27日　10：00 点火	
製鋼関係	1.平炉	(1)　旧第1製鋼		
		第1号平炉	8月23日　23：25	
		第2号平炉		普通小修繕中
		第3号平炉	8月23日　23：35	
		第4号平炉	8月23日　23：45	
		第5号平炉	8月23日　23：55	
		第6号平炉	8月24日　00：00	
		第9号平炉	8月24日　00：10	
		第10号平炉	8月24日　00：11	
		第11号平炉	8月24日　00：12	
		第12号平炉	8月24日　00：13	
		(2)　新第1製鋼		
		第1～4号平炉		昇熱用ガス通入の見込たたず
		(3)　第2製鋼		
		第1～4号平炉	8月24日　18：20	
		第5号平炉		薪乾燥中
		第6～10号平炉	8月24日　18：20	
		(4)　第3製鋼		
		第1～7号平炉	8月24日　10：30	
		第1タルボット炉	8月24日　12：30	
		第2タルボット炉		普通修繕中
		(5)　第4製鋼		
		第1号平炉		普通修繕中
		第2号平炉	8月25日　12：30	
		第3号平炉	8月25日　08：30	
		第4号平炉	8月25日　19：30	
		第5号平炉	8月25日　13：30	
		第6号平炉	8月26日　07：30	
		第7号平炉	8月26日　01：35	
		第8号平炉	8月25日　19：50	
	2.電炉他	(1)　第1電炉		
		第1号電炉	8月24日　16：40	
		第2～6号電炉	8月27日　06：15, 07:25	
		第1・2号高周波炉		送電線を修理中

製鋼関係		(2) 第2電炉		
		第1号電炉	8月26日　22：45	
		第2号電炉	8月26日　22：50	
		第3号電炉	8月27日　06：30	
		第4号電炉	8月27日　10：15	
		第5号電炉	8月26日　05：30	
		第1号平炉		ガス不足のため休止中
		第2号平炉		普通修繕中
		第3号平炉		ガス不足のため休止中
		(3) 尾倉平炉		
		第1・2号平炉	8月24日　16：00	発生炉のみ
		(4) 混銑炉		
		第1混銑炉第1号炉		普通修繕中
		第1混銑炉第2号炉	8月25日　16：15	
		第2混銑炉第1号炉	8月24日　17：30	
		第3混銑炉第1号炉	8月25日　17：10	
		第3混銑炉第2号炉		普通修繕中
鋼材関係	1.分塊工場	第1・2分塊		8月29日再開予定
		第3～5分塊	8月26日　16：00	
		第6・7分塊		8月28日再開予定
	2.軌條工場外	軌條工場		8月29日再開予定
		第1～4大形工場		8月29日再開予定
		第1～3中形工場		8月29日再開予定
		第1～3小形工場	〔第3工場は9月9日？〕	8月29日再開予定
		線材工場	〔9月23日？〕	8月29日再開予定
		外輪工場	8月25日　08：00	26日 9：00 作業休止
		鍛鋼工場	8月25日　07：00	26日 9：00 作業休止
	3.厚板工場外	第1～3厚板工場		8月29日再開予定
		第1中板工場		8月29日再開予定
		第2中板工場	8月27日　07：00	
		平鋼工場		8月29日再開予定
化工関係	1.東田第1化成	(1) 硫安工場		
		第1工場	8月23日　07：00	
		第2工場	8月23日　07：00	
		第3工場	8月24日　05：00	
		(2) 軽油工場		
		第1工場	8月23日　18：00	
		第2工場	8月24日　10：00	
		第3工場	8月23日　23：00	
		(3) ベンゾール精製場	8月23日　14：00	
	2.東田第2化成	ピッチコークス西乾場	8月21日　11：00	
		石炭酸精製場	8月23日　10：00	
		タール蒸留場	8月25日　07：00	
	3.洞岡化成	(1) 硫酸工場		
		第1鉛室	9月16日	
		第2鉛室		廃止
		第3鉛室	1945年4月17日	
		(2) 硫安工場		
		第1・2工場	8月30日	
		第3・4工場	8月30日	
		第5・6工場	9月30日	
		(3) 軽油工場		
		第1補集装置	8月30日	
		第3補集装置	8月31日	
		第4補集装置	10月4日	
		第5補集装置	8月30日	
		第6補集装置	8月30日	

出典：西部軍司令部「八二〇空襲戰訓資料其二（八幡製鐵所關係）」1944年.
「コークス炉」は，資料整備委員會『八幡製鐵資料』（昭和9-21年度，化工編）1947年.
「洞岡溶鉱炉」は，資料整備委員會『八幡製鐵資料』（昭和9-21年度，製銑編）1947年.
「洞岡化成」は，諏郷勇「化成工場設備能力及稼動状況表」『日鉄社史編集資料』No.304，1956年.
〔　〕内は，八幡製鐵所史編さん実行委員会『八幡製鐵所80年史』（資料編）1980年.

もう一基の復旧は翌年四月まで遅延した。なお、この復旧用資材として鋼材四九〇〇トン、銑鉄一〇〇〇トンが使用されたが、そのための備蓄はなく、[61]当初は応急措置として「製鐵所手持品」「製品の一部」が使用された。[62]

さて、八月二〇日の空襲の照準点であったコークス炉については、炉体に被弾のなかった東田の二基、洞岡の四基は八月末までに作業を再開したが、直撃弾を受けた東田第二コークス炉と洞岡第四コークス炉は、ついに全面復旧ができなかった。これについては、戦後まもなく製鐵所内で作成された『八幡製鐵資料』や、その後刊行された工場史などの資料によって、その状況を再現してみよう。

東田コークス工場の被弾と復旧については、『八幡製鐵資料』中に比較的詳しい記述がある。[63]空襲当日は警報発令とほぼ同時に、三基のコークス炉とも装入窯出作業を中止したが、発生ガスの吸引は継続されていた。[64]一七時一〇分、第二コークス炉に直撃弾があり、ただちにガスを放散してガス吸引を停止した。一七時二〇分、停電のためガス排送機が停止したため、第一・三コークス炉もガス吸引を停止し、「半蒸込」にした。[65]第二コークス炉（黒田式複式炉・当時単式運転・南北方向に合計九〇窯＝炭化室）は中央部よりやや南寄り第三五窯付近が被弾、第三一〜三九窯が崩壊した。[66]コークスとガスの火災は翌二一日夕刻まで消火できず、二一日朝の段階では、復旧の「見込タタス」とされていた。[67]物理的被害のなかったコークス炉の復旧は早く、第一炉が二三日五時、第三炉が二三日一八時に作業を再開した。被弾した第二炉は、すでに稼動九年を経過して老朽化し「已に作業停止近付き改修を企図」していたが、比較的被害の少なかった被弾部以北を優先して復旧することにした。「蒸気手当」[68]後、コークガイドホーム・加熱ガス管の修理を行って、[69]二七日一一時三〇分、北半分第五〇〜九〇窯に加熱ガスを供給点火、窯出を再開した。被弾部以南（第一〜二〇窯）については、コークガイドホームなどの破壊がひどく、二六日になって蒸込を再開し、付帯設備の修理を行った。[70]その後九月一八日に至って加熱ガスを供給点火し、二一日窯出を再開したが、当時鉄鉱石を混入したフェロコークスの製造を行っていたため、炉壁への鉄クリンカの付着が多く、[71]作業は難航した。九月二四日から石炭の装入を再開し復旧した。結局、第二コークス炉では、中央部第二一～四九窯を休止したまま、南北に分割した形で計六一窯を復旧させたことになる。[72]

次に、洞岡コークス工場の被弾と復旧については、『八幡製鐵資料』[73]中には詳しい記録が残されていないが、関係者の証言記録[74]などを補足すると、大略次のようであった。八月二〇日当日、洞岡コークス工場では、一六時四〇分～一七時一〇分にかけて稼動中のコークス炉五基すべてのガス供給が停止されていたが、一七時二〇分停電のためガスを放散した。正確な時刻は不明であるが、第四コークス炉および隣接の三連漕タンク[75]が直撃弾を受けて炎上し、夜間も燃え続けた。第四コークス炉（黒田式複式炉・東西方向に合計七五窯＝炭化室）は炉体の中央部よりやや東寄りの第二〇―二八窯が崩壊し、東側半分のコークガイドが倒壊、変圧器・ガス管が破壊されるなど付属設備にもかなりの損害が出た。また、第五・六炉でもコークワーフ[76]が損壊した他、コンベアーも三機が破壊された。復旧活動は工兵部隊の支援も受けて行われ、第四炉以外は、二五日から三〇日にかけて蒸込を行ったうえで、二七日第五炉、二八日第六炉、三〇日第一炉、三一日第三炉の順に窯出を再開した。第四炉の復旧も、東田第二炉と同様、被弾崩壊部を含む中央部の計一八窯を休止して、東西の残存部分合計五七窯を稼動させる形で実施されたが[77]、これが完了し石炭の装入が再開されたのは一〇月六日のことであった。

戦略爆撃調査団の最終報告書は、復旧状況について、次のように要約している。

「被害を受けた設備の大部分は、一週間以内に完全に修復された。コークス炉といくつかの機械を除いた、残りの被害施設は一カ月以内に機能を回復した。石炭不足の結果として、余剰のコークス製造能力があったので、日本側は大きな損害を受けたコークス炉を修復しないと決めた。その代わり、損害を受けた炉の中心にあった、七つの破壊された窯を煉瓦で巧妙に囲い、両端を結びつけて損傷のない両側の窯を機能させることに成功した。[78]」

この記述は、窯数を別にすれば、被弾したコークス炉の復旧方法について、比較的正確に説明しているが、全面修復しなかった理由を余剰設備の存在に求めている。この点については、後に取り上げて検討することにする。

2　空襲が生産に与えた影響

八月二〇日の空襲が八幡製鐵所の生産に与えた影響について検討するが、まずこの時期の生産動向全般について見ておこう。鉄鋼産業における戦時統制の中枢に位置していた鐵鋼統制會企劃部計劃課は、一九四四年一〇月に「鐵鋼生産最近ノ推移ト當面ノ問題」と題する極秘文書を作成した[79]。日中戦争以降の鉄鋼生産の推移を回顧し、当時直面していた制約要因を分析し、その打開策を検討した総括的な報告書である。同文書は、「諸般ノ状勢ガ現状ノ如キ香シカラサル情態ノ儘推移スルトキハ鐵鋼ノ生産ハ減少ノ一途ヲ辿ル他ナカルベク」と厳しい認識を記している。具体的にみると、「昭和一九年度物資動員計画」による「鐵鋼生産計画」について、「本船輸送」原料の供給不足のため「遂行ハ不可能ナルコト明ラカナトナリ」と判断している[80]。その原因として鉄鉱石・石炭の入荷減少に加えて、八幡・鞍山製鐵所にたいする空襲の影響を指摘している。また、同年六～九月頃の国内主要製鉄所(日本製鐵八幡・輪西・釜石・広畑と日本鋼管川崎)の操業状況の概要が記載されているが、八幡製鐵所については空襲を含めてかなり具体的に記録されているので、ここに採録紹介しておきたい[81]。

製銑　従来ハ平均日産四、〇〇〇瓲以上ヲ確保シ居リタル處鐵鑛石ノ不足、強粘結炭ノ供給不圓滑等ノ原料事情ノ為六月頃ヨリ出銑状況ハ急激ニ悪化シ始メ七月上、中旬ハ尚平均日産三、五〇〇瓲程度ヲ維持シ居リタルモ下旬ニ到リ日發ノ事故、空襲警報等ノ為更ニ一割ノ低下ヲ來セリ、八月ニ入リテハ以前ヨリ不調ナリシ東田送風機依然トシテ囘復セズ、風壓不足ノ為平均日産三、〇〇〇瓲ニ低下セル儘、八月二十日ノ敵機空襲ニ遭遇シ一時ハ殆ド出銑ナキガ状態ニ立至リシモ、其ノ後鋭意復舊ニ努メ九月三日以降ハ既ニ、二、五〇〇瓲平均ニ上昇、前途尚向上スベク期待セラレタル處中旬ニ入リ石炭入荷激減、十七日西日本風水害ノ為受電不能ノ如キ事故アリテ所期ノ如ク回復セズ、日産二、五〇〇瓲程度ノ儘推移セリ

製鋼　従来ハ平均日産六、〇〇〇瓲前後ナリシモノガ出銑状況ノ悪化ニ従ツテ出鋼量モ之ニ伴ヒテ略平行的ニ低減セリ　七月ニハ平均日産四、〇〇〇瓲台、八月ニハ三、〇〇〇瓲台トナレリ、然ル處八月二十日空襲ヲ受ケ一週間休止ノ止ムナキニ至リタルモ九月上旬ニハ平均日産三、〇〇〇瓲ニ恢復セルモ従来ノ生産ニ比スレバ略半量ノ生産トナリタリ

壓延　鋼材ノ生産ハ鋼塊ノ生産ニ比例スルモノナルモ空襲ヲ受クル迄ハ平均日産三、二〇〇瓲程度ヲ維持セリ、併シ乍ラ現在最モ需要ノ熾烈ナル中形棒鋼、線材（特ニ特殊線材）薄板、珪素鋼板ニ付テハ之ガ増産ニ百方手ヲ盡セルモ其效顯レザルニ八月二十日ノ空襲ヲ受クルニ到リ、珪素鋼板、線材工場ニ於テハカナリノ被害アリ、加之日發火力発電所ノ不調ニヨル受電量制限、自家發電ノ低調並ニ瓦斯不足ノタメ九月上旬ニ到ル迄殆ド全壓延作業ガ停止ノ状態ニアリタリ、九月中旬ニ至リ電力事情ハ緩和サレタルモ石炭入荷減ニヨルコークス爐ガス不足増大シ壓延工場ハ殆ド連續休止ヲ續ケ下旬ニ入リテ始メテ立直リタリ

以上のように、八幡製鐵所にたいする空襲が行われた四四年六～八月当時、その生産はかつてない減退を迎えていたことが判る。その基本的な原因は鉄鉱石・原料炭という原材料の不足であり、日本国内の製鉄所が共通に直面していた最大の隘路であった。こうした戦時鉄鋼生産の転換期ともいう時に実行された八幡製鐵所にたいする空襲は、すでにそれ以前に進行していた「減産ニ拍車ヲカケタル」ものと認識されている。またこの時期には、発電所の事故と風水害などによる電力不足、高炉の風圧不足、ガス不足など複合的な要因が重なって、相互依存的な生産システム全体が機能不全に陥っていたと考えられる。したがって、これらの諸要因のうち空襲の影響だけを取り出して、それを量的に確定することは、かなり困難であるといえる。

にもかかわらず、戦略爆撃調査団は、空襲が生産に与えた影響を数量的に把握しようと試みた。その収集資料中には、'Coke Iron and Steel - planned and actual'（コークス・鉄・鋼の生産—計画と実績）と題する一九四一年一月〜四五年六月までの月別生産統計（表5 - 6）と'Production lost due to air raids and other causes'（空襲その他の原因による減産）と題する四一年一月〜四五年八月までのコークス・銑鉄・鋼塊・鋼材生産の四半期別統計（表5 - 7）が存在する。この統計は、日本製鐵（株）もしくは八幡製鐵所から提出された資料に基づいて作成されたものと思われるが、[82] 公式統計[83]にはない四半期ごとの生産計画量や、原因別の減産見積りの数字が得られる。

これによって、まず戦時期の生産動向の推移を概観しよう（表5 - 6）。主要四部門の生産高は、コークスが四二年一〇月、銑鉄が四三年三月、鋼塊（平炉鋼）が四二年一二月、鋼材（普通圧延鋼材）が四二年一二月と、いずれも一九四二年末期から翌四三年初期にピークを迎え、以後漸減傾向にあった。最初の空襲のあった四四年六月の前月の五月段階では、ピーク時の実績に較べて、コークス九二%、銑鉄八一%、平炉鋼塊八五%、普通圧延鋼材八二%程度にまで低下しており、四四年六月には、対前月比でそれほど大きな減産にはなっていない。空襲の翌月からの七—九月期では、生産計画量が対前期比で、コークス七五%、銑鉄七五%、鋼塊七七%、圧延鋼材で六八%と、各部門とも大幅に削減されていることが注目される。二回目の空襲を受けた八月の生産実績は、対前月比でコークス七〇%、銑鉄六四%、平炉鋼塊六八%、普通圧延鋼材六九%と大きく減少した。コークス・銑鉄・平炉鋼塊では、翌九月から次第に回復し、一二月には各ピーク時にたいしてコークス七九%、銑鉄六三%、平炉鋼塊六四%にまで達した後、四五年に入って再び減少する。普通圧延鋼材の第二のピークは四四年一〇月で、最初のピーク時にたいして五五%の生産実績であった。これにたいし、兵器素材として重視された電炉鋼塊と特殊鋼鋼材の生産高は、途中増減はあるものの、四四年末まで漸増傾向にあった。生産計画量をみると、上記四部門と対照的に、特殊鋼鋼材が四三年一〇—一二月期以降、電炉鋼塊が四四年四—六月期以降大きく引き上げられ、生産実績のピークはいずれも四四年一二月にまでずれ込んでいる。

次に、生産実績が生産計画量を下回った場合の減産の原因について検討してみよう（表5-7）。一九四一年段階では、コークス・銑鉄・圧延鋼材（普通鋼）で各四半期ごとにかなりの対計画比減産が記載されているが、コークス・銑鉄の場合、東田地区のコークス炉の設備更新[84]にともなう一時的なもので、年間全体をつうじると計画比より増産となっている。圧延鋼材の場合「原料と労働力の不足」と記入され、四一年全体でも減産であるが、これは翌四二年には解消されたものとみられる。四二年段階では四―六月期に、「空襲警報」による減産が計上され、これとは別に「灯火管制による夜間作業の困難」が記載されている。これは四月一八日のドゥリットル空襲時の警報とその後の措置の影響によるものであろう[85]。四三年に入ると、「石炭不足」によるコークスの減産が登場してくるが、計画比減産量を上回る増産があり、年間全体としては前年からやや引き下げられた計画を達成している。実際の空襲が始まった四四年については、その他の諸要因も複合して減産が連続する。具体的にみると、コークスでは「石炭不足」、銑鉄では「鉱石不足」、「コークスと鉱石の品質悪化」、平炉鋼塊で「銑鉄と電力の不足」、圧延鋼材で「鋼塊と電力の不足」が指摘され、原材料と電力という基礎素材・動力の不足が各部門間の連鎖的悪循環をもたらしていることがわかる。これら空襲以外の要因による減産は、四四年を通算して銑鉄で減産総量の約八〇％、鋼塊で約六〇％を占めたと見積られている。

空襲の被害についてみると、四四年六月一六日の空襲では設備に物理的被害がなかったにもかかわらず、四―六月期には、各部門で空襲被害による減産が計上されているが、これは溶鉱炉の休風など一時的な操業停止があったことによるものであろう。続く七―九月期は、八月二〇日の空襲があり、各部門で前期を上回る空襲被害と空襲警報による減産[86]が計上されており、その合計は銑鉄を除いて前期比で五～一〇倍に及んでいる。この広義の空襲を原因とした減産量は、この期に大幅に削減された生産計画量に対してコークスで一二％、銑鉄で四％、鋼塊で一二％、圧延鋼材

および実績

鋼塊			鋼材							
電炉			圧延鋼			鋳鍛鋼			特殊鋼	
能力	計画	実績	能力	計画	実績	能力	計画	実績	計画	実績
		6,400			150,600			3,700		1,400
		6,200			144,200			3,800		1,500
		6,900			152,400			3,000		1,300
	18,500	19,500		460,800	447,200		12,600	10,500	3,000	4,200
		8,600			148,900			3,600		1,100
		8,700			139,100			4,100		1,800
		8,000			132,800			4,000		1,700
	20,000	25,300		412,600	420,800		11,300	11,700	6,500	4,600
		8,400			123,800			3,900		1,500
		8,100			125,600			3,400		1,400
		7,700			143,000			3,200		400
	20,000	24,200		412,600	392,400		11,800	10,500	6,500	3,300
		8,300			131,700			3,200		800
		8,900			143,600			3,100		1,000
		8,800			152,500			3,300		1,300
	20,000	26,000		439,400	427,800		10,100	9,600	5,000	3,100
155,000	78,500	95,000	2,291,500	1,725,400	1,688,200	40,500	45,800	42,300	21,000	15,200
		9,500			161,400			3,200		1,300
		8,100			144,800			3,000		1,300
		9,800			168,100			2,800		1,200
	20,000	27,400		439,400	474,300		10,500	9,000	5,000	3,800
		9,700			144,800			2,800		1,300
		10,800			155,300			3,400		1,300
		10,700			163,700			3,000		1,000
	23,700	31,200		468,500	463,800		11,700	9,200	4,000	3,600
		10,000			129,800			2,700		900
		9,500			126,500			2,500		500
		9,900			149,000			2,900		600
	23,700	29,400		438,000	405,300		10,500	8,100	9,000	2,000
		10,800			149,900			3,000		700
		10,200			143,400			2,900		1,100
		12,700			168,700			4,200		1,500
	23,700	33,700		433,000	462,000		11,800	10,100	9,000	3,300
155,000	91,100	121,700	2,291,500	1,778,900	1,805,400	35,500	44,500	36,400	27,000	12,700
		13,000			161,300			3,200		1,600
		12,100			148,800			3,200		2,000
		14,300			154,300			4,300		2,600
	23,700	39,400		433,000	464,400		12,000	10,700	9,400	6,200

表5-6　コークス・鉄・鋼の生産—計画

年　月	コークス			銑　鉄			鋼　塊　平　炉		
	能　力	計　画	実　績	能　力	計　画	実　績	能　力	計　画	実　績
1941年1月			167,900			145,200			193,900
2月			153,700			140,500			180,500
3月			174,200			161,500			206,800
小　計		460,575	495,800		400,500	447,200		584,000	581,200
4月			171,400			154,400			204,800
5月			178,400			160,200			203,800
6月			170,000			148,800			191,600
小　計		514,970	519,800		447,800	463,400		555,000	600,200
7月			173,700			147,100			186,200
8月			176,700			151,200			195,900
9月			141,200			143,700			190,300
小　計		514,970	491,600		447,800	442,000		555,000	572,400
10月			162,300			134,400			188,400
11月			155,900			133,300			199,400
12月			161,200			134,800			200,000
小　計		495,075	479,400		430,500	402,500		555,000	587,800
合　計	2,231,000	#1,985,590	1,986,600	2,100,000	1,726,600	1,755,100	2,271,500	2,249,000	2,341,600
1942年1月			162,000			134,400			198,000
2月			159,100			134,900			186,300
3月			178,000			151,100			202,100
小　計		495,075	499,100		430,500	420,400		555,000	586,400
4月			168,600			143,000			192,800
5月			178,500			146,400			195,300
6月			170,100			142,900			183,800
小　計		526,815	517,200		458,100	432,300		525,000	571,900
7月			172,000			138,700			178,100
8月			165,600			134,800			161,700
9月			167,000			139,500			174,600
小　計		503,930	504,600		438,200	413,000		525,000	514,400
10月			179,300			151,700			190,300
11月			173,600			145,500			182,900
12月			175,200			154,700			205,100
小　計		511,750	528,100		445,000	451,900		525,000	578,300
合　計	2,231,000	2,037,570	2,049,000	2,100,000	1,771,800	1,717,600	2,271,500	2,130,000	2,251,000
1943年1月			178,300			155,500			201,800
2月			166,000			133,400			178,300
3月			178,800			159,800			203,800
小　計		531,250	523,100		425,000	448,700		525,000	583,900

鋼塊			鋼材							
電炉			圧延鋼			鋳鍛鋼			特殊鋼	
能力	計画	実績	能力	計画	実績	能力	計画	実績	計画	実績
		14,400			151,800			3,700		2,700
		13,200			150,500			4,100		2,700
		14,800			136,200			4,100		3,400
	26,200	42,400		386,000	438,500		13,900	11,900	10,000	8,800
		15,800			138,800			4,400		3,300
		15,600			132,200			4,500		3,400
		15,200			136,900			3,900		4,600
	26,200	46,600		355,100	407,900		14,100	12,800	10,000	11,300
		16,500			131,300			4,100		9,200
		16,300			133,900			3,900		12,500
		18,000			149,800			4,300		12,400
	26,200	50,800		412,300	415,000		13,000	12,300	35,600	34,100
164,900	102,300	179,200	2,387,300	1,586,400	1,725,800	70,500	53,000	47,700	65,000	60,400
		18,400			147,400			4,200		13,100
		16,600			146,400			4,100		11,600
		16,900			151,000			3,900		11,700
	26,200	51,900		437,200	444,800		12,800	12,200	35,600	36,400
		17,100			134,300			4,000		11,700
		17,100			138,800			3,900		16,100
		14,300			110,900			3,400		13,100
	65,800	48,500		423,700	384,000		12,400	11,300	51,000	40,900
		11,800			94,500			3,300		13,600
		10,600			65,200			2,500		10,100
		11,700			58,100			1,800		9,300
	63,500	34,100		288,300	217,800		11,800	7,600	60,800	33,000
		13,900			92,300			2,600		13,600
		16,300			91,500			3,100		16,700
		19,000			86,700			2,900		18,400
	55,000	49,200		259,900	270,500		11,200	8,600	48,200	48,700
164,900	210,500	183,700	2,387,900	1,409,100	1,317,100	70,500	48,200	39,700	201,600	159,000
		18,700			90,500			2,700		7,200
		14,900			66,300			1,700		14,500
		15,700			60,300			1,900		14,200
	56,000	49,300		225,500	217,100		9,000	6,300	51,300	35,900
		14,500			51,300			1,500		13,800
		12,800			38,700			1,500		10,600
		6,000			31,400			1,100		5,000
	45,000	33,300		145,900	121,400		5,900	4,100	31,400	29,400
	101,000	82,600		371,400	338,500		14,900	10,400	82,700	65,300

は省略．原表には実績の各四半期「小計」，45 年「上半期」はない．鋼塊には「特殊鋼」の生産高

年　月	コークス			銑　鉄			鋼　塊 平　炉		
	能　力	計　画	実　績	能　力	計　画	実　績	能　力	計　画	実　績
4月			160,900			138,300			178,500
5月			167,900			144,500			189,000
6月			166,200			131,900			176,100
小　計		475,000	495,000		380,000	414,700		525,000	543,600
7月			173,600			131,600			182,100
8月			171,000			134,500			175,500
9月			167,300			134,800			172,500
小　計		495,000	511,900		369,000	400,900		525,000	530,100
10月			171,200			150,500			182,800
11月			163,200			137,200			184,000
12月			175,800			138,100			194,000
小　計		531,250	510,200		425,000	425,800		525,000	560,800
合　計	2,304,000	2,032,500	2,040,200	2,100,000	1,599,000	1,690,100	2,331,500	2,100,000	#2,318,400
1944年1月			171,700			138,700			192,400
2月			161,600			128,700			177,400
3月			159,400			134,500			191,700
小　計		498,000	492,700		415,000	401,900		525,000	561,500
4月			156,400			126,400			174,200
5月			164,700			129,300			174,800
6月			153,200			116,300			148,100
小　計		505,200	474,300		421,000	372,000		555,800	497,100
7月			146,300			107,700			135,200
8月			103,100			68,900			91,700
9月			109,900			75,200			96,800
小　計		378,000	359,300		315,000	251,800		417,000	323,700
10月			131,500			96,400			128,300
11月			130,800			85,900			126,200
12月			142,200			100,300			132,100
小　計		342,000	404,500		285,000	282,600		365,900	386,600
合　計	2,304,000	1,723,200	1,730,800	2,100,000	1,436,000	1,308,300	2,391,500	1,863,700	1,768,900
1945年1月			133,100			85,300			121,400
2月			116,600			68,700			103,700
3月			109,700			56,200			87,000
小　計		344,000	359,400		215,000	210,200		306,000	312,100
4月			106,900			52,500			85,200
*5月			107,800			45,300			79,500
**6月						35,100			65,300
小　計		176,000	214,700		110,000	132,900		177,000	230,000
上半期		520,000	574,100		325,000	343,100		483,000	542,100

出典：U.S. Strategic Bombing Survey (Pacific) : Reports and other Records 1928－1947 [MF 230].
注：原表は英文．単位は明記されていないがメートルトン．原表の1934～40年度分（年度統計）を含む．#は計算により原表の数字を訂正した．*は原表では6月．**は原表では7月．

(単位トン)

H減産合計	I(F/H)%	J(H/C)	備　　考
1,800		1.00	労働力不足
10,900		1.00	原料と労働力の不足
23,370		1.00	7月，老朽化のため東田第4コークス炉休止
5,800		1.00	第9コークス炉の解体と第1コークス炉の建設による高炉への原料移送の困難
20,400		1.00	原料と労働力の不足
15,675		1.00	
28,000		1.00	第9コークス炉の解体と第1コークス炉の建設による高炉への原料移送の困難
11,600		1.00	原料と労働力の不足
39,045			
33,800			
1,800			
42,900		1.24	
10,100		1.00	第9コークス炉の解体と第1コークス炉の建設による高炉への原料移送の困難
9,615	21.32	1.00	灯火管制による夜間作業の困難
25,800	3.68	1.00	灯火管制
2,640	100.00		
4,700	34.04	1.00	灯火管制による夜間作業の困難
25,200		1.00	台風被害の影響
4,900		1.00	台風被害の影響
32,700		1.00	台風被害の影響
9,615	21.32		
61,100	1.55	1.13	
7,540	35.01		
37,400	4.28		
8,150		1.00	石炭不足

表５－７　空襲その他の原因による生産減損

年　月	品　目	A計画	B実績	C計画比増減	D空襲警報	E空襲被害	F(D＋E)	G他原因
41年1−3月	コークス	460,575	495,800	35,225				
	銑鉄	400,500	447,200	46,700				
	鋼塊	602,500	600,700	−1,800				1,800
	圧延鋼材	460,800	447,200	−10,900				10,900
41年4−6月	コークス	514,970	519,800	4,830				
	銑鉄	447,800	463,400	15,600				
	鋼塊	575,000	625,500	50,500				
	圧延鋼材	412,600	420,800	8,400				
41年7−9月	コークス	514,970	491,600	−23,370				23,370
	銑鉄	447,800	442,000	−5,800				5,800
	鋼塊	575,000	596,600	21,600				20,400
	圧延鋼材	412,600	392,400	−20,400				
41年10−12月	コークス	495,075	479,400	−15,675				15,675
	銑鉄	430,500	402,500	−28,000				28,000
	鋼塊	575,000	613,800	38,800				11,600
	圧延鋼材	439,400	427,800	−11,600				
41年合計	コークス	1,985,590	1,986,600	1,010				39,045
	銑鉄	1,726,600	1,755,100	28,500				33,800
	鋼塊	2,327,500	2,436,600	109,100				1,800
	圧延鋼材	1,725,400	1,688,200	−34,500				42,900
42年1−3月	コークス	495,075	499,100	4,025				
	銑鉄	430,500	420,400	−10,100				10,100
	鋼塊	575,000	613,800	38,800				
	圧延鋼材	439,400	474,300	34,900				
42年4−6月	コークス	526,815	517,200	−9,615	2,050		2,050	7,565
	銑鉄	458,100	432,300	−25,800	950		950	24,850
	鋼塊	548,700	603,100	54,400	2,640		2,640	
	圧延鋼材	468,500	463,800	−4,700	1,600		1,600	3,100
42年7−9月	コークス	503,930	504,600	670				
	銑鉄	438,200	413,000	−25,200				25,200
	鋼塊	548,700	543,800	−4,900				4,900
	圧延鋼材	438,000	405,300	−32,700				32,700
42年10−12月	コークス	511,750	528,100	16,350				
	銑鉄	445,000	451,900	6,900				
	鋼塊	548,700	612,000	63,300				
	圧延鋼材	433,000	462,000	29,000				
42年合計	コークス	2,037,570	2,049,000	11,430	2,050		2,050	7,565
	銑鉄	1,771,800	1,717,600	−54,200	950		950	60,150
	鋼塊	2,221,100	2,372,700	151,600	2,640		2,640	4,900
	圧延鋼材	1,778,900	1,805,400	26,500	1,600		1,600	35,800
43年1−3月	コークス	531,250	523,100	−8,150				8,150
	銑鉄	425,000	448,700	23,700				
	鋼塊	548,700	623,300	74,600				
	圧延鋼材	433,000	464,400	31,400				
43年4−6月	コークス	475,000	495,000	20,000				
	銑鉄	380,000	414,700	34,700				
	鋼塊	551,200	586,000	34,800				
	圧延鋼材	386,000	438,500	52,500				

H減産合計	I(F/H)%	J(H/C)	備　考
21,050		1.00	石炭不足
29,200			
5,300		1.00	石炭不足
13,100		1.00	蒸気圧力の低下
30,900	14.56	1.00	空襲被害・石炭不足
49,000	7.31	1.00	コークスと鉱石の品質悪化
76,000	13.61	1.00	銑鉄と電力の不足（電圧低下）
39,700	18.14	1.00	電力と鋼塊の不足
44,420	100.00	2.38	空襲と警報があったが，努力によりカバー
63,200	19.19	1.00	鉱石不足
122,700	47.24	1.00	銑鉄と電力の不足（電圧低下）
70,500	75.42	1.00	電力と鋼塊の不足
13,230	100.00		
10,390	100.00	4.33	
24,170	100.00		空襲警報による損失にもかかわらず計画よりも増産
17,510	100.00		空襲警報による損失にもかかわらず計画よりも増産
93,850	66.22		
135,690	19.24	1.06	
222,870	41.49	1.83	
127,710	60.98	1.39	
11,700	100.00		空襲警報を努力によりカバー
3,670	100.00	0.76	空襲警報による損失にもかかわらず計画よりも増産
22,500	100.00	37.50	
15,120	100.00	1.80	
36,840	100.00	1.19	空襲警報を努力によりカバー
26,790	100.00		頻繁な空襲警報にもかかわらず計画よりも増産
86,890	100.00		頻繁な空襲警報があったが，努力によりカバー
53,720	100.00	2.19	
62,962	100.00		空襲および警報による損失
46,155	100.00		
99,360	100.00		
66,120	100.00		空襲および警報による損失
111,502	100.00	7.19	
76,615	100.00		
208,750	100.00		
134,960	100.00	4.10	

は原表にはない．「計画比増減」および各年「合計」は原表の誤記を計算により訂正．

年　月	品　目	A計画	B実績	C計画比増減	D空襲警報	E空襲被害	F(D＋E)	G他原因
43年7−9月	コークス	495,000	511,900	16,900				
	銑鉄	369,000	400,900	31,900				
	鋼塊	551,200	576,700	25,500				
	圧延鋼材	355,100	407,900	52,800				
43年10−12月	コークス	531,250	510,200	−21,050				21,050
	銑鉄	425,000	425,800	800				
	鋼塊	551,200	611,600	60,400				
	圧延鋼材	412,300	415,000	2,700				
43年 合計	コークス	2,032,500	2,040,200	7,700			−21,050	29,200
	銑鉄	1,599,000	1,690,100	91,100			800	
	鋼塊	2,202,300	2,397,600	195,300			60,400	
	圧延鋼材	1,586,400	1,725,800	139,400			2,700	
44年1−3月	コークス	498,000	492,700	−5,300				5,300
	銑鉄	415,000	401,900	−13,100				13,100
	鋼塊	551,200	613,400	62,200				
	圧延鋼材	437,200	444,800	7,600				
44年4−6月	コークス	505,200	474,300	−30,900		4,500	4,500	26,400
	銑鉄	421,000	372,000	−49,000		3,580	3,580	45,420
	鋼塊	621,600	545,600	−76,000		10,340	10,340	65,660
	圧延鋼材	423,700	384,000	−39,700		7,200	7,200	32,500
44年7−9月	コークス	378,000	359,300	−18,700	10,280	34,140	44,420	
	銑鉄	315,000	251,800	−63,200	7,750	4,380	12,130	51,070
	鋼塊	480,500	357,800	−122,700	13,070	44,890	57,960	64,740
	圧延鋼材	288,300	217,800	−70,500	10,870	42,300	53,170	17,330
44年10−12月	コークス	342,000	404,500	62,500	13,230		13,230	
	銑鉄	285,000	282,600	−2,400	10,390		10,390	
	鋼塊	420,900	435,800	14,900	24,170		24,170	
	圧延鋼材	259,900	270,500	10,600	17,510		17,510	
44年 合計	コークス	1,723,200	1,730,800	7,600	23,510	38,640	62,150	31,700
	銑鉄	1,436,000	1,308,300	−127,700	18,140	7,960	26,100	109,590
	鋼塊	2,074,200	1,952,600	−121,600	37,240	55,230	92,470	130,400
	圧延鋼材	1,409,100	1,317,100	−92,000	28,380	49,500	77,880	49,830
45年1−3月	コークス	344,000	359,400	15,400	11,700		11,700	
	銑鉄	215,000	210,200	−4,800	3,670		3,670	
	鋼塊	362,000	361,400	−600	22,500		22,500	
	圧延鋼材	225,500	217,100	−8,400	15,120		15,120	
45年4−6月	コークス	176,000	214,700	38,700	36,840		36,840	
	銑鉄	110,000	132,900	22,900	26,790		26,790	
	鋼塊	222,000	263,300	41,300	86,890		86,890	
	圧延鋼材	145,900	121,400	−24,500	53,720		53,720	
45年7−8月	コークス				36,350	26,612	62,962	
	銑鉄				25,725	20,430	46,155	
	鋼塊				59,860	39,500	99,360	
	圧延鋼材				41,120	25,000	66,120	
45年 合計	コークス	520,000	574,100	54,100	84,890	26,612	111,502	
	銑鉄	325,000	343,100	18,100	56,185	20,430	76,615	
	鋼塊	584,000	624,700	40,700	169,250	39,500	208,750	
	圧延鋼材	371,400	338,500	−32,900	109,960	25,000	134,960	

出典：表5-6に同じ.
注：原表は英文. 単位は明記されていないがメートルトン.「計画」「実績」は別表による.「計画比増減」

で一八％と見積もられ、基礎素材の不足要因とあいまって、四半期毎の生産実績としては、各部門とも四一年以降の最低を記録した。この期コークスでは、空襲被害と空襲警報による減産が四万四四二〇トンあったと見積もられているが、生産計画量に対する実際の減産量は一万八七〇〇トンで、その差二万五七二〇トンは「努力によりカバー」されたことになっている。一〇—一二月期に入ると、前期よりも多い空襲警報による減産が記入され、鋼塊と圧延鋼材について「空襲警報による減産にもかかわらず計画よりも増産」と注記されているが、これはコークスについても同様であった。

問題は、この四四年一〇—一二月期以降四五年の終戦時まで、空襲警報もしくは空襲被害による減産しか計上されていないことである。たしかに四五年に入って、とくに四—六月期以降「頻繁な空襲警報」が記載され、それによる減産量も増加しているが、生産計画量が大幅に削減されたため、「空襲警報による減産にもかかわらず計画よりも増産」とか「空襲警報を努力によりカバー」といった注記がされている。この表の記録が正しいとすれば、四四年一〇—一二月期以降、空襲がなくても生産の減退は必至と認識され、それまでは特記されていた原材料不足などは織り込んだうえで、それにみあった低い生産計画が立案されるようになったと解釈できよう。これは事実上、計画的生産の崩壊と言ってもよい。

さて、これらの資料を分析・検討して作成された戦略爆撃調査団の最終報告書は、空襲が生産に与えた影響について、次のように記述している。

「八幡の生産は空襲が開始される以前に減少していた。輸入炭と鉄鉱石、購入銑鉄と鋼塊の不足および異常な渇水による電力不足などの直接的な影響によるものであった。八月の空襲は生産にたいして、実質的な影響を与えた。しかし、それは恒久的な損失というよりもある種の延期を生じさせた。その前の四半期に消費されなかった原料の使用によって、一〇、一一、一二月には、生産はほとんど全部門において割当量を超過し、それは先行する二ヶ月間の損失見積の合計よりも大きかった。これはもちろん、未稼働能力の存在があったからである。こうして、一二月の生産は回復の頂点を示したが、それ以後生産の全面的な減退が生じた。[87]」

ここでも、原料不足による未稼動能力（unused capacity）、つまり遊休設備余力の存在が強調されているのである。

3　原料問題とコークス生産

さて、すでにみたように、八幡製鐵所が空襲被害を受けた一九四四年八月という時期は、さまざまな要因が重なって、生産の全般的な減退が顕著になりつつあったが、その最大の要因が輸送の困難による原料不足にあったことは明らかである。しかし、USSBS報告書が言うように、はたしてこの段階で原料不足による未稼動遊休設備が現出していたのであろうか。

この点を検討するため、まず鉄鉱石の供給と主要設備の稼動状況について簡単に見ておきたい。船舶喪失による南方地域ついで中国大陸からの海上輸送鉱石の減少を補っていたのは、一般的に国産鉱石の増産、朝鮮産鉱石の増送、回収屑鉄の利用であった。しかし八幡製鐵所においては、すでに日本製鐵設立直後の一九三四年から開始されていた政府命令による義務貯鉱が果たした役割が大きかった。しかし、その残量は四一年四月二九〇万トンに達していたものが、四二年四月一二〇万トン、四三年四月六〇万トン、四四年三月には二〇万トンと急減した。[88]その結果、それまで国産鉱石をほとんど使用してこなかった八幡製鐵所にも、釜石鉱石が移送されるなど、その消費量が増加した。[89]四四年一一月中旬には、貯鉱量が一時二日分にまで減少したことがあったが、[90]鉱石不足のため溶鉱炉の休止が実施されたのは、四五年三月に大冶鉱石の輸送が途絶した後のことで、四月に洞岡第三高炉、五月に東田第三高炉がバンキング（長期休風）を余儀なくされた。[91]全国的には、四四年から遊休過剰設備の中国・満州・朝鮮への移設が計画され、四五年にかけて一部実施されるが、八幡製鐵所からは、小規模もしくは老朽の製鋼・圧延設備が対象となるにとどまった。[92] また、四四年九月には、軍需省によって、「鐵鋼生産緊急措置要項」が立案され、[93] 重点工場への生産集中、非能率工場の休廃止の方針が示されたが、一二月には満州製鐵㈱むけの移設対象設備として大谷重工業・中山製鋼・尼崎製鐵各社の遊休設備が追加されている。[94] 八幡製鐵所からの本格的な設備の移設実施は四五年四月以降で、いずれも製鋼・圧延設備であった。[95]

次に、爆撃目標とされた八幡製鐵所のコークス生産について、原料炭の供給と操業状況を検討してみよう。一九四一年一月から四五年五月までの原料炭の月別入荷動向をみると（表5－8）、月ごとの変動はあるものの、強粘結炭は四四年後半まで、弱粘結炭は四五年春まで量的には大きな減少は見られない。コークス生産に不可欠な強粘結炭の供給は、従来開灤炭・中興炭・井陘炭など華北からの供給に多くを依存してきたが、大型船の船腹不足により入荷が減少したため、国内でほとんど唯一強粘結炭を採掘していた長崎県の北松浦炭田からの供給が増加していた。[96] これは、産炭地に比較的近く鹿町炭坑（日鉄鑛業㈱経営）など子会社の採掘する炭坑を擁するという点で、他の製鉄所よりも有利な条件であったが、北松炭もその大部分が機帆船による海上輸送に頼っていたため、不安定な供給を余儀なくされていた。[97]

すでに、一九四三年一月には、「強粘結炭ハ昨年ヨリノ海上荒天ノ為北松炭ノ機帆船入港殆ド無ク北支炭モ亦入港僅少ノ為需給状態極メテ窮迫化シ當時中央ニ交渉他所向配船ヲ緊急八幡向ニ變更急場ヲ救ヒタル」という状況であり、[98] 同年二月三日には、日本製鐵本社からは「強粘結炭配合ヲ四〇％程度に引下ゲ従来年間四十万瓲程度使用シツツアリシ北松強粘結炭ヲ年間七十万瓲程度迄強行使用シ更ニ同炭ノ内約十五万瓲ヲ陸送ニ転換スルコト」が指示されている。[99] 供給が逼迫した四三年一月末、原料炭（強粘炭・弱粘炭合計）の在庫量は五万トンを割り、平均使用量（約一万トン）の五日分に満たないところにまで低下していたが、五月末に一七万トン（うち強粘炭約一〇万トン）を超え、七月末二一万トン（同約一一万トン）にまで回復した。[100]

　こうした八幡製鐵所むけの強粘結炭確保対策は、他の製鉄所にも少なからず影響を及ぼしたものと考えられる。輪西製鐵所では、すでに一九四三年六月に華北産強粘結炭の入荷が停止していたが、七月のいわゆる「藤原査察使」の指示によって、その使用が禁止され、以降北海道産弱粘結炭のみを原料として製造されたコークスによる高炉操業を余儀なくされた[101]。「藤原査察使」は、釜石製鐵所に対しても、華北産強粘結炭の使用停止を要請したが、釜石鉱石の物性上の理由などにより、その配合率引き下げで決着した。これにより釜石製鐵所の華北炭の使用比率は五〇％から二五％に低下させられた[102]。

　八幡製鐵所のその後の状況を見ると、一九四三年一一月には、「強粘結炭ノ本月一日使用高平均ハ……三七四三瓲ニシテ、……二一日、二二日は約二日分ノ在庫量トナリ弱粘結炭ハ七日迄ノ間皆無ニ近キ状態[103]」となった。さらに四四年一月の状況は、「北支炭標準使用量（一日）三二〇〇瓲」のところ、「一月十日在庫皆無トナルモ稼行行程中ノモノ及弱粘結炭（九州炭）ニ依ル應急的代替使用に依リ辛フジテ作業継續ノ状況」となり、軍需省では、「一月十二日以降十日間北支炭消費量（一日）ヲ二八〇〇瓲ニ規正《ママ》スルコト」「北松方面強粘結炭ヲ緊急増送ノコトトシ高島、鹿町へ二〇〇〇〇瓲ヲ目標トシ臨時配船ヲ行フコト」との対策を講じた[104]。しかし、強粘結炭の月間入荷量は、四四年七月頃から急速に減少し始めた（表5-8）。

　この時期の全国的状況を見ると、先に紹介した一九四四年一〇月の鐵鋼統制會企劃部計劃課の文書は、「石炭不足ハ益々激化シ、此ノ部面ヨリ鐵鋼生産ヲ制約サルル所極メテ大ナリ」、「鐵鋼生産計劃ハ先ヅ石炭ニ依リ著シキ減産ヲ豫想セラルル所トナリタリ」、「石炭事情は未ダ嘗テ見ザル最悪状態」と慨嘆しているが、とくに「原料炭ニアリテハ殆ドコークス爐ノ最低作業程度ニ迄消費計劃量ヲ低下シ」、「内地コークス爐ノ操業ハ極度ニ不安定ナリ」と指摘している[105]。このような状況のもとで、四四年八～九月頃には、阪神地区の中山製鋼と尼崎製鐵でコークス炉の操業が不可能となり休止に追い込まれるという事態となった[106]。また、一一月頃には、八幡製鐵所むけ満州産撫順炭の輸送減少の

表5－8　八幡製鉄所原料炭・コークスの需給状況　（単位：トン）

年　月	強粘結炭			粘結炭			塊コークス		
	入荷量	使用量	需給（%）	入荷量	使用量	需給（%）	生産量	使用量	需給（%）
1941年1月	105,409	123,108	116.79	168,489	159,879	94.89	168,857	173,145	102.54
2月	128,727	112,281	87.22	107,883	143,325	132.85	154,578	170,804	110.50
3月	158,311	126,565	79.95	184,179	186,000	100.99	174,249	190,993	109.61
小　計	392,447	361,954	92.23	460,551	489,204	106.22	497,684	534,942	107.49
4月	130,009	127,406	98.00	166,297	179,625	108.01	166,392	170,718	102.60
5月	153,772	126,791	82.45	260,048	266,781	102.59	173,405	182,181	105.06
6月	130,675	126,467	96.78	164,342	182,137	110.83	165,045	152,075	92.14
小　計	414,456	380,664	91.85	590,687	628,543	106.41	504,842	504,974	100.03
7月	124,013	135,039	108.89	168,979	185,197	109.60	168,706	164,160	97.31
8月	132,393	124,028	93.68	240,511	200,469	83.35	171,663	165,685	96.52
9月	88,860	127,951	143.99	188,057	182,015	96.79	163,557	157,957	96.58
小　計	345,266	387,018	112.09	597,547	567,681	95.00	503,926	487,802	96.80
10月	138,688	122,640	88.43	151,446	172,424	113.85	157,304	150,034	95.38
11月	92,234	102,472	111.10	162,931	178,464	109.53	150,894	139,983	92.77
12月	115,156	118,800	103.16	280,073	168,478	60.16	158,440	148,453	93.70
小　計	346,078	343,912	99.37	594,450	519,366	87.37	466,638	438,470	93.96
合　計	1,498,247	1,473,548	98.35	2,243,235	2,204,794	98.29	1,973,090	1,966,188	99.65
1942年1月	115,123	107,937	93.76	168,890	162,006	95.92	161,970	129,328	79.85
2月	129,164	116,580	90.26	176,509	165,459	93.74	159,100	132,895	83.53
3月	126,595	137,058	108.26	171,822	171,240	99.66	181,908	105,090	57.77
小　計	370,882	361,575	97.49	517,221	498,705	96.42	502,978	367,313	73.03
4月	89,660	125,931	140.45	160,079	177,030	110.59	168,560	175,223	103.95
5月	118,325	133,166	112.54	178,845	199,784	111.71	178,456	175,153	98.15
6月	139,224	116,497	83.68	167,334	178,915	106.92	170,087	172,837	101.62
小　計	347,209	375,594	108.18	506,258	555,729	109.77	517,103	523,213	101.18
7月	191,519	121,217	63.29	200,509	188,053	93.79	171,956	169,913	98.81
8月	87,576	118,197	134.97	190,543	188,058	98.70	165,546	164,354	99.28
9月	83,573	117,636	140.76	226,050	176,360	78.02	166,987	174,564	104.54
小　計	362,668	357,050	98.45	617,102	552,471	89.53	504,489	508,831	100.86
10月	144,398	137,058	94.92	172,526	202,570	117.41	179,260	175,771	98.05
11月	123,897	133,630	107.86	172,328	190,679	110.65	173,626	173,348	99.84
12月	82,404	123,050	149.33	189,440	192,078	101.39	175,248	182,299	104.02
小　計	350,699	393,738	112.27	534,294	585,327	109.55	528,134	531,418	100.62
合　計	1,431,458	1,487,957	103.95	2,174,875	2,192,232	100.80	2,052,704	1,930,775	94.06
1943年1月	157,544	132,457	84.08	198,056	209,415	105.74	178,269	188,549	105.77
2月	165,867	130,367	78.60	886,180	910,010	102.69			
3月	98,909	136,536	138.04	208,838	194,816	93.29	178,816	192,075	107.41
小　計	422,320	399,360	94.56	1,293,074	1,314,241	101.64	357,085	380,624	106.59
4月	133,200	119,605	89.79	188,417	168,881	89.63	160,856	166,230	103.34
5月	165,107	128,643	77.91	199,296	170,319	85.46	167,910	171,746	102.28
6月	121,879	123,326	101.19	171,275	178,617	104.29	166,166	163,896	98.63
小　計	420,186	371,574	88.43	558,988	517,817	92.63	494,932	501,872	101.40

7月	122,406	126,260	103.15	157,203	175,451	111.61	173,618	170,308	98.09
8月	120,969	119,271	98.60	165,106	176,490	106.89	171,000	168,671	98.64
9月	87,297	112,479	128.85	151,795	172,132	113.40	120,905	117,498	97.18
小　計	330,672	358,010	108.27	474,104	524,073	110.54	465,523	456,477	98.06
10月	108,579	115,138	106.04	171,140	178,238	104.15	171,217	172,001	100.46
11月	99,207	116,783	117.72	185,556	180,465	97.26	163,200	163,600	100.25
12月	117,127	119,180	101.75	230,211	194,726	84.59	175,790	176,335	100.31
小　計	324,913	351,101	108.06	586,907	553,429	94.30	510,207	511,936	100.34
合　計	1,498,091	1,480,045	98.80	2,913,073	2,909,560	99.88	1,827,747	1,850,909	101.27
1944年1月	108,421	105,551	97.35	221,596	175,140	79.04	178,269	155,886	87.44
2月	121,659	102,678	84.40	83,124	192,860	232.01	161,560	134,841	83.46
3月	126,744	115,716	91.30	188,246	188,267	100.01	178,816	159,910	89.43
小　計	356,824	323,945	90.79	492,966	556,267	112.84	518,645	450,637	86.89
4月	91,654	114,643	125.08	168,808	175,441	103.93	158,234	156,060	98.63
5月	98,071	95,593	97.47	173,508	196,843	113.45	164,737		
6月	112,145	107,479	95.84	178,234	170,922	95.90	153,243		
小　計	301,870	317,715	105.25	520,550	543,206	104.35	476,214		
7月	82,436	100,198	121.55	155,628	166,112	106.74	146,285		
8月	81,274	70,296	86.49	122,300	118,697	97.05	38,901		
9月	69,945	75,171	107.47	123,412	125,495	101.69	43,740		
小　計	233,655	245,665	105.14	401,340	410,304	102.23	228,926		
10月	91,533	79,941	87.34	132,799	155,639	117.20	129,341		
11月	84,399	81,533	96.60	160,171	148,458	92.69	129,779		
12月	61,570	63,914	103.81	175,112	171,693	98.05	144,280		
小　計	237,502	225,388	94.90	468,082	475,790	101.65	403,400		
合　計	1,129,851	1,112,713	98.48	1,882,938	1,985,567	105.45	1,627,185		
1945年1月	62,666	67,532	107.76	157,632	170,583	108.22	154,930	144,676	93.38
2月	60,518	56,106	92.71	151,110	150,718	99.74	124,890	113,505	90.88
3月	63,124	52,368	82.96	142,722	134,698	94.38	118,650	107,745	90.81
小　計	186,308	176,006	94.47	451,464	455,999	101.00	398,470	365,926	91.83
4月	59,045	49,930	84.56	120,888	120,548	99.72	106,865		
5月	45,377	48,201	106.22	156,132	248,622	159.24	95,460		
小　計	104,422	98,131	93.98	277,020	369,170	133.26	202,325		
合　計	290,730	274,137	94.29	728,484	825,169	113.27	600,795		

出典：資料整備委員會『八幡製鐵資料』（昭和9－21年度，熱管理編）1947年.
注：需給比率は「使用量／入荷量・生産量（%）」，空欄は不詳.

影響を受けて、阪神方面むけ筑豊炭が減少したため、阪神地区でガス発生炉用炭が逼迫した[107]。一二月には、関東地方でも、日本鋼管において強粘結炭・弱粘結炭とも二、三日分の貯炭となった[108]。同年一二月二七日の軍需省局長会議では、一二月中旬の「鐵鋼生産実績」（普通鋼鋼材）について、「釜石デ石炭切レシタ外殆ンド全部が減産トナッタ」のにたいし「八幡丈ハ豫定通リニ行ツテキル」と報告されている[109]。

先に見た「USSBS資料」中の減産見積り統計によれば（表5－6）、一九四四年一〇─一二月期、八幡製鐵所の生産は、全般的に計画を上回る実績をあげている。とくにコークスでは、空襲による設備能力の削減（コークス炉総窯数六二五のうち四七窯で、七・五％に相当）に加えて空襲警報による減産（一万三二三〇トンと見積り）があったにもかかわらず、生産計画量三四万二〇〇〇トンを大きく上回る四〇万四五〇〇トンの実績をあげている。その要因として、戦略爆撃調査団の報告書が指摘しているように、四四年八月二〇日の空襲による操業停止が原料の消費をある程度繰り延べたという側面があったことは確かであろう。しかし空襲以前の段階から、その地理的位置と優先的な原料配当によって、原料不足によって操業が停止し、未稼動遊休設備が現出する事態は回避されてきたのである。

戦略爆撃調査団の報告書は、先に引用したとおり、「石炭不足の結果として、余剰のコークス製造能力があったので、日本側は大きな損害を受けたコークス炉を修復しないと決めた[110]」と記している。確かに全面修復はしなかったものの、破壊された炭化室を除去・休止するという手間をかけて、改修のため作業停止を予定していた東田第二コークス炉計九〇窯中六一窯、また洞岡第四コークス炉計七五窯中の五七窯をどうにか回復させる措置をとった。関係者の一人は、全面的復旧工事を回避したのは、その期間中の稼動停止によるコークスとコークス炉ガスの生産減少を恐れたためである、と証言している[111]。しかも、その復旧工事の最中の九月一三日の軍需省局長会議においては、前述した「鐵鋼生産緊急措置要項」によって重点工場への生産集中、非能率工場の休廃止の方針が打ち出されていた。この時期、三度目の空襲を受ける危険性は認識されていたものの[112]、最重点工場である八幡製鐵所のコークス・製銑設備の重要性は、以前にも増して高まっていたのではないかと考えられる。

東田・洞岡各コークス工場の炉別の操業状況を見ておこう（表5－9・5－10）。一九四一年七月に、東田旧九号コークスの炉が廃止され、東田コークス工場が三炉から二炉体制に、また同年八月洞岡第一コークス炉（第二次）が操業を開始して、東田コークス工場二炉・洞岡コークス工場六炉の体制となった。そのため、塊コークス生産高では、洞岡が東田のほぼ倍に達していたが、四三年四月に、洞岡第二コークス炉が廃止され、六～七月東田新一号コークス炉が操業を開始した。これ以降、終戦まで東田三炉・洞岡五炉の体制となり、両工場間の生産比率はやや変化したが、この全期間をつうじて、常時八炉（四四年の空襲以前の公称年産能力二四七万トン・表5－2参照）が運転され続けていた。この表からは、各炉別の操業実態の詳細は見て取れないが、コークス歩留では、東田の各炉が洞岡をやや上回っていること、老朽化していた洞岡第二コークス炉の生産実績が能力に比べて低く、逆に新鋭の東田新一号コークス炉が高いことなどが判る。

次に、一九四四年八月二〇日の空襲で設備に被弾した東田第二コークス炉と洞岡第四コークス炉の生産実績を見ると（表5－11・5－12）、空襲を契機に大きく落ち込んでいることが判る。しかし、崩壊部を除去して稼動を再開後、四五年一月の生産実績は四四年七月に比べて東田第二で約六八％、洞岡第四で約七五％にまで回復し、これは各コークス炉の残存炭化室比率（東田第二約六八％、洞岡第四約七六％）にほぼ等しく、復旧した設備の能力を一杯にまで発揮していたことが窺える。生産効率を示す平均炭化時間については、すでに四四年に入って次第に増加する傾向にあったことが判る。空襲によって極端に悪化した後、同年末から翌四五年初にかけて回復をみせるが、その後生産量の減少とともに急速に悪化している。熱効率を示す装入炭当たり消費熱量では、東田第二炉で空襲後悪化し、洞岡第四炉では空襲後の高い数字がその後改善されている。

以上、きわめて粗雑な考察ではあるが、八幡製鐵所のコークス炉は、原料の入荷減少にもかかわらず、少なくとも四四年末までは、空襲で約九三％程度に低下した設備能力をフルに稼動させていたと思われる。その要因としては、生産効率の悪化のため生産単位あたり必要設備量が増加していたこと、発生炉用炭の不足のため製鋼・圧延各工場むけにコークス炉ガスが必要であったこと[113]、などが考えられる。コークス炉設備が絶対的に過剰になるのは、鉄鉱石の入荷が途絶し、また原料炭不足がいっそう深刻になった四五年に入ってからで[114]、この段階では高炉コークスの製造だけでは全面稼動が困難になり、「格外コークス」[115]も焼成して、炉体の保全を図るようになったのである。

では一九四四年末の時期まで、量的には減少しながらも安定したコークスの生産が続けられていたのであろうか。最後に、戦時期の原料炭およびコークスの品質について、簡単に見ておきたい（表5－13）。まず原料炭の灰分と熱量についてみると、四三年から四四年にかけて、強粘結粗炭で灰分の増加と熱量の低下が見られるのにたいし、粘結粗炭では逆の傾向が看取できるが、いずれも四五年には急激に悪化している。コークス炉への装入炭全体の灰分は、四三年下期からめだって増加し、その結果製造されたコークスの灰分も二〇％を超えるようになった。高炉の操業に大きな影響を及ぼすコークスの潰烈強度は、四四年上期まで八九という数値を維持していたが、同年下期以降急激に低下したのである。こうしたコークスの品位低下は、原料炭自体の品質の悪化とともに、先に見たような原料炭とく

（単位：トン）

計		
装入炭	塊コークス	歩　留
78,100	53,300	0.68
71,000	48,500	0.68
76,800	53,550	0.70
225,900	155,350	0.69
73,000	50,570	0.69
75,150	52,300	0.70
83,500	57,900	0.69
231,650	160,770	0.69
89,800	63,750	0.71
86,500	61,400	0.71
84,900	60,190	0.71
261,200	185,340	0.71
93,600	65,750	0.70
86,200	60,400	0.70
90,380	63,790	0.71
270,180	189,940	0.70
89,752	62,920	0.70
79,620	55,690	0.70
86,616	60,640	0.70
255,988	179,250	0.70
82,396	57,690	0.70
88,820	62,337	0.70
74,970	52,744	0.70
246,186	172,771	0.70
73,490	51,075	0.69
56,010	38,837	0.69
62,660	43,674	0.70
192,160	133,586	0.70
68,640	47,835	0.70
64,256	45,003	0.70
71,030	49,935	0.70
203,926	142,773	0.70
70,010	49,150	0.70
58,610	40,910	0.70
53,515	37,380	0.70
182,135	127,440	0.70
55,450	38,175	0.69
57,200	39,460	0.69
51,190	35,020	0.68
163,840	112,655	0.69
52,260	36,620	0.70
19,930	13,670	0.69
72,190	50,290	0.70

表5-9　東田コークス工場操業状況

年　月	第1コークス炉			第2コークス炉			第3コークス炉		
	装入炭	塊コークス	歩　留	装入炭	塊コークス	歩　留	装入炭	塊コークス	歩　留
1943年 1月				41,100	28,000	0.68	37,000	25,300	0.68
2月				37,200	25,400	0.68	33,800	23,100	0.68
3月				39,700	27,600	0.70	37,100	25,950	0.70
小　計				118,000	81,000	0.69	107,900	74,350	0.69
1943年4月				37,750	26,150	0.69	35,250	24,420	0.69
5月				38,000	26,600	0.70	37,150	25,700	0.69
6月	12,900	8,920	0.69	36,100	25,100	0.70	34,500	23,880	0.69
小　計	12,900	8,920	0.69	111,850	77,850	0.70	106,900	74,000	0.69
1943年7月	27,000	19,200	0.71	32,700	23,200	0.71	30,100	21,350	0.71
8月	28,000	19,900	0.71	30,250	21,470	0.71	28,250	20,030	0.71
9月	27,990	19,840	0.71	29,320	20,780	0.71	27,590	19,570	0.71
小　計	82,990	58,940	0.71	92,270	65,450	0.71	85,940	60,950	0.71
1943年10月	32,500	22,900	0.70	30,600	21,500	0.70	30,500	21,350	0.70
11月	30,190	21,150	0.70	28,240	19,790	0.70	27,770	19,460	0.70
12月	32,060	22,560	0.70	29,410	20,790	0.71	28,910	20,440	0.71
小　計	94,750	66,610	0.70	88,250	62,080	0.70	87,180	61,250	0.70
1944年 1月	32,137	22,530	0.70	29,980	21,020	0.70	27,635	19,370	0.70
2月	28,540	19,850	0.70	27,290	19,020	0.70	23,790	16,820	0.71
3月	31,043	21,700	0.70	28,400	19,850	0.70	27,172	19,090	0.70
小　計	91,720	64,080	0.70	85,670	59,890	0.70	78,597	55,280	0.70
1944年4月	30,250	21,170	0.70	26,480	18,550	0.70	25,666	17,970	0.70
5月	31,930	22,430	0.70	28,910	20,268	0.70	27,980	19,639	0.70
6月	27,810	19,530	0.70	24,730	17,443	0.71	22,430	15,770	0.70
小　計	89,990	63,130	0.70	80,120	56,261	0.70	76,076	53,379	0.70
1944年7月	28,040	19,488	0.70	23,920	16,624	0.69	21,530	14,963	0.69
8月	23,790	16,496	0.69	14,520	10,068	0.69	17,700	12,273	0.69
9月	28,060	19,558	0.70	11,820	8,238	0.70	22,780	15,878	0.70
1小　計	79,890	55,542	0.70	50,260	34,930	0.69	62,010	43,114	0.70
1944年10月	29,940	20,865	0.70	15,600	10,872	0.70	23,100	16,098	0.70
11月	27,860	19,532	0.70	14,665	10,248	0.70	21,731	15,223	0.70
12月	31,420	22,095	0.70	15,970	11,220	0.70	23,640	16,620	0.70
小　計	89,220	62,492	0.70	46,235	32,340	0.70	68,471	47,941	0.70
1945年1月	31,150	21,900	0.70	16,065	11,260	0.70	22,795	15,990	0.70
2月	25,670	17,960	0.70	12,730	8,850	0.70	20,210	14,100	0.70
3月	22,785	15,926	0.70	13,000	9,074	0.70	17,730	12,380	0.70
小　計	79,605	55,786	0.70	41,795	29,184	0.70	60,735	42,470	0.70
1945年4月	24,100	16,595	0.69	13,720	9,445	0.69	17,630	12,135	0.69
5月	25,140	17,460	0.69	13,930	9,600	0.69	18,130	12,400	0.68
6月	21,350	14,630	0.69	13,120	8,940	0.68	16,720	11,450	0.68
小　計	70,590	48,685	0.69	40,770	27,985	0.69	163,840	112,655	0.69
1945年7月	21,900	15,380	0.70	13,460	9,410	0.70	52,260	36,620	0.70
8月	9,600	6,590	0.69	2,950	2,020	0.68	19,930	13,670	0.69
小　計	31,500	21,970	0.70	16,410	11,430	0.70	72,190	50,290	0.70

出典：資料整備委員會『八幡製鐵資料』(昭和9—21年度，化工編第2巻東田コークス工場) 1947年.

操業状況　（単位：トン）

第4コークス炉			第5コークス炉			第6コークス炉			計		
装入炭	塊コークス	歩留	装入炭	塊コークス	歩留	装入炭	塊コークス	歩留	装入炭	塊コークス	歩留
32,400	21,878	0.68	34,251	23,102	0.67	34,751	23,438	0.67	184,395	124,969	0.68
29,870	20,103	0.67	31,556	21,238	0.67	31,704	21,337	0.67	173,461	117,524	0.68
31,806	21,405	0.67	33,871	22,795	0.67	34,055	22,919	0.67	185,079	125,266	0.68
94,076	63,386	0.67	99,678	67,135	0.67	100,510	67,694	0.67	542,935	367,759	0.68
30,163	20,405	0.68	32,081	21,764	0.68	32,104	21,676	0.68	162,990	110,256	0.68
34,101	22,805	0.67	36,435	24,393	0.67	36,017	24,113	0.67	172,759	115,610	0.67
31,876	21,375	0.67	33,872	22,690	0.67	33,920	22,734	0.67	161,576	108,265	0.67
96,140	64,585	0.67	102,388	68,847	0.67	102,041	68,523	0.67	497,325	334,131	0.67
31,659	21,611	0.68	33,865	23,116	0.68	34,079	23,259	0.68	160,965	109,868	0.68
31,717	21,569	0.68	34,016	23,136	0.68	34,092	23,181	0.68	161,168	109,600	0.68
31,052	20,946	0.67	33,269	22,445	0.67	33,748	22,766	0.67	158,750	107,086	0.67
94,428	64,126	0.68	101,150	68,697	0.68	101,919	69,206	0.68	480,883	326,554	0.68
30,920	20,815	0.67	32,790	22,073	0.67	33,210	22,357	0.67	156,670	105,467	0.67
30,490	20,620	0.68	31,540	21,331	0.68	31,628	21,391	0.68	152,000	102,800	0.68
33,440	22,550	0.67	33,920	22,880	0.67	34,550	23,270	0.67	166,100	112,000	0.67
94,850	63,985	0.67	98,250	66,284	0.67	99,388	67,018	0.67	474,770	320,267	0.67
32,470	21,960	0.68	33,270	22,500	0.68	33,330	22,530	0.68	160,900	108,800	0.68
31,280	21,520	0.69	31,500	21,670	0.69	32,020	22,030	0.69	153,900	105,870	0.69
29,190	19,870	0.68	29,660	20,200	0.68	30,050	20,460	0.68	145,100	98,800	0.68
92,940	63,350	0.68	94,430	64,370	0.68	95,400	65,020	0.68	459,900	313,470	0.68
29,140	19,844	0.68	29,754	20,259	0.68	30,026	20,456	0.68	144,840	97,680	0.67
31,253	21,046	0.67	32,328	21,763	0.67	32,399	21,817	0.67	152,100	102,406	0.67
29,138	19,990	0.69	30,644	21,022	0.69	30,881	21,184	0.69	146,500	100,500	0.69
89,531	60,880	0.68	92,726	63,044	0.68	93,306	63,457	0.68	443,440	300,586	0.68
27,665	18,820	0.68	29,230	19,875	0.68	29,277	19,908	0.68	140,000	95,210	0.68
16,602	11,289	0.68	21,692	14,879	0.69	20,930	14,363	0.69	93,900	64,300	0.68
			24,830	16,915	0.68	24,910	16,939	0.68	97,400	66,265	0.68
44,267	30,109	0.68	75,752	51,669	0.68	75,117	51,210	0.68	331,300	225,775	0.68
12,883	8,823	0.68	27,233	18,524	0.68	27,188	18,579	0.68	119,155	81,506	0.68
16,316	11,207	0.69	27,067	18,603	0.69	27,181	18,663	0.69	123,470	84,776	0.69
19,766	13,383	0.68	27,946	19,666	0.70	28,867	19,952	0.69	133,450	92,300	0.69
48,965	33,413	0.68	82,246	56,793	0.69	83,236	57,194	0.69	376,075	258,582	0.69
19,838	14,205	0.72	24,280	17,263	0.71	24,481	17,399	0.71	117,999	83,980	0.71
18,703	13,167	0.70	24,452	16,437	0.67	23,631	16,158	0.68	110,400	75,670	0.69
18,765	12,691	0.68	22,838	15,465	0.68	22,737	15,424	0.68	106,800	72,330	0.68
57,306	40,063	0.70	71,570	49,165	0.69	70,849	48,981	0.69	335,199	231,980	0.69
19,368	13,171	0.68	21,358	14,412	0.67	20,995	14,230	0.68	101,100	68,690	0.68
17,756	12,077	0.68	21,995	14,957	0.68	22,103	15,030	0.68	100,480	68,330	0.68
13,981	9,500	0.68	16,566	11,259	0.68	16,687	11,340	0.68	84,306	57,292	0.68
51,105	34,748	0.68	59,919	40,628	0.68	59,785	40,600	0.68	285,886	194,312	0.68
13,231	9,172	0.69	31,826	22,098	0.69	31,476	21,910	0.70	112,851	78,504	0.70
3,025	2,034	0.67	3,308	1,994	0.60	6,267	4,762	0.76	20,875	14,042	0.67
16,256	11,206	0.69	35,134	24,092	0.69	37,743	26,672	0.71	133,726	92,546	0.69

注：45年4～6月の第3・4炉は「2号コークス」を含む.

表5-10　洞岡コークス工場

年　月	第1コークス炉			第2コークス炉			第3コークス炉		
	装入炭	塊コークス	歩留	装入炭	塊コークス	歩留	装入炭	塊コークス	歩留
1943年1月	29,416	19,797	0.67	20,778	14,647	0.70	32,799	22,107	0.67
2月	28,890	19,472	0.67	21,183	15,010	0.71	30,258	20,364	0.67
3月	30,619	20,622	0.67	22,609	15,909	0.70	32,119	21,616	0.67
小　計	88,925	59,891	0.67	64,570	45,566	0.71	95,176	64,087	0.67
1943年4月	29,196	19,678	0.67	9,001	6,138	0.68	30,445	20,595	0.68
5月	32,153	21,526	0.67				34,053	22,773	0.67
6月	30,030	20,094	0.67				31,878	21,372	0.67
小　計	91,379	61,298	0.67	9,001	6,138	0.68	96,376	64,740	0.67
1943年7月	29,470	20,117	0.68				31,892	21,765	0.68
8月	29,232	19,882	0.68				32,111	21,832	0.68
9月	29,609	19,972	0.67				31,072	20,957	0.67
小　計	88,311	59,971	0.68				95,075	64,554	0.68
1943年10月	29,100	19,589	0.67				30,650	20,633	0.67
11月	27,521	18,613	0.68				30,821	20,845	0.68
12月	31,240	21,080	0.67				32,950	22,220	0.67
小　計	87,861	59,282	0.67				94,421	63,698	0.67
1944年1月	29,370	19,860	0.68				32,460	21,950	0.68
2月	28,200	19,400	0.69				30,900	21,250	0.69
3月	27,000	18,390	0.68				29,200	19,880	0.68
小　計	84,570	57,650	0.68				92,560	63,080	0.68
1944年4月	26,620	18,128	0.68				29,300	18,993	0.65
5月	24,681	16,615	0.67				31,439	21,165	0.67
6月	26,811	18,392	0.69				29,026	19,912	0.69
小　計	78,112	53,135	0.68				89,765	60,070	0.67
1944年7月	25,878	17,592	0.68				27,950	19,015	0.68
8月	16,996	11,685	0.69				17,680	12,084	0.68
9月	23,780	16,172	0.68				23,880	16,239	0.68
小　計	66,654	45,449	0.68				69,510	47,338	0.68
1944年10月	25,312	17,411	0.69				26,539	18,169	0.68
11月	25,571	17,566	0.69				27,335	18,737	0.69
12月	27,586	19,076	0.69				29,285	20,223	0.69
小　計	78,469	54,053	0.69				83,159	57,129	0.69
1945年1月	23,734	16,888	0.71				25,666	18,225	0.71
2月	20,581	14,189	0.69				23,033	15,719	0.68
3月	20,225	13,680	0.68				22,235	15,070	0.68
小　計	64,540	44,757	0.69				70,934	49,014	0.69
1945年4月	19,186	13,148	0.69				20,193	13,729	0.68
5月	20,039	13,626	0.68				18,587	12,640	0.68
6月	20,508	13,939	0.68				16,564	11,254	0.68
小　計	59,733	40,713	0.68				55,344	37,623	0.68
1945年7月	19,308	13,477	0.70				17,010	11,847	0.70
8月	4,491	2,706	0.60				3,784	2,546	0.67
小　計	23,799	16,183	0.68				20,794	14,393	0.69

出典：資料整備委員會『八幡製鐵資料』（昭和9—21年度，化工編第4巻洞岡コークス工場）1947年.

表5－11　東田2号コークス炉操業状況

年　月	装入炭(t)	出入炉数	出入炉数／日×炉数	一炉当装入炭量 (t)	平均炭化時間	塊コークス生産高(t)	ガス発生量 (m^3)	コークス炉ガス使用量 (m^3)	装入炭トン当消費熱量(cal)
1943年 9月	29,320	2,238	77	13,101	28.59	20,780	10,498,665	6,989,280	1,000
10月	30,600	2,339	77	13,083	28.38	21,500	10,698,321	6,596,799	907
11月	28,240	2,175	73	12,984	30.19	19,790	9,677,039	6,270,408	932
12月	29,410	2,257	75	13,031	29.56	20,790	6,405,535	6,460,442	924
1944年 1月	29,980	2,257	75	13,283	30.11	21,020	9,481,978	6,036,309	844
2月	27,290	2,041	73	13,371	29.09	19,020	8,706,526	5,683,732	874
3月	28,400	2,038	71	13,935	33.26	19,850	9,216,150	6,517,294	962
4月	26,480	1,965	69	13,476	33.38	18,550	8,718,888	6,068,960	962
5月	28,910	2,059	72	14,041	32.52	20,268	9,245,462	5,755,310	836
6月	24,730	1,814	67	14,008	36.12	17,443	8,110,281	4,990,689	823
7月	23,920	1,789	64	14,125	37.43	16,624	8,445,910	5,462,672	908
8月	14,520	1,126	39	13,632	59.47	10,068	5,290,908	2,845,990	777
9月	11,820	862	45	14,037	51.35	8,238	3,932,500	2,903,502	1,008
10月	15,600	1,163	59	13,766	39.02	10,872	5,193,500	4,240,955	1,113
.11月	14,665	1,066	57	13,874	41.20	10,248	4,806,750	4,044,628	1,147
12月	15,970	1,163	59	13,732	39.02	11,220	5,190,250	4,570,740	1,201
1945年 1月	16,065	1,170	60	13,731	39.19	11,260	5,221,125	4,434,394	1,159
2月	12,730	949	52	13,414	43.19	8,850	4,137,250	3,889,402	1,285
3月	13,000	967	48	13,444	48.08	9,074	4,225,000	3,501,457	1,130
4月	13,720	1,021	56	13,438	42.51	9,445	4,459,000	3,214,951	983
5月	13,930	1,023	54	13,617	44.26	9,600	4,527,250	3,586,102	1,079
6月	13,120	949	52	13,825	46.07	8,940	4,264,000	2,767,622	886
7月	13,460	975	52	13,805	46.09	9,410	4,374,500	2,374,450	739
8月	2,950	217	11	13,594	218.11	2,020	874,787	570,000	811

出典：資料整備委員會『八幡製鐵資料』(昭和9－21年度，化工編第2巻東田コークス工場) 1947年.

表5－12　洞岡4号コークス炉操業状況

年　月	装入炭 (t)	出入炉数	出入炉数/日×炉数	一炉当装入炭量 (t)	平均炭化時間	塊コークス生産高(t)	ガス発生量 (m^3)	コークス炉ガス使用量 (m^3)	高炉ガス使用量 (m^3)	装入炭トン当消費熱量(cal)
1943年 9月	31,052	2,171	93	14,303	24.52	20,946	9,692,918	119,673	23,282,100	725
10月	30,920	2,177	90	14,203	25.38	20,815	10,055,272	1,875,970	14,318,100	696
11月	30,440	2,178	92	13,999	24.47	20,620	9,901,828	408,010	2,293,930	769
12月	33,440	2,311	97	14,508	24.08	22,550	11,140,177	76,458	24,782,300	713
1944年 1月	32,470	2,297	94	14,135	24.18	21,960	10,407,324	23,142	23,063,400	677
2月	31,280	2,146	98	14,575	24.19	21,520	10,369,562		22,612,930	687
3月	29,190	1,997	85	14,616	28.26	19,870	10,093,769		24,537,700	799
4月	29,140	2,032	88	14,340	26.35	19,844	9,469,270		19,865,600	679
5月	31,253	2,172	90	14,382	25.36	21,646	10,146,643		20,102,790	645
6月	29,138	2,014	89	14,468	26.48	19,990	10,098,445	80,580	23,060,190	847
7月	27,665	1,935	81	14,349	28.50	18,820	8,798,550	544,782	21,859,200	864
8月	16,602	1,175	49	14,129	30.38	11,289	5,255,974	202,210	12,549,900	798
9月										
10月	12,883	863	38	14,928	60.25	8,823	4,257,390	3,243,464		998
11月	16,316	1,122	50	14,541	36.34	11,207	5,417,923	3,163,518		804
12月	19,766	1,322	83	14,966	30.57	13,383	6,594,343	3,430,501		725
1945年 1月	19,838	1,356	83	14,629	30.17	14,205	6,628,604	3,463,108		694
2月	18,703	1,233	86	15,217	30.37	13,167	6,235,659	3,876,394		908
3月	18,765	1,257	72	14,928	32.55	12,691	6,268,520	3,577,815		743
4月	19,368	1,964	81	14,349	40.29	13,171	6,792,038	3,091,482		654
5月	17,756	671	73	14,230	32.86	12,077	5,861,330	2,619,921		627
6月	13,981	1,571	59	14,901	40.53	9,500	4,585,867	2,267,823		670
7月	13,231	228	38	14,298		9,172				
8月	3,025	200	11	15,125		2,034				

出典：資料整備委員會『八幡製鐵資料』（昭和9—21年度，化工編第4巻洞岡コークス工場）1947年.
　注：原表では44年10月分が空白になっているが，9月分の記載ミスと判断した．45年4月～6月の塊コークス生産は「2号コークス」を含む.

コークス品位の推移

装入炭灰分			コークス灰分			コークス潰烈強度		
東田	洞岡	平均	東田	洞岡	平均	東田	洞岡	平均
					17.93 18.46			86.48 87.25
12.92			18.21	18.16	18.20	84.51	87.14	86.87
					18.21 18.13	0		86.55 88.96
13.30	12.37	12.97	18.20	18.12	18.17	87.48	87.90	87.76
					18.69 19.53			88.91 91.35
13.76	13.83	13.88	19.08	19.09	19.11	89.81	91.19	90.13
					19.65 19.48			90.33 90.29
13.71	14.37	14.17	19.41	19.78	19.57	89.47	91.49	90.31
13.42	10.14	13.67	18.73	18.79	18.76	87.82	89.43	88.77
		13.82 13.85			19.21 19.38			89.54 89.63
13.46	14.22	13.84	18.91	19.54	19.30	88.84	90.14	89.58
		13.67 14.16			19.27 19.64			89.64 89.96
13.54	14.08	13.72	19.15	19.74	19.46	89.72	89.83	89.80
		13.71 15.09			19.17 20.49			90.16 89.37
14.07	13.92	14.40	19.77	18.54	19.83	89.82	89.97	89.76
		15.52 15.33			21.98 21.44			89.45 86.99
14.53	15.21	15.42	20.59	20.93	21.71	86.90	88.65	88.22
		15.91 17.84			22.83 25.11			85.00 84.89
16.19	17.79	16.88	23.14	24.58	23.97	83.11	85.10	84.94
14.36	15.04	14.85	20.31	20.67	20.85	87.68	88.74	88.46

クス課（総括）1947 年．同（製銑編第 1 巻総括）1947 年．日本鐵鋼協会『最
年度）」『日鉄社史編集資料』 No. 216, 1955 年.

表5－13　八幡製鉄所原料炭・

年度	期別	強粘結粗炭		粘結粗炭		洗炭歩留（%）
		灰分（%）	カロリー	灰分（%）	カロリー	
1937	上期					
	下期					
	平均	18.3	6,820	14.1	6,920	
1938	上期					84.30
	下期					83.55
	平均	21.0	6,250	14.6	6,840	83.93
1939	上期					82.49
	下期					80.14
	平均	20.9	6,540	16.8	6,690	81.32
1940	上期					80.06
	下期					80.63
	平均	21.6	6,380	16.4	6,610	80.35
37－40	平均	20.5	6,498	15.5	6,765	81.87
1941	上期					82.00
	下期					81.72
	平均	20.3	6,470	17.3	6,540	81.86
1942	上期					82.58
	下期					82.37
	平均	20.5	6,470	17.5	6,570	82.47
1943	上期					83.19
	下期					82.86
	平均	23.2	6,467	15.1	6,956	83.03
1944	上期					80.98
	下期					85.08
	平均	23.1	6,294	15.1	6,931	82.90
1945	上期					84.40
	下期					83.00
	平均	26.5	6,190	19.0	6,470	84.12
41－45	平均	22.7	6,378	16.8	6,693	82.88

出典：資料整備委員會『八幡製鐵資料』（昭和9－21年度，化工編第1巻コー
近日本鐵鋼技術概観』1950年.「石炭・コークス関係統計（昭和9－24

に強粘結炭入荷の不安定、それによる強粘結炭配合比率の低下[116]などによってもたらされたものであった。その結果は、高炉の操業におけるコークス比の上昇を引き起こし[117]、戦時期の八幡製鐵所の鉄鋼生産全体の重大な制約要因となったのである。

おわりに

米国戦略爆撃調査団の経済効果部門（Economic Effects Division）の最終総括報告書は、日本鉄鋼業にたいする戦略爆撃について、次のように述べている。

「第二〇爆撃［XX爆撃機集団］司令部は満州および北九州の製鋼工場の破壊を主たる任務とした……（註）。第二〇爆撃司令部は九州の八幡製鉄所を二回、満州国鞍山の昭和製鋼所を三回攻撃し、二二一トンと五五〇トンの爆弾を二目標の上に投下した。

（註）日本における原料不足から八幡地方の諸製鋼所の操業がどれほどおちていたかに関して、合衆国側には全然判っていなかった。[118]」

「日本の製鋼工場に対して行われた数回の攻撃では、日本の鋼の供給には僅かな効果しかなかった。中国基地のB29の作戦を除けば、鉄鋼業を攻撃しようとすればその輸送面を通じて攻撃する外はなかった。四四年六月〔と八月〕第二〇爆撃司令部によって行われた八幡の爆撃は投弾量も二二一トンという比較的軽量で、生産の低下は言うに足るほどのものはなかった。それはすでに原料の不足から遊休の設備能力が生じており、爆撃で損傷を被ったものは他の設備をもって償うことができたからである。…（中略）…都市の焼夷爆撃は東京以南のすべての鉄鋼生産地帯を包含しているが、マリアナ基地のB29は製鋼工場を特別に攻撃したことはなかった。それが行われるようになった頃、すでに原料の不足が甚しく操業はひどく低下しており、残っている鉄鋼の生産はもはや大きな関心の的とはなり得なかった。[119]」

つまり、一九四四年六月、ＸＸ爆撃機集団が鉄鋼業への爆撃を開始した時点で、すでに八幡製鐵所は原料不足のため操業が低下し遊休設備が生じていた。米軍はそうした情報を事前に把握しないまま製鐵所を爆撃し多少の損害を与えたが、遊休設備で代替できたため結果的には生産に大きな打撃を与えることができなかった、と言うわけである。問題は、この遊休設備の存在を、米軍側がいつどのようにして察知したかということである。

海軍の軍人として戦略爆撃調査団に参加した経済学者コーエン（Jerome B. Cohen）は、その収集資料を活用して書かれた著書において、注目すべき見解を述べている。

「日本の鉄鋼生産力の低下、従ってまたその戦力の低下は、製鉄工場に対する空襲のためでも、または、都市爆撃に因るものでもなく、全く船舶損失による原料供給の逼迫のためであった。日本内地が空襲圏内に入った時、鉄鋼業は第一の目標に撰ばれた。中国に基地をおくＢ29部隊は、一九四四年六月と八月の二回、日本最大の八幡製鉄所を攻撃した。施設の損傷は大部分一週間以内に完全に修復され、その他の損傷を蒙った設備もコークス炉の若干を除いて一カ月以内に操業を回復した。石炭不足でコークス製造能力が過剰になっているため、このコークス炉は修復する必要がなかったのである。生産は空襲の結果としては阻碍されず、唯少し期間が延びただけであった。それは次の九―一二月の第〔四〕四半期には前期の未使用の材料も使って割当以上の生産額をあげ、しかもその超過分は爆撃と修理期間の減産額以上に達していたからである。米国側ではこの空襲後の情報を綜合して、鉄鋼業には大きな過剰能力があるから製鉄工場を攻撃しても有利ではないという結論に達した。だからマリアナ基地のＢ29が活動しはじめた際には別の目標に向ったのである。[120]」

これによると、米軍側は、八月の空襲後からマリアナ基地からの空襲が開始される一一月までの間に、八幡製鐵所における過剰設備の存在を示す情報を得ていたことになる。しかし、コーエンがここで設備過剰の存在を示す根拠としている諸事実、つまりコークス炉の修復事情、九―一二月期の生産回復などは、いずれも先に紹介した基礎素材部門の最終報告書で戦後初めて明らかにされた事実である。上空からの偵察しか情報源のない[121]この段階では、到底察知しえない製鐵所の内情といってよい。

これらの見解は、アメリカ側の公式見解ともいうべきもので、発表後まもなく翻訳も刊行されている。[122]たしかに現地踏査を含む大量の資料の分析に裏付けられてはいるが、日本の戦争経済全般にたいする戦略爆撃の効果という、いわばマクロの視点から導き出されたものである。そこでは、生産施設にたいする直接的な航空攻撃の効果よりも、①輸送船攻撃（潜水艦によるものを含む）の結果としての原料不足による生産減退を、また②市街地爆撃による労働者の生活難や戦意喪失を、より高く評価する戦略爆撃調査団の総括的基調に適合した結論となっている。とくにコーエンの見解は、「原料不足→遊休設備」というロジックを、戦後の調査データで説明し、かつそれを当時の米軍の認識に等値している。

一九四四年夏頃の日本本土の鉄鋼業が、あらゆる面で原材料不足に陥っていたことはあきらかであるが、米軍がそれを察知しうる手段としては、輸送船の喪失状況の推計や港湾・工場における貯鉱・貯炭状況の偵察程度であったと思われる。米陸軍航空軍公刊戦史には、日本国内への海外からの鉄鉱石の輸送が不可能になったことが真の制約要因となり、その結果日本本土ではコークスの余剰が生じていると、米軍が推測していたと記されている。[123]また基礎素材部門の最終報告書も、「原料にたいする攻撃の成功が、日本本土における余剰能力の緩衝の増大を生み出していることが明らかになった」と述べ、さらに「この余剰能力は生産をさらに減少させるためには破壊されるべきはずのものであった」と、コーエンとは異った見解を記している。[124]

すでに述べたことを繰り返すが、一九四四年に入って八幡製鐵所は原材料不足で不安定な操業を余儀なくされるようになった。それは潜在的な意味において設備の過剰化といえるかもしれないが、不安定な操業による効率の低下が遊休設備の現出を抑えていた。また、装置産業特有の中間産物・エネルギーの連鎖システムは、そのバランスを崩しながらも、特定部門の設備の休廃止を抑制していたと考えられる。こうした状況のもとで行われた米軍の空襲は、原料消費の一時的緩和、次の空襲に備える意図などが複合して、短期的にはむしろ設備の遊休化を遅らせる要因となったと思われる。被爆したコークス炉の修復・再稼動の経過は、このことを如実に示すものである。しかし、その後八幡製鐵所を目標とした空襲はなく、四五年に入ると原材料の絶対的不足から遊休設備が顕在化し、主要設備の休廃止、移設のための解体が始まったのである。八月八日八幡市街地が大空襲を受けた時点では、すでに製鐵所は半身不随の状況に陥っていた。この日、米軍が目標にしなかった製鐵所に攻撃中心点を設定しなかった[125]ことは、改めて言うまでもない。

注

（1）United States Strategic Bombing Survey, Naval Analysis Division, Ships' Bombardment Survey Party *Kamaishi: Naval Bombardments, 14 July and 9 August 1945*, 1946, do., *Muroran: Naval Bombardments, 15 July 1945*, 1946, 富士製鐵株式会社釜石製鐵所『釜石製鐵所七十年史』（一九五五年）、富士製鐵株式会社室蘭製鐵所『室蘭製鐵所五十年史』（一九五八年）を参照。

（2）一九四六年、鉄鋼協議会が占領軍司令部に提出した資料によれば、日本内地における鉄鋼生産設備の戦争被害は、一九四四年末の能力にたいして、銑鉄部門二四・五％、普通鋼部門一四・四％、特殊鋼部門二二・二％とされている（日本鉄鋼連盟戦後鉄鋼史編集委員会『戦後鉄鋼史』一九五九年、三頁）。

（3）数少ない研究論文として、土井資子「東亜燃料和歌山工場への爆撃について」（『和歌山県史研究』第一四号、一九八六年）、佐々木和子「大阪陸軍造兵廠への爆撃について」（『大阪の歴史』第二七号、一九八九年）がある。

（4）中国東北地方経済史および鞍山製鉄所経営史の一環として空襲被害を研究した松本俊郎「満州製鉄鞍山本社の空襲被害、一九四四年」（『岡山大学経済学会雑誌』第三二巻第四号、二〇〇〇年）および松本俊郎『「満洲国」から新中国へ――鞍山鉄鋼業からみた中国東北の再編過程一九四〇～一九五四』（名古屋大学出版会、二〇〇〇年）がある。

（5）この他、一九四四年七月七―八日（夜間）には、八幡製鐵所（八幡・戸畑）・大村海軍航空廠・佐世保海軍工廠の計四工場を同時に目標とした少数機（出撃一八機・投弾一二機）による爆撃があった（Mission No. 3. 表5-1）。

（6）本項の記述は、主として The USAF Historical Division of Research Studies, *The Army Air Forces in World War II, vol. 5, the Pacific: Matterhorn to Nagasaki*, Chicago, 1953. 奥住喜重・工藤洋三「解説」（奥住喜重・工藤洋三編訳『米軍資料　八幡製鉄所空襲――B29による日本本土初空襲の記録』北九州の戦争を記録する会、二〇〇〇年）、一部を森山康平「『超空の要塞』B29の日本初空襲――マッターホーン計画はなぜ生まれたのか」（平塚征緒編『米軍が記録した日本空襲』草思社、一九九五年）、今井清一「成都基地B29の対日爆撃―一覧と推移」（『空襲通信』第二号、二〇〇〇年）、'The History of the 20th Air Force'（HP）によった。以下、特に必要と思われる箇所を除いて、典拠の注記を省略した。

（7）The USAF Historical Division of Research Studies, *op. cit.*, p. 27. ここで、特定の工業部門ではない「都市工業地域」（Urban Industrial Area）という範疇が特に設定されていることが注目される。これは、後述するように、一九四四年一〇月一一日の改訂でも継承され、この名称での「目標情報票」（Target Information Sheets）が作成されて、後の市街地空襲の目標選択に活用されていく。

（8）*Ibid.*, p. 28. 成都基地から爆撃可能な製鉄工場としては、他に朝鮮の日本製鐵㈱兼二浦製鐵所（銑鋼一貫）と同社清津製鐵所（一九四二年五月操業開始、製銑のみ）があったが、その規模は、コークスで前者が三八万トン、後者が四五万トン、銑鉄で両者とも公称能力年産三一万トンと、八幡製鐵所（コークス二四七万トン・銑鉄二一〇万トン）および満州製鐵㈱鞍山本社（コークス二〇八万トン・銑鉄一七三万トン）に較べて、五ないし六分の一程度であった（「鐵鋼統制曾々員ノ熔鑛爐・焼結・洗炭・骸炭・製鋼・壓延設備實際能力調査表（昭和十七年一二月末）」野元元日鉄理事遺蔵資料）。

（9）The USAF Historical Division of Research Studies, *op. cit.*, p.p. 93-94.

（10）台湾の海軍第六一航空廠は、航空機製造工場として重要爆撃目標にもリストアップされていたが、一〇月一四―一六日の爆撃は、レイテ島上陸作戦を支援するための米海軍機動部隊による台湾空襲（日本側呼称「台湾沖航空戦」）に呼応して行われたものである。

（11）一九四五年一月六日の作戦（Mission No. 25）では、'Tachiarai Machine Works' が第一目視目標（primary visual target）に指定されたが、この日は曇天であったため、第一レーダー目標（primary rader target）であった大村海軍航空廠が主に爆撃された（The USAF Historical Division of Research Studies, *op. cit.*, p. 147）。'Tachiarai Machine Works' とは、福岡県

大刀洗町の陸軍飛行場に隣接する太刀洗航空機㈱工場を指すと思われる。同社は一九三七年一二月、旧㈱渡邊鉄工所太刀洗分工場を分離し、㈱太刀洗製作所として設立、四四年四月に太刀洗航空機㈱と改称した（桑原達三郎『太刀洗飛行場物語』葦書房、一九八一年、三〇四、三二七頁）。なお、同工場は、四五年三月三一日、マリアナ基地のＸＸＩ爆撃機集団による爆撃を受けた。

(12) The USAF Historical Division of Research Studies, *op. cit.*, p.p. 132-133. 九州飛行機㈱は、一九四三年一〇月旧㈱渡邊鉄工所の海軍航空機部門を継承して改称した。福岡市近郊那珂町の本社工場（雑餉隈製作所）と香椎・板付にも工場があった（九州飛行機株式会社「報告書（昭和二〇年一〇月）」「工鉱業関係会社報告書」）、United States Strategic Bombing Survey, Aircraft Division, *Kyushu Airplane Company*, 1947. なお、満州飛行機㈱奉天工場よりも、大村・「渡邊」・太刀洗の方が、目標として重要視されていたという記述もある（The USAF Historical Division of Research Studies, *op. cit.*, p. 142）。

(13) *Ibid.*, p.p. 132-133. ただし、都市工業地域への爆撃には、十分な兵力が必要だとして、事実上ＸＸＩ爆撃機集団の任務に委ねられた。

(14) 華中方面に展開する日本陸軍の第五航空軍は、一九四四年九月から一〇月にかけて、五回（実質四回）にわたり成都基地群に爆撃を加えたが、一回あたり十数機から二〇機程度の小形ないし中型爆撃機による攻撃で、Ｂ29に大きな被害を与えることができなかった（防衛庁防衛研修所戦史室『一号作戦３――廣西の会戦（戦史叢書三〇）』朝雲新聞社、一九六九年、九三～一〇五頁、同『中国方面陸軍航空作戦（戦史叢書七四）』一九七四年、五〇四～五一一、五二五～五三一頁）。

(15) 公刊戦史である The USAF Historical Division of Research Studies, *op. cit.* の邦訳は、編集委員会『東京大空襲戦災誌（第三巻）』（東京空襲を記録する会、一九七三年）と横浜市・横浜空襲を記録する会編『横浜の空襲と戦災（第四巻）』（横浜市、一九七七年）に部分的に収録されているが、原書第一部の'Matterhorn Plan'の部分は、前者が抄訳を載せているだけで、後者には含まれていない。この他、防衛庁防衛研修所戦史室『本土防空作戦（戦史叢書一九）』（朝雲新聞社、一九六八年）、同『満洲方面陸軍航空作戦（戦史叢書五三）』（一九七二年）、同『本土決戦準備２――九州の防衛（戦史叢書五七）』（一九七二年）には、関連部分の断片的な翻訳ないし要約が掲載されている。

(16) 前掲『米軍資料　八幡製鉄所空襲』。

(17) 以下、ＴＭＲの訳文は前掲『米軍資料　八幡製鉄所空襲』により、同書からの引用は頁数を省略した。〔　〕内は筆者による補足。傍線はすべて筆者による。

(18) 商工省金属局『製鐵業参考資料（昭和一四～一七年）』（刊行年不明）。

(19) 洞岡コークス工場の存在を察知していなかったことを考慮すると、TMRのいう「三つのコークス工場」というのは、東田の三つのコークス炉のことを指し、照準点に指定した「港町のコークス工場」とは、そのいずれかのコークス炉を指すのかも知れない。

(20) 八幡製鐵所史編さん実行委員会『八幡製鐵所八〇年史(資料編)』一九八〇年。

(21) 資料整備委員會『八幡製鐵資料 昭和九～二一年度（化工編第二巻東田コークス工場）』一九四七年、同『八幡製鐵資料 昭和九～二一年度（化工編第四巻洞岡コークス工場）』同年。表5－9・5－10参照。

(22) 爆撃目標として、'Primary Target'＝「第一目標」、'Secondary Target'＝「第二目標」、'Last Resort Target'＝「最終切札目標」が予め命令で指定される他、いずれにも投弾できない場合、各機の判断で'Target of Opportunity'＝「臨機目標」に投下されることがある。

(23) 藤森群市「膠濟沿線に於ける石炭鑛業の現況」『燃料協会誌』第二〇三号、一九三九年、畠山蔵六「北支の石炭と其の對日供給の見透し」『燃料協会誌』第二一二号、一九四〇年。日本製鐵㈱は、一九三九年五月、「青島事務所連雲山出張所」を設置した（日本製鉄株式会社史編纂委員会『日本製鐵株式會社史』一九五九年、三五八頁）。

(24) 日本製鐵作業局化工課「日本製鐵コークス用炭使用實績（昭和一八年度）」大東亜技術委員會「製鉄原料資料」一九四四年（九州国際大学社会文化研究所所蔵）。しかし、別の統計資料（日本製鉄株式会社史編纂委員会事務局「石炭・コークス関係統計（昭和九～二四年度）」『日鉄社史編集資料（No. 216）』一九五五年）では、中興炭は一九四一年度以降使用されていないことになっている。

(25) The USAF Historical Division of Research Studies, *op. cit.*, p. 78.

(26) 一九四四年六月八日、第二〇航空軍司令官アーノルドは、XX爆撃機集団司令官ウォルフェにたいし、「統合参謀本部が、B29による日本本土爆撃を実施し、中国長沙方面と太平洋の「重要作戦」に協力することを望んでいる」ことを伝え、「最大努力が必要だが、六月一五日あるいは二〇日に何機用意できるか？」を打診したと書かれており（*Ibid.*, p. 98）、この「重要作戦」がサイパン島上陸作戦であることが、前もって明確には伝えられていなかった可能性がある。

(27) ただしTMRは、「隣接して副産物用設備が存在することは、それらが燃えやすい結果、余分な被害を生じることは疑いないと思われた」と、化成品工場の存在には注意を払っていた。これに関連して、鞍山製鐵所爆撃の場合、「ベンゾール工場とタール工場は、コークス・ガスを材料に使用してベンゾールやアンスラセンといった爆薬原料を製造していた。あるいはこのこともアメリカ軍が副産物工場を標的として重視していた理由だったのかもしれない」（前掲松本『「満洲国」から新中国へ』一四七〜八頁）という見方があるが、八幡製鐵所爆撃については、そのような意図は看取できない。したがって、「戦争の末期に於ては、長い製造工程を経て始めて兵器となる鐵鋼類よりも、直接爆発原料である軽油類の方がより重要軍需資材であり、当時我が国の爆薬原料の大半を供給していた我が製油工場と、その又原料供給源であるコークス炉の爆撃こそが最も緊急事であるとの判断に基く空襲計画と思われます」（八幡製鐵株式会社八幡製鐵所『八幡製鐵所化工部概史』一九六一年、七三頁）という、当時八幡製鐵所化工部長河内通の回想は、まったくの憶測にすぎない。

(28)　「攻撃始点とは爆撃航程の始点であって、この地点で指示された攻撃軸（方位）をとって進めば、第一目標の照準点付近に達するはずであった」（前掲奥住喜重・工藤洋三「解説」二四六頁）。

(29)　この日、B29を迎撃したのは陸軍第一九飛行団飛行第四戦隊（小月飛行場）で、「撃墜七機（うち不確実三機）・撃破四機」（当初B24とB29の両方が来襲したものと誤認していた）と報告した。しかし実際に機体が確認できたのは、若松市高須に墜落したB29が一機だけであった。他に八幡市折尾にも墜落機があったというが、戦後の米占領軍の搭乗員追跡調査は若松市高須の一機だけを対象にしており、同一機の破片であった可能性もある（前掲『本土防空作戦（戦史叢書一九）』二九五〜三〇二頁、GHQ/SCAP, Records Report of Investigation Division, Legal Section No. 1241, Aug., 1946. マイクロフィルム、国立国会図書館所蔵）。

(30)　八幡製鐵所に近接した九州化學工業では、「ナフタリン原油倉庫に落下、引火して火災発生し、工場建物約五〇〇坪を全焼」、また隣接する三菱化成牧山工場に「延焼し、倉庫一部を焼く」という記録がある（水谷鋼一・織田三乗『日本列島空襲戦災誌』中日新聞東京本社、一九七五年、三七〜三八頁）。九州化學工業は、八幡製鐵所で生産される粗製ナフタレンを精製加工しており、一九四三年度で全国比四二%を生産していた。精製ナフタレンの用途の約一七%が爆薬用であった。空襲直後の六月一九日、軍需省は、九州化學工業と三菱化成牧山工場（八幡製鐵所に近接）について、空襲被害が出た場合の対策を立案している（軍需省化學局「北九州地区空襲ニ依ル化學関係工場ノ被害ニ對スル對策ニ關スル件」「軍需省局長会報記録（昭和一九年六月一九日）」原朗・山崎志郎編『軍需省関係資料』第六巻、現代史料出版、一九九七年、二五六〜二六〇頁）。

(31)　この日、北九州五市とその周辺に拡散した一般市民の被害の全容は、今もって正確に把握されていないが、当時の「防空総本部情報」によると、死者三四七名、重傷二二五名、軽傷三〇七名、全壊三一七戸、半壊三五〇戸に及んだ（前掲『日本列島空襲戦災誌』三七頁）。

（32） The USAF Historical Division of Research Studies, *op. cit.*, p.p. 111-112. 表5－1参照。

（33） Ronald Schaffer, *Wings of Judgment : American Bombing in World War II*, New York, 1985, p. 119（深田民夫訳『アメリカの日本空襲にモラルはあったか――戦略爆撃の道義的問題』草思社、一九九六年、一七〇頁）.

（34） 当時の 'Sight Point' ＝「照準点」は、のち 'Mean Point of Inpact' ＝「攻撃中心点」と改められた（奥住喜重『中小都市空襲』三省堂、一九九八年、九八～九九頁）。

（35） 前掲『製鐵業参考資料（昭和一四～一七年）』。

（36） 前掲『米軍資料 八幡製鉄所空襲』の口絵に収録。

（37） 同前一三八頁。

（38） ＴＭＲは、「ここに提案した作戦が，おそらく次の事実によって損失機の増大を招くであろうことは判っていた。(A)攻撃機は白昼日本本土上空にあるわけで、したがって対空砲火と戦闘機の激しい集中攻撃にさらされるであろう。また(B)帰投の飛行は必然的に夜間飛行を必要とし、最後に夜間着陸を遂行して終らなければならない。」と述べていた。

（39） ＴＭＲによれば、その原因は、日本軍機によるもの三機（うち体当りにより二機）、対空砲火によるもの一機であった。この日の昼間空襲に際しては、北九州地区の防空を担当していた陸軍飛行第一二師団隷下の飛行第四戦隊（小月飛行場・二式戦闘機二八機）、飛行第五九戦隊（芦屋飛行場・三式戦闘機二一機）を主力に、合計八七機が出動可能であり、その多くが迎撃に参加したと推定される。同師団の戦闘記録によれば、合計「撃墜確実一二機・撃墜不確実一一機」の戦果を報告している。また、西部高射砲集団も撃墜九機と報告した。（前掲『本土防空作戦（戦史叢書一九）』三五四、三五六頁）。

（40） 渡辺洋二「極東を震撼させた超空の要塞の足跡――B29の戦闘記録」『ボーイングB29（世界の傑作機 No. 52）』文林堂、一九九五年、四七頁。

（41） 社史・所史の主なものの記述の概要を、以下に紹介する。八幡製鐵株式会社八幡製鐵所『八幡製鐵所五十年誌』（一九五〇年）には簡単な記述があるが、合計三回の空襲による設備の被害率が算定されているだけで、個々の空襲による被害の実態は記載されていない。前掲『日本製鐵株式会社史』には、一九四五年八月八日を含めて合計四回の空襲について、やや具体的な記述がある（一六八頁）。一九四四年六月一六日については、「製鉄所構内堂山付近および八幡市街地等に五〇〇ポンド級爆弾が五個投下されたが、……さしたる被害もなく、生産にもまたほとんど影響がなかった。」、「人員の損傷は軽傷二名」とある。また同年七月八日については、「戸畑構内空地に爆弾の投下があった。しかし、爆風により窓硝子が若干損傷した程度であった。」とある。同年八月二〇日については、「構内に二二六発投下、うち洞岡地区の被弾は一五一発」、「逐次投下される爆弾の危害のため防空活動を阻止され、消火活動も十分にできなかった」、「重要な施設で致命的な損傷をうけたものはなかったが、地上施設の破壊は相当大きいものであった」、「電話連絡は全工場にわたり完全に遮断され、また動力設備・ガス・水道設備などの破壊が多く、四八時間完全に全工場の作業は停止された」、「死者四六名、重傷者四四名であった」と書かれているが、生産設備の被害については、まったく触れていない（この記述は、川崎勉「日鉄と戦災」『日鉄社史編集資料（No. 266）』によったものと推定されるが、未見である）。八幡製鐵所史編さん実行委員会『八幡製鐵所八〇年史（総合史）』（一九八〇年）では、被害の大きかった八月二〇日の空襲について、「構内に投下した五〇〇ポンド級爆弾二二六発中洞岡地区の被弾は一五一発に達した。」「東田・洞岡のコークス炉・洞岡地区の各鋼板工場・西田発電所等に甚大損害を被り、そのうえ動力・ガス・水道・電話等が寸断されたため、四八時間、全工場の操業停止を余儀なくされた。」（一五〇頁）との簡単な記述しかないが、前掲『八幡製鐵所八〇年史（資料編）』には工場別の被害記録の資料が掲載されており（一一四～一一五頁・表5－2参照）、典拠資料として、「八幡製鐵資料」「各部門史」「関係者ヒアリング」が挙げられている。

(42)　防衛庁防衛研究所図書館所蔵の旧日本陸軍戦史史料「空襲戦訓綴」中の資料で、表題は「極秘　八二〇空襲戦訓資料其二（八幡製鐵所關係）　西部軍司令部」一九四四年。タイプ印刷本文三三枚（後欠）と付表四枚からなり、被弾位置図と推定される「付図」は欠けている。表紙には「昭和六三年一〇月一三日、陸軍大佐稲留勝彦氏夫人寄贈」との防衛研究所図書館の受入れ記録がある（稲留勝彦は陸軍士官学校第三九期で、四四年九月現在中佐・東部軍参謀）。なお、筆者による簡単な解説を付して原文の全文を翻刻掲載した（坂本悠一解説「西部軍八幡製鐵所空襲調査報告書」『九州国際大学経営経済論集』第八巻第三号、二〇〇二年）。その際、文書の作成時期を「八月二六～二七日頃」と推定していたが（一五一頁）、「二八日頃」と訂正する。

(43)　西部軍司令部（司令官下村定中将）は、北部（札幌）、東部（東京）、中部（大阪）の各軍司令部と並ぶ陸軍の内地防衛指揮機関で、一九四〇年八月、前身の西部防衛司令部（三七年八月編成・小倉市）を改編して設置され、同年一二月に福岡市（舞鶴城内）に移転した。四四年八月当時は中国・四国・九州地方の各県を管轄範囲として、兵員の補充や防空を主たる任務としていた。防空ではとくに北九州工業地帯を重点地区とし、飛行第一二師団と麾下の飛行第四戦隊（小月飛行場）、飛行第五九戦隊（芦屋飛行場）などの防空戦闘機部隊、西部高射砲集団と麾下の北九州防空隊（いずれも小倉市）などの高射砲部隊を指揮していた（前掲『本土防空作戦（戦史叢書一九）』、前掲『本土決戦準備2――九州の防衛（戦史叢書五七）』による）。

（44） United States Strategic Bombing Survey（Pacific）: Reports and other Records 1928-1947（National Archives microfilm Publication, 1991）.

（45） The United States Strategic Bombing Survey（戦略爆撃調査団）は、第二次世界大戦中の戦略爆撃の効果を調査するために一九四四年一一月米国陸軍省に設置された。対日航空作戦を対象とした太平洋戦争部門（Pacific Survey）は、一九四五年九月から、約三〇〇人の文官を含め陸海軍人など総員一一〇〇人を超える要員を日本各地や中国大陸にまで派遣して、年末にかけて大規模な調査を実施し、四七年までに合計一〇八冊の最終報告書を提出した（The United States Strategic Bombing Survey, Final Reports 'Foreword'. 山田朗「解説」『太平洋戦争白書（第一巻）』日本図書センター、一九九二年による）。

（46） 「西部軍報告書」そのものは収集資料中に見当たらない。他方、「西部軍報告書」には欠けている被爆地図が多数含まれているが、マイクロフィルムからのコピーでは判読がきわめて困難である。

（47） 以下、西部軍報告書については、典拠注記を省略する。

（48） 「西部軍報告書」付表には、「製」（製鐵所？）に二五〇発（うち不発一五）、「町」（市街地？）に七六発（うち不発五）と記載されている。

（49） 山田弾薬庫の正式名称は「小倉陸軍造兵廠第二山田倉庫」であった（前掲『本土決戦準備2――九州の防衛（戦史叢書五七）』一四八～一四九頁）。

（50） 前節で紹介したＴＭＲ（mission no. 7）には、爆撃写真（前掲『米軍資料　八幡製鉄所空襲』二一九～二二一頁掲載）による「暫定的損害評価」が含まれているが、コークス炉の被害については、次のように記載している。まず、東田コークス工場については、「コークス生産設備の一つ（それは炉の二炉団を含んでいる）［第二コークス炉に該当するが実際は一炉団］に対する直撃は火を発した。火炎を精密に調べた結果は（そこから立ち昇る濃密な黒煙の大きな柱が、基底部分で炉にまたがっているのが爆撃写真で見られる）、石炭または一部コークス炭、炉の内部が活発に燃えていることを示している。……いま述べた火災からの煙は、南に当る残りの炉団［第一コークス炉に該当］を完全に見えなくしている」と、第二コークス炉の被弾を確認していた。つぎに、洞岡コークス工場については、「九個の爆発が見られ、その少なくとも一つは、このコークス製造施設群において（その中の一つは一部完成の）、六炉団の最も南西部［第六コークス炉に該当］に命中弾か至近弾になったと考えられる。この命中弾または至近弾は、南の二炉団に補給する給炭塔に近いとみえる。……北西に当る未完成の炉団［第二コークス炉に該当－未完成ではなく休止中］にも一発の命中弾があったことは全く確かである」として、第二および第六コークス炉が被弾したと判断していたようである。

(51)　前掲『八幡製鐵所八〇年史(資料編)』には「海水管被弾のため全高炉の羽口を損傷」（一一四頁）と記されているが、典拠は不明である。

(52)　U. S .Strategic Bombing Survey (Pacific) : Reports and other Records, M/F R230.

(53)　「西部軍報告書」の「第一窯業課」の被害を、誤って '1st Coke Plant'（第一コークス工場）の被害として翻訳記載している。

(54)　U. S. Strategic Bombing Survey, Basic Materials Division, *Coals & Metals in Japanese War Economy*, 1947, p. 79. 訳文と傍線は筆者による。

(55)　八幡製鐵所総務課「八月二十日空襲ニ因ル殉職者調」（八幡製鐵所人事課「昭和十九年八・二〇空襲表彰関係」八幡製鐵株式会社八幡製鐵所「鐵鋼史関係文書」No. 876. 九州国際大学社会文化研究所所蔵）。この書類は、同年九月一三日頃以前に作成されたと推定される。

(56)　「西部軍報告書」に「一箇所一三名ノ死者アリ」と記されているのが、洞岡タール工場の犠牲者と推定される。

(57)　以下、「西部軍報告書」および前掲『本土決戦準備2――九州の防衛（戦史叢書五七）』一四六～一五〇頁による。

(58)　東田溶鉱炉は、特に記録された被害がなく、休風（送風の一次的停止）を解除して送風を再開したものと推定される。なお、前掲『本土防空作戦（戦史叢書一九）』には、「空襲警報を発令すれば日本製鉄八幡製鉄所の溶鉱炉の火を落とすことになっており」（一八八頁）と記されているが、これは一時休風措置を意味するものであろう。

(59)　資料整備委員會『八幡製鐵資料　昭和九～二一年度（製銑編第三巻洞岡熔鑛爐）』一九四七年。このことは、「西部軍報告書」に記載されていないので、この直前の情報により「報告書」が作成されたものと推定される。

(60)　資料整備委員會『八幡製鐵資料　昭和九～二一年度（壓延編第一八巻第三小形工場）』一九四七年、前掲『八幡製鐵所八〇年史（資料編）』一一五頁。

(61)　鐵鋼統制會企劃部計劃課「鐵鋼生産最近ノ推移ト當面ノ問題（昭和一九年一〇月）」（野元元日鉄理事遺蔵資料）。

(62) 「西部軍報告書」。

(63) 前掲『八幡製鐵資料 昭和九～二一年度（化工編第二巻東田コークス工場）』。

(64) コークスの焼成中に発生したガスは一旦炉外に排出された後、加熱ガスとしてコークス炉に再供給される他、一部はコークスガスとして平炉などにも利用されていた。東田第二コークス炉は高炉ガスの供給も可能な複式炉であったが、東田高炉のガス洗浄能力不足のため、当時は高炉ガスの配管設備を撤去し、コークス炉発生ガスのみによる単式運転を行っていた（燃料協会『日本のコークス炉変遷史』一九六二年、三五頁）。

(65) 「蒸込」とは、加熱ガスの供給を停止し密閉状態にして、余熱でコークスを焼成させることであるが、「半蒸込」という用語は当時一般的に使用されておらず、「蒸込」との区別は不明である（青木貞雄（当時第一コークス課勤務）の教示による）。

(66) 前掲『日本のコークス炉変遷史』一六五頁。

(67) 「西部軍報告書」。

(68) 「蒸気手当」とは、コークス炉のガス管内の空気を排出するため水蒸気を送り込み蒸気置換すること（青木貞雄の教示による）。

(69) コークガイドホームとは、「炭化室の赤熱コークスを押し出す際、消火車に誘導する役割をする移動機械」（燃料協会『石炭利用技術用語辞典』一九八四年、一七二頁）であるコークガイド車の通路のこと。

(70) 「低品位鉱石の有効利用と，コークス潰裂強度を損なうことなく強粘結炭の使用を節約する目的」のため、「粘結炭に粉鉄鉱石を五～一〇％配合して製造したコークス」（前掲『石炭利用技術用語辞典』二七六頁）で、八幡製鐵所では装入炭に茂山粉鉱（朝鮮産）を五％配合したものが、一九四四年一月一八日から東田第一・三コークス炉、六月一四日から東田第二コークス炉で製造されていた（前掲『八幡製鐵資料 昭和九～二一年度（化工編第二巻東田コークス工場）』、高見沢栄寿「日本製鉄株式会社各作業所対照年表(昭和一七～二〇年)」『日鉄社史編集資料（No. 310）』一九五五年）。

(71) クリンカとは、「燃焼によって生成した灰が融解して塊状になったもの」（前掲『石炭利用技術用語辞典』一五四頁）で、この場合は鉄分を含む灰の塊であろう。

(72) 復旧窯数を六〇と記述したものもある（前掲『日本のコークス炉変遷史』二八一頁、八幡製鐵株式会社八幡製鐵所製銑部『製銑部概史(鉄の流れ)』一九六五年、五八頁、新日本製鐵株式会社八幡製鐵所製銑部『コークス生産一億屯の歩み』一九七六年、三六頁）が、戦後の一九四八年、東田第二コークス炉の旧設備撤去工事にあたった前田一雄（当時第一コークス課長）は、「二九窯休止」と記載しており（前田一雄「東田第二コークス炉乾燥について」燃料協会編『本邦コークス工業最近の進歩（一九五二）』丸善、一九五三年、八八頁）、前掲『日本のコークス炉変遷史』も他の箇所では、「No. 21 より No. 49 まで二九本作業中止」（一六五頁）と記述している。同炉の被爆程度は、後述する洞岡第四コークス炉よりも軽かったと推定されるが、撤去窯数が洞岡第四炉よりも多くなった理由として、老朽化や鉄クリンカによる炉体の損傷が考えられる。

（73）資料整備委員會『八幡製鐵資料　昭和九〜二一年度（化工編第四巻洞岡コークス工場）』一九四七年。

（74）当時第二コークス課骸炭掛長で、洞岡コークス工場の現場責任者であった長谷場七郎は、八幡製鐵株式会社八幡製鐵所製銑部『製銑部のすがた』（一九五九年）、と前掲『日本のコークス炉変遷史』に、被爆現場の写真入りの回想手記を寄せており、八幡製鐵所製銑ＯＢ会『洞岡の五十年』（一九七五年）には、当時の個人記録の一部を転載している。この他、『洞岡の五十年』には、高橋湛（当時第二コークス課長）、前田一雄（同製銑部修炉掛長）、真田貢（同第二コークス課骸炭掛員）らの回想手記が掲載されている。

（75）コークス炉から発生するアンモニア水タールをアンモニア水とタールに分離収集するタンクで、分離漕・タール漕・安水漕からなる。第三・四コークス炉で共用していた（長谷場七郎の教示による）。

（76）コークワーフとは、「湿式消火直後のコークスの仮置場」（前掲『石炭利用技術用語辞典』一七二頁）のこと。

（77）前掲『日本のコークス炉変遷史』四一、二八一頁。除去窯数については、一〇窯（第一八〜二八窯）という記述もあるが（前掲『製銑部概史（鉄の流れ）』六六頁、前掲『コークス生産一億屯の歩み』四六頁）、ここでは長谷場の執筆した記録により、それを含めて計一八窯が休止と判断した。ただし、休止された窯が第何窯なのかの特定はできていない。こうした復旧方法が可能であったのは、被弾による破壊が炉底より上の地上部分にとどまり、地下の煙道はそのまま使用できたため、炉団の分断に至らなかったことによるという（長谷場七郎の二〇〇三年八月一〇日付筆者宛書簡による）。

（78）The USSBS Basic Materials Division, *op. cit.*, p. 79. 訳文と傍線は筆者による。

（79）前掲「鐵鋼生産最近ノ推移ト當面ノ問題」。ほぼ同様の趣旨の文章が、芝崎邦夫「鉄鋼生産事情の推移と今日の段階」（『鐵鋼統制』第四巻第九号、一九四四年）に掲載されていることから、筆者は同人（当時鐵鋼統制會企劃部計劃課長）であると推定される。

（80）この文書による「物資動員計画（昭和一九年度）」の「実施計画」の実績（達成率）は、第1四半期（四〜六月）が普通銑で八七％、普通鋼鋼材で八八％であったが、第2四半期（七〜九月）には前者が七五％、後者が七一％と推定され、年度全体では「年初計劃」にたいし、同じく六〇％と五六％程度にまで落ち込むと予測している。この一九四四年中頃には、日本の戦時経済計画の骨格であった物資動員計画そのものが破綻し、「〔昭和一九年度〕第2四半期をもって物動計画は事実上崩壊した」（安藤良雄『太平洋戦争の経済史的研究——日本資本主義の展開過程』東京大学出版会、一九八五年、三七一頁）とされている。

(81) 以下、同文書からの引用は頁数を省略した。傍線はすべて筆者による。

(82) The USSBS Basic Materials Division, *op. cit.*, p. 79 には、このうちの一九四四年六～一二月の生産量が抜粋掲載されており、典拠として「日本製鐵(株)、一九四五年一〇月」と記入されている。

(83) 月別の生産統計としては、日本製鉄株式会社技術部作業課『創業以降鐵鋼生産高實績表』（一九四九年）、八幡製鐵所生産業務部『生産記録(創業明治三四年～昭和四八年)』（一九七四年）があるが、コークスは掲載されていない。「USSBS資料」の統計数値も、これらの公式統計（年度集計）とほぼ一致している。

(84) 一九四一年九月に東田第九コークス炉が休止し、その後旧第一〇コークス炉として着工された新第一コークス炉が操業を開始する四三年六・七月までの間、東田コークス工場は二炉体制であった（前掲『八幡製鐵所八〇年史（資料編）』八五頁）。

(85) 一九四二年四月一八日午後のドゥリットル空襲時には、西部軍の管区にも警戒・空襲警報が発令されているが（前掲『本土防空作戦（戦史叢書一九）』一一七頁）、八幡製鐵所の現場で「灯火管制」などの措置が取られたかどうかは不明である。

(86) 一九四四年一〇月から四五年一月にかけての合計五回の大村海軍航空廠を主目標とした空襲では、被爆地域が長崎・佐世保・佐賀・大牟田・熊本などにも拡散しており、西部軍の管区ではそのつど警戒・空襲警報が発令されている（前掲『本土防空作戦（戦史叢書一九）』三六五頁）。

(87) The USSBS Basic Materials Division, *op. cit.*, p. 79. 訳文と傍線は筆者による。

(88) 前掲「鐵鋼生産最近ノ推移ト當面ノ問題」。

(89) 前掲『日本製鐵株式會社史』三四六頁。

(90) 軍需省美奈川鉄鋼局長の報告「軍需省局長会報記録（昭和一九年一一月二九日）」（前掲『軍需省関係資料』第七巻、四五六頁）。

(91) 前掲『八幡製鐵所八〇年史（総合史）』一四八頁、前掲『日本製鐵株式會社史』四七三、四七七頁。

(92) 前掲『日本製鐵株式會社史』一六六、二四二、二九五～二九九頁。八幡製鐵所から移設の対象となったのは、最初の空襲の直後一九四四年六月二二日に決定された北支那製鐵㈱石景山製鐵所むけの官営時代の旧転炉（一〇トン）二基であったが、その後予備精錬炉一基・平炉（三〇トン）二基・中型設備（年産五万トン）に変更された。

(93) 軍需省鐵鋼局「鐵鋼生産緊急措置要項（昭和一九年九月）」「軍需省局長会報記録（昭和一九年九月一三日）」（前掲『軍需省関係資料』第六巻、六八二～六八四頁）。当日の議事録を欠くため最終決定状況は不明である。

(94) 前掲『日本製鐵株式會社史』一六六頁。

(95) 前掲『八幡製鐵所八〇年史（総合史）』一五三頁。

(96) 八幡製鐵所の北松炭使用量は、一九四一年度約三五万トン（強粘炭中の約二四％）、四二年度約四〇万トン（同二六％）、四三年度約四六万トン（同三三％）、四四年度約五七万トン（同五九％）と急増した（前掲「石炭・コークス関係統計（昭和九～二四年度）」）。北松炭は、潰裂強度が高く強粘結性であったが、洗炭が不十分で灰分が多いという欠点があった。また炭層が薄く機械化採炭が困難であった（古川由美子「太平洋戦争中の北松炭田」『日本歴史』第六〇一号、一九九八年、八四頁、田部三郎『鉄よ永遠に―日本鉄鋼原料史（下巻 原料炭・鉄屑編）』産業新聞社、一九八三年、七五～七九頁）。八幡製鐵所は、四四年八月以降、事務職員による「石炭挺身隊」を組織したが、鹿町炭坑には七二名、矢岳炭坑（四五年、日鐵鑛業に買収）には一〇三名が派遣された（前掲『八幡製鐵所八〇年史（総合史）』一四五頁）。

(97) 古川由美子「戦時期における九州石炭輸送」『エネルギー史研究』第一八号、二〇〇三年。北松炭の八幡製鐵所むけ輸送の海送比率は、一九四四年四月で九五％、六月で九二％を占めていた（古川前掲「太平洋戦争中の北松炭田」九〇頁）。同年六月一日から、西八幡―潜龍間に一往復の石炭専用列車が運行されたという（同九二頁）。

(98) 八幡製鐵所「現況報告書（昭和一八年一月二八日）」（野元元日鉄理事遺蔵資料）。傍線引用者。

(99) 日本製鐵「昭和十八年実施計画ニ関スル特務室指示要旨（昭和一八年二月三日於所長會議）」（野元元日鉄理事遺蔵資料）。

(100) 日本製鐵株式會社社長室監理部「統計月報（昭和一八年三月～一九年二月）」（野元元日鉄理事遺蔵資料）。

(101) 前掲『日本製鐵株式會社史』四八一頁、前掲『室蘭製鐵所五十年史』一九九～二〇五頁。この影響により、四五年二月に仲町第三溶鉱炉が崩壊するという前代未聞の事故を引き起こした。

(102) 前掲『釜石製鐵所七十年史』一一四～一一六頁。華北炭の代替として満州産密山炭の配送があったため、強粘結炭全体の実際の使用比率は、四四年度で三四％、四五年度で二三％となった。

(103) 前掲日本製鐵株式會社社長室監理部「統計月報（昭和一八年一二月）」。

(104) 軍需省鐵鋼局「製鐵用主要原料海上輸送ノ現況（昭和一九年一月一三日）」「軍需省局長会報記録（昭和一九年一月一三日）」（前掲『軍需省関係資料』第三巻、七三四～七三九頁、傍線引用者）。この華北炭使用規制措置による銑鉄の減産は、一万八〇〇〇トンと見積もられた。

(105) 前掲「鐵鋼生産最近ノ推移ト當面ノ問題」。

(106) 同前。中山製鋼では、船町工場第一コークス炉が一九四四年八月二一日、同第二コークス炉が同年九月二日に休止したことが判明するが（前掲『日本のコークス炉変遷史』一八三頁）、尼崎製鐵については、正確な時期は不明である。

(107) 軍需省燃料局北野石炭部長の報告「軍需省局長会報記録（昭和一九年一二月六日）」（前掲『軍需省関係資料』第七巻、五四〇頁）。

(108) 軍需省燃料局北野石炭部長の報告「軍需省局長会報記録（昭和一九年一二月二七日）」（同第七巻、七三六頁）。

(109) 軍需省美奈川鉄鋼局長の報告「軍需省局長会報記録（昭和一九年一二月二七日）」（同第七巻、七二三頁）。

(110) The USSBS Basic Materials Division, *op. cit.*, p. 79. 訳文と傍線は筆者による。

(111) 長谷場七郎からのヒアリング（二〇〇三年三月二日）。

(112) 前掲「鐵鋼生産最近ノ推移ト當面ノ問題」では、空襲を受ける公算の高い八幡製鐵所の製鋼・圧延設備移設が検討されている。日本製鐵（株）では、すでに一九四二年八月から防空施設対策を検討してはいたが（前掲「昭和十八年實施計畫ニ關スル特務室指示要旨（昭和十八年二月三日於所長會議）」）、四四年九月一日工場疎開を含む本格的な対策として「防空指導要綱」が策定され、同月二八～二九日に本社で「防空会議」が開催された（前掲『日本製鐵株式会社史』一六四頁）。

(113) 前掲『日本製鐵株式會社史』三六七頁。

(114) 長谷場七郎によれば、当時「石炭によるガス発生炉設備はコークス炉ガスとBF（高炉）ガスに置換で休止、殆ど廃止された。従ってコークス炉と高炉が停止すれば製鉄所は全面休止、お手あげ」であったという（二〇〇三年八月一〇日付筆者宛書簡）。一九四四年度におけるコークス炉ガスの主な供給先は、コークス炉約三七％、圧延用約三〇％、製鋼用約二〇％であった（資料整備委員會『八幡製鐵資料昭和九～二一年度（熱管理編）』一九四七年）。

(115) いわゆる「格外コークス」は、「別製コークス」とも言われ、二種類のタイプがあった。ひとつは、弱粘結炭のみで、もしくは強粘結炭（開灤炭）の配合比率を二〇％に抑えて焼成したコークスで、一九四五年五～七月（生産統計表では四～六月分に記載）に洞岡第三・四コークス炉において製造されたが、用途は不明である。もうひとつは、弱粘結炭六〇％と「二号洗浄炭」（発電用などの低品位一般炭を洗炭したもの？）四〇％を混配したもので、終戦後の四六年一〇月～四七年三月にかけて洞岡第五・六コークス炉において製造された。潰裂強度が低く（約八〇）、用途はガス発生炉・石灰工場・珪石煉瓦工場などであった（前掲『八幡製鐵資料　昭和九～二一年度（化工編第四巻洞岡コークス工場）』）。なお、同資料の生産統計における「二号コークス」はこの両方を含むと推定される（表5‐10・5‐12）。

(116) 強粘結炭の配合比率は、一九四三年度の四〇％から、四四年度三五％、四五年度二九％と急速に低下した（前掲『日本製鐵株式會社史』三八二頁）。

(117) コークス比（銑鉄トン当たりコークス消費量）は、一九四三年度の一・〇七トンから、四四年度一・二二トン、四五年度三・八四トンと急速に低下した（『八幡製鐵所八〇年史（部門史・上）』一九八〇年、一一頁）。

(118) The United States Strategic Bombing Survey, Eonomic Effects Division *The Effects of Strategic Bombing on Japan's War Economy*, 1946, p. 37（正木千冬訳『日本戦争経済の崩壊』日本評論社、一九五〇年、七五～七六頁、傍線引用者）.

(119) *Ibid.*, p.p. 45-46（前掲『日本戦争経済の崩壊』九四～九五頁、傍線引用者）.

(120) Jerome B. Cohen, *Japan's Economy in War and Reconstruction*, Minneapolis, 1949, p. 132（大内兵衛訳『戦時戦後の日本経済（上巻）』岩波書店、一九五〇年、一九一頁、傍線引用者）.

(121) 終戦時の八幡製鐵所には、合計一一六一名の連合軍「俘虜」が就労していた（前掲『八幡製鐵所八〇年史（総合史）』一四六頁）が、彼等からの通報は不可能であったと思われる。

(122) 「……戦争末期には、各製鉄所は原料不足によってすでに麻痺状態にあった。当時アメリカ空軍が、ことさらに製鉄所を爆撃しなかったのは、かれらがそのことを知っていたからにほかならない。」（前掲『日本製鐵株式會社史』三一三頁）という記述も、この見解によったものであろう。

(123) The USAF Historical Division of Research Studies, *op. cit.*, p. 134.

(124) The USSBS Basic Materials Division, *op. cit.*, p. 86.

(125) 奥住喜重・工藤洋三編訳『米軍資料　北九州の空襲』（北九州の戦争を記録する会、二〇〇二年）参照。

［付記］本稿で利用した資料のうち、「野元元日鉄理事遺蔵資料」『八幡製鐵資料』は東京大学経済学部図書館、『日鉄社史編集資料』は法政大学多摩図書館、USSBS: Reports and other Records（マイクロフィルム）は立命館大学人文科学研究所に所蔵のも

のである。また、八幡製鐵所所蔵資料の調査について水口政義・入佐純一（新日本製鐵（株）八幡製鐵所総務部）、長谷場七郎・青木貞雄氏ら関係者からの聞き取りについて都留隆（八幡製鐵所製銑ＯＢ会）、米軍資料の解説について工藤洋三（徳山工業高等専門学校教授）、資料の複写について高橋順子（日本女子大学院生）、データの整理について石井宏幸（九州国際大学院生）各氏の協力を得ました。ここで関係機関・各位に謝意を表します。

【執筆者略歴】（執筆順）

長島　修（ながしま・おさむ）
1947年生まれ．京都大学大学院経済学研究科博士課程単位取得退学．現在，立命館大学経営学部教授．『日本戦時企業論序説――日本鋼管の場合』（日本経済評論社，2000年），『日本経済の新段階――情報技術革命とグローバリゼーション』（法律文化社，2002年）

清水憲一（しみず・のりかず）
1948年生まれ．立命館大学大学院経済学研究科博士課程単位取得退学．現在，九州国際大学経済学部教授．『北九州市産業史』（編著，北九州市，1998年），「創業期八幡製鐵所と兵器用鋼材生産（上中下）」（九州国際大学『経営経済論集』第9巻第2・3号，第10巻第2号，2002・2003年）

松尾宗次（まつお・むねつぐ）
1936年生まれ．東京大学大学院冶金学専門博士課程修了．現在，九州国際大学非常勤講師．*Reology of the Earth*, Oxford University Press, 1977（共著），『いろいろな鉄』（日鉄技術情報センター，1997年）

新鞍拓生（にいくら・たくお）
1968年生まれ．大阪大学大学院経済学研究科博士後期課程退学．現在，九州大学石炭研究資料センター助手．「戦間期日本石炭市場の需給構造の変化について」（九州大学経済学会『経済学研究』第66巻第5・6号，2000年），「麻生太吉の炭業統制指向とその論理――地方経済の調整」（九州大学石炭研究資料センター『エネルギー史研究――石炭を中心として』第16号，2001年）

坂本悠一（さかもと・ゆういち）
1947年生まれ．大阪経済大学大学院経済学研究科博士課程単位取得退学．現在，九州国際大学経済学部教授．『北九州市産業史』（共著，北九州市，1998年），「福岡県における朝鮮人移民社会の成立――戦間期の北九州工業地帯を中心として」（韓国文化研究振興財団『青丘学術論集』第13集，1998年）

【編著者略歴】

長野　暹（ながの・すすむ）

1931年生まれ．九州大学大学院経済学研究科博士課程単位取得退学．現在，九州国際大学国際商学部教授．『佐賀藩と反射炉』（新日本出版社，2000年），『佐賀・島原と長崎街道』（編著，吉川弘文館，2003年）

八幡製鐵所史の研究

2003年10月25日　第1刷発行　定価（本体4800円＋税）

編著者　長　野　暹
発行者　栗　原　哲　也

発行所　株式会社　日本経済評論社
〒101-0051　東京都千代田区神田神保町3-2
電話 03-3230-1661　FAX 03-3265-2993
E-mail: nikkeihy@js7.so-net.ne.jp
URL: http://www.nikkeihyo.co.jp/
印刷＊文昇堂・製本＊山本製本所
装幀＊渡辺美知子

九州国際大学社会文化研究所叢書 2

乱丁落丁はお取替えいたします。

Printed in Japan

ISBN4-8188-1555-1